21世纪高职高专规划教材

高等职业教育规划教材编委会专家审定

Linux 操作系统教程

——实训与项目案例

主　编　陈小全　张继红
副主编　夏永恒　钱　哨

北京邮电大学出版社
·北京·

内 容 简 介

本书主要介绍了 Linux 操作系统的基础知识,内容包括 Linux 简介与安装、Linux 基本命令、初级 Linux 系统管理、Linux 中用户和组的管理、Linux 文件系统及权限、Linux 下编辑器的使用、Linux 文件的查找与压缩、正则表达式、Linux 的进程及进程管理、Linux 的 Bash 与 Shell 编程,以及 Linux 下的软件安装和 Linux 的图形工作环境 X-Window 等知识。

本书的编写采用案例式,书中包含了大量的实例,便于读者阅读和自学使用;课后还有大量的习题、实训和项目实践,使读者加深对所学知识的理解与掌握。本书还具有很高的理论与实践参考价值,不但适合作为各大中专院校的教材,还可供从事 Linux 服务领域的科技人员参考。

图书在版编目(CIP)数据

Linux 操作系统教程:实训与项目案例/陈小全,张继红主编.--北京:北京邮电大学出版社,2011.1(2016.7 重印)
ISBN 978-7-5635-2525-6

Ⅰ.①L…　Ⅱ.①陈…②张…　Ⅲ.①Linux 操作系统—教材　Ⅳ.①TP316.89

中国版本图书馆 CIP 数据核字(2010)第 255314 号

书　　名:Linux 操作系统教程——实训与项目案例
作　　者:陈小全　张继红
责任编辑:刘　炀
出版发行:北京邮电大学出版社
社　　址:北京市海淀区西土城路 10 号(邮编:100876)
发 行 部:电话:010-62282185　传真:010-62283578
E-mail:publish@bupt.edu.cn
经　　销:各地新华书店
印　　刷:北京九州迅驰传媒文化有限公司
开　　本:787 mm×1 092 mm　1/16
印　　张:20.75
字　　数:545 千字
印　　数:3 500—4 000 册
版　　次:2011 年 1 月第 1 版　2016 年 7 月第 3 次印刷

ISBN 978-7-5635-2525-6　　　　　　　　　　　　　　定　价:37.00 元

前　　言

  Linux 操作系统作为服务器领域日益壮大的力量,正被越来越多的企业与公司所接受并使用。

  对于初次学习 Linux 的用户而言,如何快速的入门是学习 Linux 的关键所在。为了加快读者掌握 Linux 的进度以及加强对 Linux 基础知识的了解程度。本书根据 Linux 系统基础知识的结构、专业技能方面的要求,以 Linux 发行版 Fedora 12 为例,以 Linux 基础知识的实践应用为主线,对 Linux 的基础知识进行了较全面的讲解。每一章的后面均配以大量的习题、课程实训、项目实践来加强读者对 Linux 知识的掌握。

  全书共分 14 章,主要内容如下:

  第 1 章主要介绍了 Linux 操作系统的来源、发展以及应用,并且介绍了 Linux 的特点以及与 Windows 相比的优势,最后介绍学习 Linux 的方法。

  第 2 章主要了介绍的 Linux 的安装方法。不仅介绍了传统的安装方式,还对网络上比较新颖的安装方式进行了详细的介绍,让读者有了更多的选择。

  第 3 章主要介绍 Linux 的命令基础。重点介绍了 Linux 命令的格式、Linux 命令的帮助以及一些基础的命令。

  第 4 章主要介绍了系统的初级管理命令,让读者对 Linux 系统的管理有个初步的了解。

  第 5 章介绍了 Linux 系统中用户和组的概念,对 Linux 系统中用户和组的知识进行详细的讲解,这部分内容是管理 Linux 系统的重要知识,对 Linux 系统的有效管理起着关键的作用。

  第 6 章主要介绍了 Linux 的文件系统与文件,以及文件的权限设置。正确地设置 Linux 系统中文件的权限,是管理 Linux 系统的重点内容。

  第 7 章介绍了 Linux 下的编辑器 vi 和 vim。虽然它们现在已经不怎么流行了,但是在 Linux 系统的管理中,特别是终端模式下对 Linux 系统的管理还是有着不可替代的作用。

  第 8 章介绍了 Linux 下的文件压缩与查找知识。在 Linux 下有很多的压缩工具和查找文件的命令可以使用。掌握它们,在管理 Linux 系统时就会变得很轻松。

  第 9 章对正则表达式进行了介绍。正则表达式在编程以及编辑文件时具有出奇制胜的功能,它使得在浩如烟海的文件中查找信息变得很简单。

  第 10 章介绍了 Linux 中的进程以及对进程的管理。在 Linux 中最小的程序运行单位是进程,系统工作时,会有很多进程在运行。把进程管理好了,也就把系统管理好了。

  第 11 章介绍了 Shell,Linux 中的命令解释程序。Shell 是 Linux 用户和系统进行交流的桥梁。系统之所以能按照用户的命令来执行任务,这都是 Shell 的功劳。

  第 12 章介绍了 Shell 脚本编程。Shell 脚本就像 DOS 下的批处理文件,把很多命令放在一起,顺序执行,提高了系统的管理效率。

  第 13 章介绍了 Linux 下的软件安装。曾几何时,在 Linux 下安装软件是一件让人很头疼的事情,很多初学者就是因为软件安装时的挫败心情,而放弃了 Linux 的学习。现在听起来好像很不可思议,但在当时是真实存在的事情。现在,在 Linux 下安装软件虽然不像以前那么难了,但也没有像 Windows 下安装软件那么容易,所以本书单独以一章的内容来介绍 Linux 下的软件安装技术。

第 14 章介绍了 Linux 的图形工作环境——X-Window。Linux 的图形界面一直为人所诟病,直到目前还是没有实质的跳跃性发展。但喜欢 Linux 的人认为,Linux 的魅力不在于表面,而在于内涵,它的内涵比 Windows 丰富多了。

本书内容丰富多彩,涵盖了 Linux 各方面实用的基础知识。在讲解的方式上,每章以大量的实例讲解知识点,让读者简单明了地理解所学的知识,可读性较强。所以不管是 Linux 初学者,还是广大的 Linux 爱好者,都可以通过阅读本书轻松地掌握 Linux 的基础知识。

本书在编写的过程中,参考了互联网上的一些相关资料,由于网络上资料众多,引用复杂,无法一一注明原出处。故在此声明,原文版权属于原作者。

Linux 的发展很快。从 1991 年诞生到现在不过 20 年,就能和软件业的巨头——Windows 一争高下了。作为学习者,我们再怎么追赶也还是赶不上它的速度的。而且,由于作者水平有限,所以书中难免有很多不足之处,甚至有错误、遗漏的地方,恳请广大读者批评、指正,在学习 Linux 的大道上我们共同前进。

作　者
2010 年 11 月

目　　录

第1章　离我们不远的 Linux

本章内容

☞ 什么是 Linux

☞ Linux 的概念与名词

☞ Linux 的发展

☞ Linux 的应用

☞ Linux 的认证

☞ Linux 的学习方法

1.1　什么是 Linux

学习目标

- 了解 Linux 及其特性
- 了解 Linux 的优势
- 了解 Linux 与 UNIX 之间的关系
- 了解 Linux 的特性

1.1.1　什么是 Linux

Linux 是类 UNIX 的操作系统,在源代码上兼容绝大部分 UNIX 标准(指的是 IEEE POSIX、System V、BSD),是一个支持多用户、多进程、多线程、实时性较好的功能强大而稳定的操作系统。它可以运行在 x86 PC、Sun Sparc、Digital Alpha、680x0、PowerPC、MIPS 等平台上,可以说 Linux 是目前运行硬件平台最多的操作系统。Linux 最大的特点在于它是 GNU 的一员,遵循公共版权许可证(GPL),秉承“自由的思想,开放的源码”的原则,成千上万的专家、爱好者通过 Internet 在不断地完善并维护它,可以说 Linux 是计算机爱好者自己的操作系统。

Linux 的历史可追述到 1990 年,Linus Torvalds 还是芬兰赫尔辛基大学的一名学生,最初是用汇编语言编写了一个在 80386 保护模式下处理多任务切换的程序,后来从 Minix(Andy Tanenbaum 教授编写的很小的 UNIX 操作系统,主要用于操作系统教学)得到灵感,进一步产生了自认为很狂妄的想法——编写一个比 Minix 更好的 Minix。于是他开始编写了一些硬件的设备驱动程序、一个小的文件系统等,这样 0.0.1 版本的 Linux 就诞生了,但是它只具有操作系统内核的勉强的雏形,甚至不能运行,必须在有 Minix 的机器上编译以后才能运行。这时候 Linus 已经完全着迷而不想停止,决定脱离 Minix,于是在 1991 年 10 月 5 日发布 Linux 0.0.2 版本,在这个版本中已经可以运行 Bash(the GNU Bourne Again Shell——一种用户与操作系统内核交互的软件)和 gcc(GNU C 编译器)。从一开始,Linus 就决定自由扩散 Linux,包括源代码,他在 comp.os.minix 新闻讨论组里发布 Linux 0.0.2 时写道:

"Do you pine for nice days of Minix-1.1,when mem were men and wrote their own device drivers? Are you without a nice project and just dying to cut your teeth on a OS you can try to modify for your needs? Are you finding it frustrsting when everything works on Minix? No more all-nighters to get a nifty program working? Then this post might be just for you."

"As I mentioned a month ago,I'm working on a free version of a Minix-lookalike for AT-386 computers. It has finally reached the stage where it's even usable(though may not be depending on what you want),and I am willing to put out the sources for wider distribution. It is just version 0.0.2 ⋯ but I've successfully run Bash,gcc,gnu-make,gnu-sed,compress,etc. under it."

随即 Linux 引起黑客们的注意,他们通过计算机网络加入了 Linux 的内核开发。一批高水平黑客的加入,使 Linux 发展迅猛,到 1993 年年底,Linux 1.0 终于诞生了。Linux 1.0 已经是一个功能完备的操作系统,而且内核写得紧凑高效,可以充分发挥硬件的性能,在 4 MB 内存的 80386 机器上也表现得非常好,至今人们还在津津乐道,不过自从 2.1.xx 内核系列开始,Linux 改走高端的路线了——因为硬件的发展太快了,但是 Linux 不会失去它的本色。

在 Linux 的发展历程上还有一件重要的事:Linux 加入 GNU 并遵循公共版权许可证(GPL)。此举大大加强了 GNU 和 Linux 的发展前景,几乎所有应用的 GNU 库/软件都移植到 Linux,完善并提高了 Linux 的实用性,而 GNU 自生也有了一个根基。对 Linux 来说最重要的是遵循公共版权许可证,在继承自由软件精神的前提下,不再排斥对自由软件的商业行为(如把自由软件打包以光盘形式出售),不排斥商家对自由软件进一步开发,不排斥在 Linux 上开发商业软件。从此 Linux 又开始了一次飞跃,出现了很多的 Linux 发行版,如 Slackware、Redhat、SUSE、TurboLinux、OpenLinux 等十多种,而且还在增加。

1.1.2　Linux 的优势

Linux 系统越来越受到用户的欢迎,于是很多人开始学习 Linux。Linux 系统之所以会成为目前最受关注的系统之一,主要原因是它的免费,以及系统的开放性,可以随时取得程序的源代码,这对于程序开发人员是很重要的。除了这些它还具有以下的优势:

1. 跨平台的硬件支持

由于 Linux 的内核大部分是用 C 语言编写的,并采用了可移植的 UNIX 标准应用程序接口,所以它支持如 i386、Alpha、AMD 和 Sparc 等系统平台,以及从个人计算机到大型主机,甚至包括嵌入式系统在内的各种硬件设备。

2. 丰富的软件支持

与其他的操作系统不同的是,安装了 Linux 系统后,用户常用的一些办公软件、图形处理工具、多媒体播放软件和网络工具等都已无须安装。而对于程序开发人员来说,Linux 更是一个很好的操作平台,在 Linux 的软件包中,包含了多种程序语言与开发工具,如 gcc、C++、Tcl/Tk、Perl、Fortran77 等。

3. 多用户多任务

和 UNIX 系统一样,Linux 系统是一个真正的多用户多任务的操作系统。多个用户可以各自拥有和使用系统资源,即每个用户对自己的资源(如文件、设备)有特定的权限,互不影响,同时多个用户可以在同一时间以网络联机的方式使用计算机系统。多任务是现代计算机的最主要的一个特点,由于 Linux 系统调度每一个进程是平等地访问处理器的,所以它能同时执行多个程序,而且各个程序的运行是互相独立的。

4. 可靠的安全性

Linux 系统是一个具有先天病毒免疫能力的操作系统,很少受到病毒攻击。对于一个开放式系统而言,在方便用户的同时,很可能存在安全隐患。不过,利用 Linux 自带防火墙、入侵检测和安全认证等工具,及时修补系统的漏洞,就能大大提高 Linux 系统的安全性,让黑客们无机可乘。

5. 良好的稳定性

Linux 内核的源代码是以标准规范的 32 位(在 64 位 CPU 上是 64 位)的计算机来做的最优化设计,可确保其系统的稳定性。正因为 Linux 的稳定,才使得一些安装 Linux 的主机像 UNIX 机一样常年不关而不曾宕机。

6. 完善的网络功能

Linux 内置了很丰富的免费网络服务器软件、数据库和网页的开发工具,如 Apache、Sendmail、VSFtp、SSH、MySQL、PHP 和 JSP 等。近年来,越来越多的企业看到了 Linux 的这些强大的功能,利用 Linux 担任全方位的网络服务器。

7. 绿色环保

根据英国政府的评估,安装有 Linux 系统的服务器显然要比运行 Windows 系统的服务器更为"绿色环保"。而其根据则是来自一份由内阁商务部完成的报告,其内容是关于开源软件在政府部门试用情况,报告显示开源软件对硬件的要求已经降低,而且也不需要硬件设备经常性的进行更新。更值得注意的是,在此报告中写道:"若开放源系统与微软 Windows 系统彼此实力相当,那么在实现相同的功能时,前者不仅所需内存要少些,而且所用处理器应达到的速度也会比 Windows 系统的要求来得低。"报告指出硬件系统若要正常运行 Windows 系统,那么就需要每 3~4 年全面升级一次,而基于 Linux 系统的硬件平台则要安稳不少,每 6~8 年进行一次更新。

综上所述,Linux 在它的追捧者眼里是一个近乎完美的操作系统,它具有运行稳定、功能强大、获取方便等优点,因而有着广阔的前景,也值得我们每一个计算机爱好者学习和应用。

1.1.3 Linux 与 UNIX

Linux 和 UNIX 的最大区别是,前者是开发源代码的自由软件,而后者是对源代码实行知识产权保护的传统商业软件。这种不同体现在用户对前者有很高的自主权,而对后者却只能去被动地适应;这种不同还表现在前者的开发是处在一个完全开放的环境之中,而后者的开发完全是处在一个黑箱之中,只有相关的开发人员才能够接触产品的原型。

Linux 的源头要追溯到最古老的 UNIX。1969 年,Bell 实验室的 Ken Thompson 开始利用一台闲置的 PDP-7 计算机开发了一种多用户、多任务操作系统。很快 Dennis Richie 加入了这个项目,在他们共同努力下诞生了最早的 UNIX。Richie 受一个更早的项目——MULTICS 的启发,将此操作系统命名为 UNIX。早期 UNIX 是用汇编语言编写的,但其第三个版本用一种崭新的编程语言 C 重新设计了。C 是 Richie 设计出来并用于编写操作系统的程序语言。通过这次重新编写,UNIX 得以移植到更为强大的 DEC PDP-11/45 与 11/70 计算机上运行。后来发生的一切,正如他们所说已经成为历史。UNIX 从实验室走出来并成为了操作系统的主流,现在几乎每个主要的计算机厂商都有其自有版本的 UNIX。

另外的区别是:

(1) UNIX 系统大多是与硬件配套的,而 Linux 则可运行在多种硬件平台上。

(2) UNIX 是商业软件,而 Linux 是免费、公开源代码的自由软件。

(3) UNIX 和 Linux 都是操作系统的名称,但 UNIX 这四个字母除了是操作系统名称外,还作为商标归 SCO 所有。

(4) Linux 商业化版本有 RedHat Linux 、SUSE Linux、slakeware Linux、红旗 Linux 等。UNIX 主要有 Sun 的 Solaris、IBM 的 AIX、HP 的 HP-UX。

(5) Linux 的核心是免费的,自由使用的,核心源代码是开放的。而 UNIX 的核心并不公开。

(6) 在对硬件的要求上,Linux 比 UNIX 要低,没有 UNIX 那么苛刻。

(7) 在安装上 Linux 比 UNIX 容易掌握。

(8) 在使用上,Linux 相对没有 UNIX 那么复杂。

(9) 至于价格,个人使用的 Linux 基本上是免费的,不同的 Linux 发行厂商针对企业级应用在基本的系统上有些优化,如 RedHat 的 Enterprise 产品,这些产品包括支持服务是比较贵的。像 IBM/HP/SUN 的 UNIX,因为主要是针对其硬件平台,所以操作系统通常在设备价格中(没有人单独买一个 UNIX 操作系统)。

(10) 在性能上,Linux 没有 UNIX 那么全面,但基本上对个人用户和小型应用来说是绰绰有余。

一般来说,Linux 是一套遵从 POSIX(可移植操作系统环境)规范的一个操作系统,它能够在普通 PC 上实现全部的 UNIX 特性,具有多任务、多用户的能力。Linux 受到广大计算机爱好者喜爱的另一个主要原因是,它具有 UNIX 的全部功能,任何使用 UNIX 操作系统或想要学习 UNIX 操作系统的人都可以从 Linux 中获益。

在网络管理能力和安全方面,使用过 Linux 的人都承认 Linux 与 UNIX 很相似。UNIX 系统一直被用做高端应用或服务器系统,因此拥有一套完善的网络管理机制和规则,Linux 沿用了这些出色的规则,使网络的可配置能力很强,为系统管理提供了极大的灵活性。

1.1.4　Linux 的特性

1. 开放性

开放性是指系统遵循世界标准规范,特别是遵循开放系统互连(OSI)国际标准。凡遵循国际标准所开发的硬件和软件,都能彼此兼容,可方便地实现互连。

2. 多用户

多用户是指系统资源可以被不同用户各自拥有使用,即每个用户对自己的资源(如文件、设备)有特定的权限,互不影响。Linux 和 UNIX 都具有多用户的特性。

3. 多任务

多任务是现代计算机的最主要的一个特点。它是指计算机同时执行多个程序,而且各个程序的运行互相独立。Linux 系统调度每一个进程平等地访问微处理器。由于 CPU 的处理速度非常快,其结果是,启动的应用程序看起来好像在并行运行。事实上,从处理器执行一个应用程序中的一组指令到 Linux 调度微处理器再次运行这个程序之间只有很短的时间延迟,用户是感觉不出来的。

4．良好的用户界面

Linux 向用户提供了两种界面：用户界面和系统调用。Linux 的传统用户界面是基于文本的命令行界面，即 Shell，它既可以联机使用，又可以存在文件上脱机使用。Shell 有很强的程序设计能力，用户可方便地用它编制程序，从而为用户扩充系统功能提供了更高级的手段。可编程 Shell 是指将多条命令组合在一起，形成一个 Shell 程序，这个程序可以单独运行，也可以与其他程序同时运行。系统调用给用户提供编程时使用的界面。用户可以在编程时直接使用系统提供的系统调用命令。系统通过这个界面为用户程序提供低级、高效率的服务。Linux还为用户提供了图形用户界面。它利用鼠标、菜单、窗口、滚动条等设施，给用户呈现一个直观、易操作、交互性强的、友好的图形化界面。

5．设备独立性

设备独立性是指操作系统把所有外部设备统一当做文件来看待，只要安装它们的驱动程序，任何用户都可以像使用文件一样，操纵、使用这些设备，而不必知道它们的具体存在形式。具有设备独立性的操作系统，通过把每一个外围设备看做一个独立文件来简化增加新设备的工作。当需要增加新设备时，系统管理员就在内核中增加必要的连接。

Linux 是具有设备独立性的操作系统，它的内核具有高度适应能力，随着更多的程序员加入 Linux 编程，会有更多硬件设备加入到各种 Linux 内核和发行版本中。另外，由于用户可以免费得到 Linux 的内核源代码，因此，用户可以修改内核源代码，以便适应新增加的外部设备。

6．提供了丰富的网络功能

完善的内置网络是 Linux 的一大特点。Linux 在通信和网络功能方面优于其他操作系统。其他操作系统不包含如此紧密地和内核结合在一起的连接网络的能力，也没有内置这些联网特性的灵活性。而 Linux 为用户提供了完善的、强大的网络功能。

7．可靠的系统安全

Linux 采取了许多安全技术措施，包括对读/写进行权限控制、带保护的子系统、审计跟踪、核心授权等，这为网络多用户环境中的用户提供了必要的安全保障。

8．良好的移植性

Linux 是一种可移植的操作系统，能够在从微型计算机到大型计算机的任何环境中和任何平台上运行。可移植性为运行 Linux 的不同计算机平台与其他任何机器进行准确而有效的通信提供了手段，不需要另外增加特殊和昂贵的通信接口。

1.2　Linux 必知概念与名词

学习目标

- 了解 GNU
- 了解 FSF
- 了解 GPL、LGPL 与 GFDL
- 了解 OSS/FS
- 了解 Copyleft

1.2.1　GNU

GNU 工程已经开发了一个被称为"GNU"(GNU 是"GNU's Not UNIX"的递归缩写)的、对 UNIX 向上兼容的、完整的自由软件系统(Free Software System)。由 Richard Stallman 完成的最初的 GNU 工程的文档被称为"GNU 宣言"。

上述单词"Free"指的是自由(Freedom),而不是价格。用户可能需要或者不需要为获取 GNU 软件而支付费用。不论是否免费,一旦得到了软件,用户在使用中就拥有三种特定的自由。首先是复制程序并且把它送给朋友或者同事的自由;其次是通过获取完整的源代码,按照你的意愿修改程序的自由;最后是发布软件的改进版并且有助于创建自由软件社团的自由(如果重新发布 GNU 软件,可能对分发复制这项体力劳动收费,也可能不收费。)

1.2.2　FSF

FSF(自由软件基金会)具有施行 GNU 通用公共许可证和其他 GNU 许可证的能力和资源,但自由软件基金会只对它拥有版权的软件负责。其他软件必须由它们的拥有人来负责,原因是,从法律规定上自由软件基金会无法为这些其他软件负责。自由软件基金会每年大约接触到 50 个违反 GNU 通用公共许可证的事件,自由软件基金会试图不通过法院使对方遵守 GNU 通用公共许可证。

自由软件基金会拥有大多数 GNU 软件和一些非 GNU 自由软件的版权。每个 GNU 软件包的贡献者必须签署版权文件,这样自由软件基金会可以在诉讼案中在法庭上维护这些软件。这样假如许可证有所变化的话不必征求软件所有的贡献者的同意。

自由软件目录是所有自由软件包的一个列表。其中列出的每个软件包含 47 条信息,比如工程的主页、程序师、编程语言等。目的是提供一个自由软件的搜索引擎和为用户提供一个检查一个软件包是否自由的工具。自由软件基金会为此从联合国教科文组织获得少数基金。计划是将来这个目录可以翻译成不同的语言。

1.2.3　GPL、LGPL 与 GFDL

1. GPL

在自由软件所使用的各种许可证之中,最为人们注意的也许是通用性公开许可证(General Public License,GPL)。GPL 同其他的自由软件许可证一样,许可社会公众享有:运行、复制软件的自由,发行传播软件的自由,获得软件源码的自由,改进软件并将自己做出的改进版本向社会发行传播的自由。

GPL 还规定:只要这种修改文本在整体上或者其某个部分来源于遵循 GPL 的程序,该修改文本的整体就必须按照 GPL 流通,不仅该修改文本的源码必须向社会公开,而且对于这种修改文本的流通不准许附加修改者自己作出的限制。因此,一项遵循 GPL 流通的程序不能同非自由的软件合并。GPL 所表达的这种流通规则称为 Copyleft,表示与 Copyright(版权)的概念"相左"。

2. LGPL

GNU LGPL(Library General Public License,程序库公共许可证)是一种关于函数库使用的许可证。LGPL 允许用户在自己的应用程序中使用其他程序库,即使不公开自己程序的源代码也可以,但必须确保能够获得所使用的程序库的源代码,而且 LGPL 还允许用户对这些程序库进行修改。

在 Linux 系统中,LGPL 的内容保存在名为 COPYING. LIB 的文件中。如果安装了 Linux 内核的源程序,则在任意一个源程序目录下都可以找到 COPYING. LIB 文件的一个副本。大多数 Linux 程序库,包括 C 语言的程序库(libc. a),都属于 LGPL 范畴。因此,如果在 Linux 环境下,使用 GCC 编译器建立自己的应用程序,程序所链接的多数程序库都是受 LG-PL 保护的。如果想以二进制的形式发布应用软件,则必须要遵循 LGPL 的有关规定。

3. GFDL

GNU 自由文档许可证(GNU Free Documentation License,GFDL)是一个版权属左(或称"反版权"英文为 Copyleft)的内容开放的版权协定。

1.2.4　OSS/FS

OSS/FS 是开放源码软件/自由软件的缩写。现在 OSS/FS(开放源码软件/自由软件)得到了日益广泛的应用。简单来说,OSS/FS 就是允许让所有用户自由使用的软件。用户可以更改程序代码,并且还可以发行更改后的软件。

注意,人们在使用"开放源码软件(OSS)"时强调的是这些软件在技术方面的优势(比如可靠性和安全性),而使用"自由软件(FS)"时则强调的是其可以被自由控制的特性。OSS/FS 的对立面是"封闭"或者说是"专有"软件。对于那些虽然可以查看源代码,但不能被更改源代码并且无限制地重新发行的软件产品(比如"可查看源代码"软件、"共享源码"软件等),由于其并不符合 OSS/FS 的规范,故不在本文的讨论范围之内。很多 OSS/FS 都是商业程序,所以不要把 OSS/FS 与"非商业"等同起来。对于 OSS/FS,我们还有其他一些说法,比如"Libre Software"(这里的 Libre 意思是完全的自由)、Free-Libre and Open-Source Software (FLOSS)、Open Source/Free Software (OS/FS)、Free/Open Source Software (FOSS)、Open-Source Software (事实上,在这些称呼中"Open-Source"是使用最为广泛的一个定语)、Freed Software、Public Service Software (因为很多这类的软件项目都是针对某一公共应用领域的)。注意,OSS/FS 并不是"免费软件",免费软件的概念通常指的是一些商用软件在分发时无须支付费用的情形,这些软件并不赋予用户对软件源代码测试、修改或者重新发行的权力。最流行的 OSS/FS 许可是 GPL,所以在 GPL 规范下发行的软件都是 OSS/FS,但并不是所有的 OSS/FS 软件都使用 GPL。现实中,我们经常会看到有人使用一个不是很确切的说法,那就是"GPL Software",实际上指的就是 OSS/FS。

1.2.5　Copyleft

Copyleft 是一由自由软件运动所发展的概念,是一种利用现有著作权体制来挑战该体制的授权方式,在自由软件授权方式中增加 Copyleft 条款之后,该自由软件除了允许使用者自由使用、散布、改作之外,Copyleft 条款更要求使用者改作后的衍生作品必须要以同等的授权方式释出以回馈社群。

有人将其译为"著佐权",以彰显 Copyleft 是补足著作权(Copyright,版权)不足的意义。另有译为"反版权"、"版权属左"、"脱离版权"、"版权所无"、"版权左派"、"公共版权"或"版责",但这些译名的其中几个在意义上有所偏差。Copyleft 授权方式虽然与常见的著作权授权模式不同：选择 Copyleft 授权方式并不代表作者放弃著作权，反而是贯彻始终，强制被授权者使用同样授权发布衍生作品，Copyleft 授权条款不反对著作权的基本体制，却是透过利用著作权法来进一步地促进创作自由。

Copyleft 是将一个程序变为自由软件的通用方法，同时也使得这个程序的修改和扩充版本成为自由软件。提出并使用 Copyleft 观念的是 GNU 计划，具体的发布条款包含在 GNU 通用公共许可证、GNU 宽通用公共许可证和 GNU 自由文档许可证里。

1.3 Linux 系统发展概述

- 了解 Linux 的诞生与成长
- 了解 Linux 的现状
- 了解 Linux 的未来
- 了解 Linux 的发行版本

1.3.1 Linux 的诞生

Linux 操作系统是 UNIX 操作系统的一种克隆系统。它诞生于 1991 年的 10 月 5 日（这是第一次正式向外公布的时间）。以后借助于 Internet，并经过全世界各地计算机爱好者的共同努力，现已成为世界上使用最多的一种类 UNIX 操作系统，并且使用人数还在迅猛增长。Linux 操作系统的诞生、发展和成长过程始终依赖着以下五个重要支柱：UNIX 操作系统、MINIX 操作系统、GNU 计划、POSIX 标准和 Internet 网络。

Linux 内核最初只是由芬兰人李纳斯·托瓦兹（Linus Torvalds）在赫尔辛基大学上学时出于个人爱好而编写的，当时他并不满意 Minix 这个教学用的操作系统。最初的设想中，Linux 是一种类似 Minix 的操作系统。Linux 的第一个版本在 1991 年 9 月被大学 FTP Server 管理员 Ari Lemmke 发布在 Internet 上，最初 Torvalds 称这个核心的名称为"Freax"，意思是自由（"free"）和奇异（"freak"）的结合字，并且附上了"X"这个常用的字母，以配合所谓的 UNIX-like 的系统。但是 FTP Server 管理员嫌原来的命名"Freax"的名称不好听，把核心的称呼改成"Linux"，当时仅有 10 000 行代码，仍必须执行于 Minix 操作系统之上，并且必须使用硬盘开机；随后在 10 月份第二个版本（0.02 版）就发布了，同时这位芬兰赫尔辛基的大学生在 comp. os. minix 上发布一则信息：

Hello everybody out there using minix-

I'm doing a (free) operation system (just a hobby,

won't be big and professional like gnu) for 386(486) AT clones

Linux 的历史是和 GNU 紧密联系在一起的。从 1983 年开始的 GNU 计划致力于开发一个自由并且完整的类 UNIX 操作系统，包括软件开发工具和各种应用程序。到 1991 年 Linux 内核发布的时候，GNU 已经几乎完成了除了系统内核之外的各种必备软件的开发。在 Linus Torvalds 和其他开发人员的努力下，GNU 组件可以运行于 Linux 内核之上。整个内核是基于 GNU 通用公共许可，也就是 GPL 的，但是 Linux 内核并不是 GNU 计划的一部分。1994

年 3 月,Linux1.0 版正式发布,Marc Ewing 成立了 Red Hat 软件公司,成为最著名的 Linux 分销商之一。

Linux 的标志和吉祥物是一只名字叫做 Tux 的 企鹅,标志的由来是因为 Linus 在澳洲时曾被一只动物园里的企鹅咬了一口,便选择了企鹅作为 Linux 的标志。Linux 的注册商标是 Linus Torvalds 所有的。这是由于在 1996 年,一个名字叫做 William R. Della Croce 的律师开始向各个 Linux 发布商发信,声明他拥有 Linux 商标的所有权,并且要求各个发布商支付版税,这些发行商集体进行上诉,要求将该注册商标重新分配给 Linus Torvalds。Linus Torvalds 一再声明 Linux 是免费的,他本人可以卖掉,但 Linux 绝不能卖。

Linux 发行版的某些版本是不需要安装,只需通过 CD 或者可启动的 USB 存储设备就能使用,它们被称为 LiveCD。

1.3.2 Linux 现状

1. 服务器领域

在高端服务器操作系统领域,随着开源软件在世界范围内影响力日益增强,Linux 服务器操作系统在整个服务器操作系统市场格局中占据了越来越多的市场份额,并且形成了大规模市场应用的局面。Linux 引起了全球 IT 产业的高度关注,并以强劲的势头成为服务器操作系统领域中的中坚力量。

目前国外服务器厂商使用的服务器操作系统主要包括 SUN 的 SOLARIS、IBM 的 AIX、HP 的 HP-UX,其中 UNIX 系列的产品几乎占据了大部分服务器高端市场和部分服务器中低端市场,Windows 系列占据了较大部分服务器中低端市场,Linux 由于其成本优势在中低端市场也有良好的表现,并且市场份额上升幅度很大。目前国内的服务器操作系统情况基本类似于国外,高端服务器操作系统市场基本为 UNIX 平台所占据,由于国内中低端服务器的市场保有量较大,所以 Windows 系列产品的实际市场占有率相对较国外高,约占 40%,Linux 由于低成本的特点,也取得了大约 35% 的市场份额。

自 2001 年以来,基于 Linux 的服务器操作系统逐步发展壮大。国内几个主要的 Linux 厂商和科研机构,国防科技大学、中标软件、中科红旗等先后推出了 Linux 服务器操作系统产品,并且已经在政府、企业等领域得到了应用。从系统的整体水平来看,Linux 服务器操作系统与高端 UNIX 系列相比差距越来越小,在很多领域已经实现了共存的局面。

2. 桌面领域

目前流行的桌面操作系统主要包括两大类:一类是主流商业桌面系统,包括微软的 Windows 系列、Apple 的 Macintosh 等;另一类是基于自由软件的桌面操作系统,特别是 Linux 桌面操作系统。近年来,特别在国内市场,Linux 桌面的发展趋势非常迅猛。国内如中标软件、中科红旗等系统软件厂商推出的 Linux 桌面操作系统,目前已经在政府、企业、OEM 等领域得到了广泛应用。国外的 Novell(SUSE)、Sun 公司也相继推出了基于 Linux 的桌面系统。但是,从系统的整体功能、性能来看,Linux 桌面系统与 Windows 系列相比还有一定的差距,主要表现在系统易用性、系统管理、软硬件兼容性、软件的丰富程度等方面。

1.3.3 Linux 未来

操作系统的发展与计算机技术的发展是紧密相关的。从计算机技术来讲,目前是一个网络信息化的时代,网络计算,特别是基于网络的移动计算将是未来几年的发展重点。近几年Linux 操作系统发展的主要趋势是：

- 支持高安全性；
- 支持高可用性支持 64 位；
- 支持大文件、多磁盘的文件系统,特别是对网络存储的支持；
- 支持新一代网络协议；
- 支持实时处理；
- 支持可伸缩性,采用微内核、模块化、面向对象等技术；
- 支持分布式处理；
- 标准化和可兼容性增强；
- 支持国际化和本地化。

1.3.4　Linux 发行版本

Linux 发行版（也叫做 GNU/Linux 发行版）是基于 Linux 内核的操作系统。Linux 发行版通常包含了桌面环境、办公套件、媒体播放器、数据库等应用软件。这些操作系统通常由Linux 内核、来自 GNU 计划的大量的函式库和基于 X Window 的图形界面组成。有些发行版考虑到容量大小没有预装 X-Window,而使用更加轻量级的软件,例如,busybox、uclibc 或 dietlibc。现在有超过 300 个 Linux 发行版（Linux 发行版列表）,大部分都正处于活跃的开发中,正在不断地改进。

由于大多数软件包是自由软件和开源软件,所以 Linux 发行版的形式多种多样——从功能齐全的桌面系统以及服务器系统到小型系统（通常在嵌入式设备,或者启动软盘）。除了一些定制软件（如安装和配置工具）,发行版通常只是将特定的应用软件安装在一堆函数库和内核上,以满足特定使用者的需求。

这些发行版可以分为商业发行版,例如 Fedora （Red Hat）、openSUSE （Novell）、Ubuntu （Canonical 公司）,Mandriva Linux;社区发行版,它们由自由软件社区提供支持,例如 Debian和 Gentoo;也有既不是商业发行版也不是社区发行版,其中最有名的是 Slackware。

1. RedHat Linux

最早的 Linux 发行版本之一,在全球拥有最高的市场占有率。现在 Red Hat 已经不再发行针对个人桌面市场的 Linux,而将注意力全部放到了服务器和工作站。

2. Debian Linux

或者称 Debian 系列,包括 Debian 和 Ubuntu 等。Debian 是社区类 Linux 的典范,是迄今为止最遵循 GNU 规范的 Linux 系统。目前最好的 Linux 发行版本之一,拥有超过 14 000 的软件安装包,软件包采用网络管理的方式让安装、升级、维护系统变得异常简单。但是对网络的过于依赖也成了它的缺点。Debian 的安装过程中的硬件设置需要一定专业知识才可以进行。另外,14 张 CD 的容量也可以创纪录了。

3. Fedora Core

Fedora Core 是 Red Hat 的开源项目,Red Hat 不再发行个人版的 Linux,但是却留下了一个社区项目,由爱好者参与开发,Red Hat 的工程师也参与其中,为大家提供免费的 Linux,同时由于 Red Hat 的强大实力,Fedora Core 在稳定性等各方面都还是不错的。

4. Ubuntu

严格来说不能算一个独立的发行版本,Ubuntu 是基于 Debian 的 Unstable 版本加强而来。Debian 衍生出来的产物,简化了安装过程的同时也大大缩小了容量,但是从 Debian 那里继承下来的网络维护的方式仍然为用户提供了大量的软件。这个版本使用 Gnome 作为默认图形界面。

5. Gentoo

Gentoo 是 Linux 世界最年轻的发行版本,是同 Debian 一样深受资深 Linux 用户喜爱的发行版本。缺点是安装过于烦琐,比 Debian 还要复杂,同样可以通过网络获得大量的软件安装资源。

6. TurboLinux

TurboLinux 是拓林思公司最近发行的 Linux 版本,已在日本和中国取得了巨大的成功,在美国也有一定的业绩。

7. SUSE

SUSE 是一家德国公司,其发行的 Linux 在欧洲市场拥有第一的市场占有率,SUSE Linux 拥有界面美观、操作简易的特点,比较适合初学者或者刚开始使用 Linux 的用户。

8. Corel Linux

Corel 公司主要产品有大家熟悉的 CorelDraw 图形处理软件和 WordPerfect 办公套件。Corel Linux 是一套基于 Debian Linux 开发的、面向初学者和家庭用户的发行版本。

9. Mandrake(Linux-Mandrake)

将 Linux 商业化的公司之一,其推出的 Mandrake Linux(现已改名叫 Mandriva)界面美观、通俗易用(似乎商业化的发行版本都有这个特点),适合新手使用。但是过于注重面子上的功夫让不少老用户感到了不少限制。

10. Kubuntu

Ubuntu 的 KDE 版本,其他和 Ubuntu 无异。

1.4 Linux 的应用

学习目标

- 了解 Linux 服务器
- 了解嵌入式 Linux
- 了解 Linux 的桌面应用
- 了解 Linux 其他方面的应用

1.4.1 Linux 服务器

Linux 开放源代码政策,使得基于其平台的开发与使用无须支付任何单位和个人的版权费用,成为后来很多操作系统厂家创业的基石,同时也成为目前国内外很多机构服务器操作系统采购的首选。

目前主流服务器产品有以下几种。

1. Redhat Enterprise Linux

RHEL 是目前 Linux 服务器产品的标杆,在国内和国际上都占据着主要的 Linux 服务器市场份额。RHEL 产品功能全面,产品认证齐全,用户的接受度比较高。RHEL 主要依靠技术服务和产品维护获取赢利。

2. SUSE Linux Enterprise Server

SLES 被 Novell 收购以后,产品的竞争力获得了很大的提升。SLES 最大的优势在于应用解决方案比较丰富。SLES 同样依靠技术服务和产品维护获取赢利。

3. Red Flag Asianux Server

目前,红旗已经将服务器产品迁移到 Asia Linux 平台下,形成了一个国际化产品的概念。

4. 中标普华服务器

同上述三个主要竞争对手相比,中标普华 Linux 服务器产品目前的主要劣势在于品牌影响力;优势在于面向细分市场的产品比较丰富(同时也带来了管理成本增加),另外在产品定制化方面也具备一定的优势。具体的竞争策略,现阶段还是采用差异化竞争的策略,突出产品在细分市场的一架式解决方案、定制化解决方案方面的优势,针对重点细分市场的需求提升产品的竞争力,以提高最终用户数量为首要目标。

1.4.2 嵌入式 Linux

嵌入式 Linux(Embedded Linux)是指对标准 Linux 经过小型化裁剪处理之后,能够固化在容量只有几千或者几兆字节的存储器芯片或者单片机中,适合于特定嵌入式应用场合的专用 Linux 操作系统。嵌入式 Linux 既继承了 Internet 上无限的开放源代码资源,又具有嵌入式操作系统的特性。

嵌入式 Linux 的开发和研究是操作系统领域中的一个热点,目前已经开发成功的嵌入式系统中,大约有一半使用的是 Linux。Linux 之所以能在嵌入式系统市场上取得如此辉煌的成果,与其自身的优良特性是分不开的。

1. 广泛的硬件支持

Linux 能够支持 x86、ARM、MIPS、ALPHA、PowerPC 等多种体系结构,目前已经成功移植到数十种硬件平台,几乎能够运行在所有流行的 CPU 上。Linux 有着异常丰富的驱动程序资源,支持各种主流硬件设备和最新硬件技术,甚至可以在没有存储管理单元(MMU)的处理器上运行,这些都进一步促进了 Linux 在嵌入式系统中的应用。

2. 内核高效稳定

Linux 内核的高效和稳定已经在各个领域内得到了大量事实的验证,Linux 的内核设计非常精巧,分成进程调度、内存管理、进程间通信、虚拟文件系统和网络接口五大部分,其独特的模块机制可以根据用户的需要,实时地将某些模块插入到内核或从内核中移走。这些特性使得 Linux 系统内核可以裁剪得非常小巧,很适合嵌入式系统的需要。

3. 开放源码,软件丰富

Linux 是开放源代码的自由操作系统,它为用户提供了最大限度的自由度,由于嵌入式系统千差万别,往往需要针对具体的应用进行修改和优化,因而获得源代码就变得至关重要了。Linux 的软件资源十分丰富,每一种通用程序在 Linux 上几乎都可以找到,并且数量还在不断增加。在 Linux 上开发嵌入式应用软件一般不用从头做起,而是可以选择一个类似的自由软件作为原型,在其基础上进行二次开发。

4. 优秀的开发工具

开发嵌入式系统的关键是需要有一套完善的开发和调试工具。传统的嵌入式开发调试工具是在线仿真器(In-Circuit Emulator,ICE),它通过取代目标板的微处理器,给目标程序提供一个完整的仿真环境,从而使开发者能够非常清楚地了解到程序在目标板上的工作状态,便于监视和调试程序。在线仿真器的价格非常昂贵,而且只适合做非常底层的调试,如果使用的是嵌入式 Linux,一旦软硬件能够支持正常的串口功能时,即使不用在线仿真器也可以很好地进行开发和调试工作,从而节省了一笔不小的开发费用。嵌入式 Linux 为开发者提供了一套完整的工具链(Tool Chain),它利用 GNU 的 gcc 做编译器,用 gdb、kgdb、xgdb 做调试工具,能够很方便地实现从操作系统到应用软件各个级别的调试。

5. 完善的网络通信和文件管理机制

Linux 至诞生之日起就与 Internet 密不可分,支持所有标准的 Internet 网络协议,并且很容易移植到嵌入式系统当中。此外,Linux 还支持 ext2、fat16、fat32、romfs 等文件系统,这些都为开发嵌入式系统应用打下了很好的基础。

1.4.3 桌面应用

目前主流 Linux 桌面产品有以下几种。

1. Fedora

Redhat 自 9.0 以后,不再发布桌面版,而是把这个项目与开源社区合作,于是就有了 Fedora 这个 Linux 发行版。目前 Fedora 对于 Redhat 的作用主要是为 RHEL 提供开发的基础。Fedora 的界面与操作系统与 RHEL 非常相似,用户会感觉非常熟悉;另外对于新技术,Fedora 一直快速引入;并且 Fedora 一直坚持绝对开源的原则。因为 Redhat 在 Linux 的地位和影响力,Fedora 拥有很多坚定的爱好者使用。

2. Ubuntu

Ubuntu 是近几年进步很快的桌面版本,依靠快速的启动、高速的在线升级、良好的易用性,快速地争取了很多用户。Ubuntu 计划强调易用性和国际化,以便能为尽可能多的人所用;同时,由于软件仓库镜像众多,因此软件包安装速度很快;Ubuntu 的易用性得到了很多用户的欣赏。

3. SUSE

SUSE 的 yast2 配置工具一直是业内公认的非常完善的安装及系统工具,能够进行系统大多数的配置功能;另外,SUSE 与微软的合作,也使得 SUSE 在与 Windows 的互操作性方面具有一定的优势。

4. RedFlag(红旗)

作为国内知名度很高的基础软件厂商,通过近几年的市场宣传、展会宣传等,红旗在很多国人心中成为了国产 Linux 桌面的代名词,由于采用的是 KDE 界面,而且与 Windows 比较接近的操作习惯,因此得到了很多用户的认可。

5. Linpus

快速启动、界面美观是 Linpus 的特点,同时,Linpus 合法地集成了很多商业软件,可以方便用户使用。

6. 中标普华桌面

中标普华 Linux 桌面产品具有良好的软硬件兼容性、完善的在线升级机制等特点;同时,随需定制的快速响应能力是中标普华 Linux 桌面的强大优势;另外,丰富的产品形态、完整的产品线的优势都是其他厂商无法比拟的。

1.4.4 其他方面的应用

1. 在移动设备上的应用

Linux 将会在 2015 年统治移动设备,这是根据来自技术分析专业团队 ABI 调查组的一个最新报告得出的预言。

根据 ABI 的报告,到 2015 年,谷歌 Chrome OS 和谷歌 Android OS 一类操作系统很可能会将移动 Linux 设备推至该领域 62％市场份额。报告说,其他基于 Linux 操作系统也将会成为 Linux 移动设备高涨之潮的支流。其中就有 Intel 和 Nokia 合作产品,MeeGo,以及 Palm 的 WebOS。ABI 的一个高级分析员 Victoria Fodale 说道:"最近移动产业领域里面向 Linux 的积极行动数量之多表明,Linux 将会成为下一代上网本、多媒体平台计算机以及其他移动设备的关键技术。"有趣的是,Fodale 说,尽管 Linux 给人的印象是它有着多个各自为政的分支,这一开源操作系统有一个"统一的上游部件之基础,那就是 Linux 内核"。ABI 调查组的发现并不完全离奇。诸如 Android 一类的操作系统越加备受欢迎。据 ComScore 最近的一次分析,2010 年 2~5 月之间,Android 是唯一在智能手机市场上增长了其份额的产品,而且是增长了 4％。这个时刻的大输家是极力将其 Windows Phone 7 市场化的微软。据 ComScore,微软智能手机市场份额同期下滑了 2％。Android 并非唯一的移动 Linux 的代表。MeeGo 1.0 版已经上市,HP 最近收购 Palm 也预示着很快基于 Linux 的 WebOS 将现于移动电话上。接下来几年里移动 Linux 另一个潜在大玩家是 Linaro。傍着几家 IT 巨头的支持,Linaro 致力于创造一个 ARM 处理器上统一的 Linux 基础。开发者那时将能够使用这些基础组件进一步开发特定的基于 ARM 处理器的设备,这在几年后必将兴盛起来。

尽管 Linux 的胜利一直相当低调,但它确实已经在消费电子设备领域得到了广泛采用,范围从索尼的高清电视和 TiVo 的数字摄像机到 LinkSys 和 D-Link 等公司的家庭联网设备。与内部组件经常暴露在外的 PC 不同,Linux 埋藏在设备之内,对于终端用户而言它几乎是不可见的。

至今,Linux 真正的成功故事也许是它在移动设备领域的应用。随着半导体产品性能和效率的不断提高,今天的移动设备正在迅速提升其功能和复杂性。尤其是,随着移动设备开始超越昨天的 PC 功能,且出货量也大大超过后者(大于 5∶1),移动电话正在成为下一代的客户端设备。但这一趋势同时也带来了大量的问题,市场成熟度就是其中之一。

移动电话市场的成熟正引起早期入市和新近入行的移动电话制造商之间的激烈竞争。随着市场增长速度放缓,移动电话制造商在替代业务方面的竞争日益加剧。其结果是,移动电话制造商杀出重围的路只有两条,要么在降低成本上胜人一筹,要么保持性能方面的领导地位。但在所有这些情况下,这一发展趋势已经迫使所有制造商全力对开发和材料清单(BOM)成本进行优化。

对运营商而言,市场成熟度已经导致他们更加关注通过附加服务来提高从每个用户那里得到的平均收入(ARPU)。但是由于缺乏清晰的标准,当运营商试图在一系列各自为政的设备上推广新服务时,必须招致巨大的成本和资源负担。为了减小这一分散局面,移动运营商正努力在全行业推动规范的建立。

2. 在云计算上的应用

云计算平台上的所有软件都将是开源的,最主要的原因就是目前私有软件许可证没有支持云计算部署的方式。尽管开源协议不能防止云计算提供者的封锁,但至少允许开发人员在云计算中部署开源软件,而且,随着云计算平台的发展,也将带动更多新的开源软件及应用的产生。最近,雅虎、Intel 和惠普都宣布结成了一个研究联盟,共同创建一项名为"测试平台"的云计算研究项目,以推进云计算技术的发展。可以预见的是,随着云计算概念的不断清晰,各大厂商在此领域将会加大投入,势必将会有更多优秀的开源项目诞生;同时也将会活跃目前的开源项目,在应用广泛展开的时候,使其焕发第二春。

3. 作为开发平台

Linux 系统下有许多开发工具,例如 Eclipse、C、C++、Mono、Python、Perl、PHP 等,毫无疑问,Linux 是世界上最流行的开发平台,它包含了成千上万的免费开发软件,这对于全球开发者都是一个好消息。

1.5 Linux 相关认证

Linux 的相关认证比较多,其中红帽的 Linux 认证和 LPI 的认证比较常见。

1.5.1 红帽的 Linux 认证

1. 红帽认证技师(RHCT)

主要考察系统管理员应具备的核心技能。一名红帽认证技师应该可以安装和配置一套新的 Linux 系统并将其添加到网络中。这项认证深入考察了安装和核心系统的管理概念、工具以及问题处理能力。

2. 红帽认证工程师(RHCE)

认证展示了高级系统管理员应掌握的技能。一名红帽认证工程师除了要掌握红帽认证技师具备的所有技能,还应具有配置网络服务和安全的能力,其应该可以决定公司网络上应该部署哪种服务以及具体的部署方式。这一认证包括 DNS、NFS、Samba、Sendmail、Postfix、Apache 和关键安全功能的详细内容。

需要注意的是:红帽认证工程师(RHCE)和红帽认证技师(RHCT)是以实际操作能力为基础的测试项目,主要考察考生在现场系统中的实际能力。其他培训项目一般是教授学生如何回答多项选择问题,而并非是如何操作一个真正的系统。红帽培训和测试非常注重培养实际的动手能力。

3. 红帽认证安全专家(RHCSS)

随着 IT 安全的重要性越来越高,以更加可靠、更加实际的方式对 IT 人才所掌握的技能进行考察衡量也迫在眉睫,这样各大公司才能找到实施安全解决方案的合格人才。针对这一需求,红帽公司推出了红帽认证安全专家认证(RHCSS)——一种证明具有使用红帽企业 Linux、SELinux 和红帽目录服务器来满足当今企业环境安全需求等高级技能的最新安全认证。

4. 红帽认证架构师(RHCA)

红帽企业架构师课程主要面向那些负责部署和管理大型企业环境中众多系统的高级 Linux 系统管理员提供深入的实际操作培训。红帽认证架构师是红帽公司继红帽认证技师(RHCT)和红帽认证工程师(RHCE)认证之后推出的最新顶级认证,也是 Linux 领域公认的最受欢迎的、最成熟的认证。

1.5.2　LPI 的 Linux 认证

LPIC(Linux Professional Institute Certification)是由 LPI 颁发的全球范围的 Linux 专业认证。该认证是世界标准的、中立的,也是全球最大的专业认证。LPIC 是被各国承认并证明个人使用 Linux 技术水平的认证项目。此项目可以满足 Linux 专业人士的知识需要,是用人单位聘用人才的重要参考。

LPI 的业界标准认证已经遍布世界各地,是当前最为权威的 Linux 认证证书。该认证在全球以多种语言进行支持,并成为了全球绝大多数 IT 企业招聘高级员工的一个技能参考凭证。LPIC 的认证全球统一执行,获得的证书代表了世界级的 Linux 技能,全球统一承认。试卷批阅集中在总部进行。LPI 的宗旨是在 Linux 社群中发展此认证项目,以满足 Linux 爱好者和雇佣单位的需求,从而推广普及 Linux 的应用。LPI 一直履行严谨、开放、强化管理的认证过程,这使 LPI 成为通过验证并被广泛承认的 Linux 认证体系。

LPIC 是中立性认证。中立性的认证已经成为业界的共识,LPI 作为一个非营利的机构,只参与设置认证考试标准的工作,独立于众多 Linux 产品供应商、培训提供机构和课件发行机构,LPI 认证考试不是推销某个软件产品的工具。目前从 Linux 团体和业内专业人员所关注的程度来看,LPI 认证得到了最为广泛的支持。这其中的部分原因归功于 LPI 认证的设计完全采用了 Linux 操作系统和开放源代码软件的同样开发方式,Linux 公司和团体中有许多人都为该认证提供了大量的支持和帮助。

LPI 是全球最大的认证机构,到现在已经有 145 000 以上的人员参加了 LPIC 认证考试。全球网络化的认证,为 Linux 技术人员提供了一个便捷的认证途径。

1.6　如何学习 Linux

 学习目标

• 了解学习 Linux 的方法

随着 Linux 应用的扩展,许多人开始接触 Linux,刚开始往往有一些茫然的感觉:不知从何处开始学起。这里介绍学习 Linux 的一些建议。

1. 扎实基础

常常有人在 Linux 论坛问一些问题,不过,其中大多数的问题都是很基础的。例如,为什么我使用一个命令的时候,系统告诉我找不到该目录,我要如何限制使用者的权限等问题,这些问题其实都不是很难的,只要了解了 Linux 的基础之后,应该就可以很轻易地解决掉这方面的问题。

2. 必须学习 Linux 的命令

虽然 Linux 桌面应用发展很快,但是命令在 Linux 中依然有很强的生命力。Linux 是一个命令行组成的操作系统,精髓在命令行,无论图形界面发展到什么水平这个原理是不会变的。Linux 命令有许多强大的功能:从简单的磁盘操作、文件存取,到进行复杂的多媒体图像

和流媒体文件的制作。举一个例子：Linux 的常用命令 find，查看 man 文档，初学者一定会觉得太复杂而不愿意用，但是一旦学会就爱不释手。它的功能实在太强了，在配合 exec 参数或者通过管道重定向到 xargs 命令和 grep 命令，可以完成非常复杂的操作，如果同样的操作用图形界面的工具来完成，恐怕要多花十几倍的时间。

3. 选择一本好的工具书

工具书对于学习者而言是相当重要的。一本错误观念的工具书却会让新手整个误入歧途。目前国内关于 Linux 的书籍有很多不过精品的不多，作者强烈建议阅读影印本的"O Reilly 原版 Linux 图书 http://www.oreilly.com.cn/"，而且出版社还提供了一个非常好的路线图：http://www.oreilly.com.cn/guide/guide_Linux.php。

4. 选择一个好的适合的 Linux 发行版本

目前全球有超过 100 多个 Linux 发行版本，在国内也能找到十几个常见版本。如何选择请根据你的需求和能力，Redhat Linux 和 Debian Linux 是网络管理员的理想选择。对于英语不是很好的读者，红旗 Linux、中标 Linux 这些中文版本比较适合。现在一些 Linux 网站有Linux 版本的免费下载。

5. 习惯于在命令行下工作

一定要养成在命令行下工作的习惯，要知道 X-Window 只是运行在命令行模式下的一个应用程序。在命令行下学习虽然一开始进度较慢，但是熟悉后，未来的学习速度将是以指数增加的方式增长的。从网管员来说，命令行实际上就是规则，它总是有效的，同时也是灵活的。即使是通过一条缓慢的调制解调器线路，它也能操纵几千千米以外的远程系统。

6. 选择一个好的 Linux 社区

随着 Linux 应用的扩展，出现了不少 Linux 社区。其中有一些非常优秀的社区：www.Linuxforum.net、http://www.chinaUNIX.net/等，如果读者遇到解决不了的问题，可在社区上发帖求助，但是这几个论坛往往是 Linux 高手的舞台，如果在探讨高级技巧的论坛张贴非常初级的问题经常会没有结果，所以应该选择一个比较适合目前阶段的社区。

7. 实践出真知

要增加自己 Linux 的技能，只有通过实践来实现了。所以，赶快安装一个 Linux 发行版本，然后进入精彩的 Linux 世界。相信对于自己的 Linux 能力必然大有斩获。此外，人脑不像计算机的硬盘一样，除非硬盘坏掉了或者是资料被抹掉了，否则储存的资料将永远而且立刻地记忆在硬盘中。在人类记忆的曲线中，必须要不断地重复练习才会将一件事情记得比较熟。同样的，学习 Linux 也一样，如果人们无法经常学习的话，学了后面的，前面的就会被遗忘。

8. 学习笔记

在读者学习过程中应该做些笔记，这些笔记的内容应以读者的思维习惯为标准进行记录，记录下一些操作过程，要是能够截图就更好了，并且要记录下自己在学习某个知识点过程中的体会，也就是说要将这些学到的知识转化为读者自己的理解记录下来，以便以后复习之用，一个好的学习笔记对于任何一个人来说都是有百利而无一害的。

1.7 本章小结

本章主要介绍了 Linux 的概念、Linux 的来源与发展、Linux 的特点和应用等方面的知识，对 Linux 进行较全面的阐述。Linux 作为一个新的、不断发展的操作系统，有着 Windows

操作系统无法比拟的优势,这也是我们学习 Linux 操作系统的原因。

课 后 习 题

1. 选择题

(1) Linux 受到欢迎的最突出特点是(　　)。

A. 多用户多任务　　　　　　　　　　B. 网络功能强大

C. 发行版本丰富　　　　　　　　　　D. 开放源代码

(2) Linux 开发时间始于(　　)年,由(　　)的一名大学生最初用(　　)语言开发。

A. 1990 芬兰 C　　　　　　　　　　B. 1991 美国 汇编

C. 1991 芬兰 C　　　　　　　　　　D. 1990 波兰 汇编

(3) Linux 操作系统具有强大的可移植性主要是因为(　　)。

A. Linux 用汇编语言编写了很多代码

B. Linux 把被它管理的设备看成文件进行处理

C. Linux 内核是用 C 语言编写的

D. Linux 支持 TCP/IP 通信协议

(4) Linux is a(n) (　　)operating system,meaning the source code is freely available.

A. Open sourced　　B. User licensed　　C. Closed source　　D. Open binary

(5) Linux 内核包括以下哪两种不同的版本?(　　)

A. 发行版　　　　B. 测试版　　　　C. 开发版　　　　D. 稳定版

(6) Linux 核心许可证是(　　)。

A. NDA　　　　　B. GDP　　　　　C. GPL　　　　　D. GNU

(7) 下列描述中不正确的是(　　)。

A. Linux 是一套免费使用和自由传播的类 UNIX 操作系统

B. Linux 性能比 Windows 更好

C. Linux 是在 Internet 开放环境中开发的,它由世界各地的程序员不断完善,而且免费供用户使用

D. 用来提供各种 Internet 服务的计算机运行的操作系统占很大比例的是 UNIX 及 UNIX 类操作系统

(8) GPL 是指(　　)。

A. GNU 通用许可证　　　　　　　　B. GNU/Linux 公共许可证

C. GNU 通用公共许可证　　　　　　D. GNU 通用公共协议

(9) 与 UNIX 操作系统相比,Linux 独有的特点包括(　　)。

A. 多用户操作系统

B. 从 Kernel 到设备驱动程序、开发工具等,都完全免费

C. 源代码公开

D. 支持 TCP/IP、HTTP、PPP、POP、SMTP 协议

E. 无图形界面

(10) Linux 的版本可分为(　　)版本和(　　)版本。

A. 核心　发行　　B. 免费　收费　　C. 核心　免费　　D. 发行　收费

(11) 以下 Linux 版本属于国内发行版本的是（　　）。

A. Red Flag 5.0　　　　　　　　　B. Ubuntu Linux 6.06

C. Suse 10.0　　　　　　　　　　D. gentoo 2006.1

(12) Linux 操作系统的特点有（　　）。

A. 开放性，设备独立性与支持动态链接　　B. 多用户多任务，支持多文件系统

C. 网络功能丰富且安全可靠　　　　　　D. 良好的可移植性与用户界面

2. 填空题

(1) Linux 是一种类 ＿＿＿＿＿ 的操作系统，是一个 ＿＿＿＿＿、＿＿＿＿＿、＿＿＿＿＿、＿＿＿＿＿、＿＿＿＿＿而＿＿＿＿＿的操作系统。

(2) Linux 操作系统的诞生、发展和成长主要依赖 ＿＿＿＿＿、＿＿＿＿＿、＿＿＿＿＿、＿＿＿＿＿和＿＿＿＿＿五大支柱。

3. 简答题

(1) 什么是 Linux，Linux 有哪些特性？

(2) 简要概述 Linux 与 UNIX 的关系。

(3) 查资料，举例说明 Linux 在各方面的具体应用。

(4) 查资料，总结 Linux 与 Windows 的不同点。

课 程 实 训

实训内容一：上网查阅 Linux 的内核的最新版本，并且尝试下载一个。

实训内容二：上网查阅主要的 Linux 学习网站与社区。

实训内容三：查阅网上 GPLv2 与 GPLv3 的主要区别。

实训内容四：从网上下载最新的 Fedora 12 安装镜像文件。（课外完成）

项 目 实 践

大学毕业了，陈飞应聘到一家网络维护公司工作，被安排到网络运维组。公司的主营业务是 Windows 网络的维护工作，但随着 Linux 市场的逐渐扩大，公司准备开辟 Linux 方面的业务。所以，希望陈飞能向 Linux 方向发展。但陈飞在大学里学的是基于 Windows 平台的网络维护，对基于 Linux 平台的网络没有接触过。于是公司就安排经验丰富的王工程师对陈飞进行帮助指导。王工程师首先要求陈飞对 Linux 操作系统的基础知识有所了解，要求他完成下面的任务：

任务一：认识什么是 Linux 操作系统。

任务二：了解开源运动。

任务三：了解 Linux 的产生与发展。

任务四：了解 Linux 的特点。

任务五：分析 Linux 系统和 Windows 系统的区别

陈飞就按照王工程师的安排开始了他的 Linux 之旅。

第 2 章　Fedora 12 系统安装详解

本章内容

☞ Fedora 12 系统安装的硬件要求

☞ 多种途径安装 Fedora 12

☞ Fedora 12 安装全过程

☞ 磁盘分区及软件包的定制

☞ 多系统引导介绍

☞ Fedora 12 安装出错调试及修复

2.1　Linux 系统安装的硬件要求

学习目标

• 了解 Fedora 12 所需的最低硬件要求

一般地,Linux 的每个发行版都会给出系统的最低硬件配置要求及推荐配置列表,但这个最低硬件要求很多时候并不能真的使 Linux 能够正常工作,它只能让系统能够运行起来,而当系统要执行一些较大的程序时,这个最低的硬件要求就不再可行了,特别是安装在虚拟机里。Linux 对硬件的要求很低,大部分可以运行 Windows 的计算机都能运行 Linux,且运行速度会比 Windows 快得多。随着 Linux 的不断升温,许多硬件厂商主动协助 Linux 开发者,开发其相应的硬件的驱动程序,使得 Linux 现在能够支持大部分的硬件,在 Linux 的安装光盘里已经包含了大部分硬件驱动程序。

在 x86_32 构架的处理器上,Fedora 12 可运行于 Intel,AMD,Cyrix 和 VIA 等各处理器,下面以 Intel 处理器型号为例来说明。Fedora 12 为 i686 及其后续处理器进行了优化。

• 文本模式推荐:200 MHz 奔腾 Pro 或以上。

• 图形模式推荐:400 MHz 奔腾 Pro 处理器或以上。

• 字符模式所需最小内存:128 MB。

• 图形模式所需最小内存:192 MB。

• 图形模式推荐内存:256 MB。

对于硬盘空间,安装 Fedora 下全部软件包将会使用 9 GB 以上的磁盘空间。实际需要的空间取决于具体的发布集(Spin)以及安装过程中选择的软件包。Fedora 12 的详细硬件需求详见"Fedora-12-Release_Notes-en-US.pdf"。本章将主要详解 Fedora 12 系统的安装过程。

2.2 Linux 系统的安装种类和方法

- 了解 Fedora 12 的各种安装方法
- 掌握 Fedora 的硬盘安装和 VMware 里安装

Linux 系统的安装方式多种多样,且十分灵活,其中光盘安装是最简单、最省事的方法,但有时我们手边没有相应的安装盘,或没有刻录机,这时,其他安装方法就显得很重要了,例如 U 盘安装、硬盘安装或 VMware 里安装等,可以根据不同的环境选择不同的安装方式。一般,在物理机上直接安装系统会为物理机上的数据安全带来很大的风险,稍不留神就可能将硬盘上的数据破坏了,所以在装系统时,读者应集中高度的注意力,可以的话,推荐大家使用 VMware 来安装系统,如真的有必要装在物理机上,建议大家可先在 VMware 里做个实验,等到对 Fedora 系统的安装有了一定的了解后再在物理机上实验。

2.2.1 硬盘安装

硬盘安装一般是在 Windows 系统的基础上进行的,为了学习我们需要一个 Linux 环境,但又不想放弃 Windows,这时,双系统是一个很不错的选择。要从硬盘安装 Fedora,需将存放 Fedora 12 镜像文件的盘格式化为 FAT 32 格式,因为无论 Linux 还是 DOS,都无法识别 NTFS。

(1) 条件:Windows 系统环境,存放 Fedora 12 系统镜像的分区为 FAT32,预留 10 GB 以上的可用硬盘分区空间(用以安装 Fedora 12 系统)。

(2) 准备程序:grub4dos、Fedora 12 系统安装镜像。

(3) 安装步骤如下:

① 解压 grub4dos,并复制 grldr、grldr. mbr、menu. lst(可选)到 C 盘(系统盘)根目录下。

② 然后以"管理员身份"运行 CMD. exe。

③ 建立菜单项,在 CMD 里运行"bcdedit /create /d "Grub4Dos" /application bootsector",执行完此命令会返回一个 GUID。如图 2-1 所示(如 332472de-a5f7-11df-9207-c80aa905e28a)。

```
Microsoft Windows [Version 6.1.7600]
Copyright (c) 2009 Microsoft Corporation.  All rights reserved.

C:\windows\system32>bcdedit /create /d "Grub4Dos" /application bootsector
The entry {332472de-a5f7-11df-9207-c80aa905e28a} was successfully created.
```

图 2-1　GUID 号

下面的命令中请使用上面返回的 GUID 号替代"GUID"。

运行"bcdedit /set {GUID} device partition = C:"

运行"bcdedit /set {GUID} path \grldr.mbr"

运行"bcdedit /displayorder {GUID} /addlast"

④ 在 C 盘根目录建立一名为"Fedora"的文件夹,并在此目录下再建一个名为"images"的文件夹,把 Fedora 12 系统镜像里的 images 文件夹解压到"Fedora/images"目录中,再解压 isoLinux 文件夹中的 initrd.img 和 vmlinuz 文件到"Fedora"目录下,再把 Fedora 12 系统镜像也一同放在"Fedora"目录中,把 initrd.img 和 vmlinuz 复制一份到 C 盘(系统盘)的根目录下。

⑤ 添加 Fedora 12 安装引导项,修改 menu.lst,在 menu.lst 文件的最后加上:title Install Fedora 12 kernel (hd0,0)/vmlinuzinitrd (hd0,0)/initrd.img。

⑥ 重启系统,并选择 Grub4Dos。

⑦ 选择 Install Fedora 12。

接下来便可进行 Fedora 12 系统的正常安装,硬盘安装方式还可使用虚拟软驱方式(使用 vfloppy)进行安装,有兴趣的话,这也是一个值得一试的方法。在安装过程中应注意分区部分,特别是在删除分区时,若操作不当,将会破坏数据资料。

2.2.2　U 盘安装

U 盘安装方法有两种,其中第一种是利用 Grub 来安装,其安装原理同硬盘安装方法,这里重点介绍第二种方法,使用 U 盘 lived 制作器(官方发布),制作可启动 U 盘。

(1) 条件:U 盘,计算机上预留 10 GB 以上的可用硬盘分区空间(用以安装 Fedora 12 系统)。

(2) 准备程序:liveusb-creator-3.9.2-setup、Fedora 12 系统安装镜像。

(3) 安装步骤如下:

① 下载安装并运行 liveusb-creator-3.9.2-setup。

② 单击"Browse"按钮,选择 Fedora 12 系统镜像,然后单击"Create Live USB",此时软件会自动验证文件,并向 U 盘加载 ISO。如图 2-2 所示。

图 2-2　验证安装文件

③ 大概 10 分钟,可启动 U 盘就制作好了,重启计算机,设置 BIOS 为 USB 启动,然后就可以正常安装 Fedora 12 系统了。

2.2.3　光盘安装

光驱安装系统是最常见、最简单易懂的方式,但前提是计算机必须要有光驱,且准备好了Linux的系统安装光盘。

（1）条件：光驱,Fedora 12系统盘,计算机上预留10 GB以上的可用硬盘分区空间（用以安装Fedora 12系统）。

（2）准备程序：无须。

（3）安装步骤如下：

① 放入Fedora 12系统安装光盘,并重启计算机。

② 进入BIOS,设置BIOS为光驱启动,并保存退出BIOS,此时计算机将自动重启。然后计算机将自动进入光盘引导,这时便可正常进入Fedora 12系统的安装。

2.2.4　软盘安装

现在软盘已渐渐被淘汰,但在一些特殊的情况下,Fedora 12也可使用软盘来进行安装。

2.2.5　VMware虚拟机安装

VMware一直是业内公认的专业虚拟机产品,它的许多功能,例如克隆、快照,可让我们大大缩短安装、调试OS的时间,不管对虚拟机里的系统做多么危险的实验,也不用担心对本地文件系统会造成任何损坏,且可以设置还原点,将系统还原到任何设置了还原点的时刻,还可以实现在一台机器上同时开启多个不同的相互独立的系统。VMware可以说是初学者必备的工具。

（1）条件：计算机上预留10 GB以上的可用硬盘空间（用以存放安装有Fedora 12系统的虚拟机）。

（2）准备程序：VMware虚拟机软件。

（3）安装步骤如下：

① 安装完VMware后打开,单击"New Virtual Machine",新建一台虚拟机,并单击"Next"。如图2-3所示。

图2-3　打开安装向导

② 进入"Guest Operating System Installation",选"I will install the operating system later.",然后单击"Next"进入下一步的安装。如图 2-4 所示。

图 2-4　加载安装的镜像文件

③ 进入"Select a Guest Operating System",选"Guest operating system"为"Linux",并选"Version"为"Other Linux 2.6.x kernel",然后单击"Next"进入下一步安装。如图 2-5 所示。

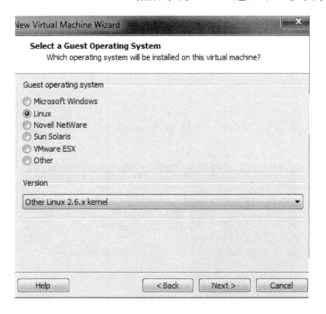

图 2-5　选择安装的系统类型

④ 进入"Name the Virtual Machine",更改"Virtual machine name"为"Fedora 12"(读者亦可改为其他名字,此名字只是用来便于以后对多台虚拟机的分辨),单击"Browse...",选择一个磁盘剩余空间大的分区(至少 10 GB 的可用空间)用以存放此虚拟机。单击"Next",进入下一步。如图 2-6 所示。

图 2-6　选择虚拟硬盘的名字和存放路径

 注 意

此分区最好是 NTFS,以便于后面的操作。

⑤ 进入"Specify Disk Capacity",选择"Store virtual disk as a single file",并填"Maximum disk size"为 80(或更大,或小一点,但不能太小),单击"Next"进入下一步。如图 2-7 所示。这时读者可能会有疑问,该分区的剩余空间没那么大,怎么分配给虚拟机这么大的空间? 其实这点 VMware 做得非常好,虽然我们把磁盘设为 80 GB,但其实虚拟机并不会真的立刻分配这么大的空间给虚拟机,虚拟机所占用的空间大小由你在虚拟机里所使用的空间大小所决定。

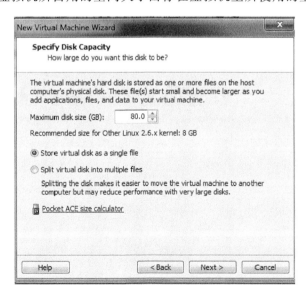

图 2-7　设置虚拟硬盘的容量

注 意

若分区为 FAT32,应选用"Split virtual into multiple files",因为 FAT32 无法管理一个 80 GB 大小的文件。

⑥ 进入"Ready to Create Virtual Machine",单击"Customize Hardware",定制虚拟机的硬件,这时读者可以根据自己计算机的实际情况设置虚拟机的环境。但此处重点应设置一下 Fedora 12 光盘镜像,设置完毕之后,单击"OK"完成设置。如图 2-8 和图 2-9 所示。

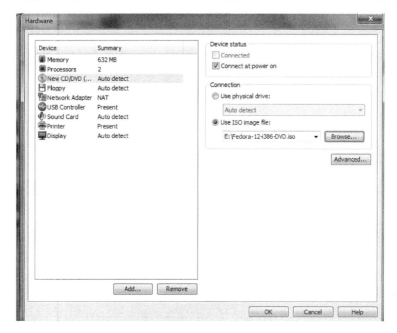

图 2-8 设置虚拟系统需要的设备

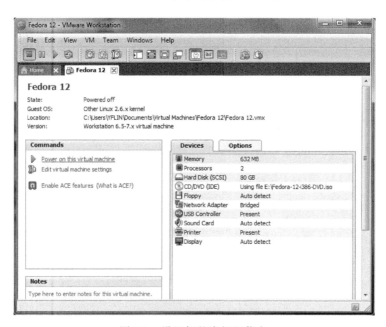

图 2-9 设置好的虚拟机信息

⑦ 至此虚拟机已经建好了，VMware 会返回主面板，这时单击工具栏"▷"（或 Commands 栏中的"Power on this virtual machine"）打开虚拟机。然后，虚拟机就如同一台独立的计算机在 VMware 里开启，而后就可以进行正常的 Fedora 系统安装。如图 2-10 所示。

图 2-10　启动安装虚拟的 Linux 操作系统

 思　考

在 2.2.5 节中，用 VMware 安装 Fedora 12，在第 4 步中，将预安装的虚拟机存放在一个 FAT32 的分区中，并在第 5 步时设置虚拟硬盘大小为 80 GB，且选"Store virtual disk as a single file"，以此安装时将会出现什么错误？查资料，并想想为什么会出现这样的错误？

2.2.6　网络无人值守安装

网络无人值守安装（Kickstart）方法一般是在一些公司或学校等场所对数十台甚至上百台的机器同时安装系统，这时如果采用常规的安装方法既耗时又烦琐，稍有不慎，还容易使系统配置出现差异，也不便于以后的管理。在这里不介绍网络无人值守安装，本小节只让读者先了解有这种安装方式。

2.2.7　安装到移动硬盘

将 Fedora 12 安装在移动硬盘里，也不失为一个明智的做法，要使用 Fedora 12 系统的时候把移动硬盘连上计算机从移动硬盘启动，不需要的时候本地机器和原来毫无异样，Fedora 12 如同一个模块一样，需要的时候加上去，不需要的时候移动硬盘又是一个普通的硬盘，计算机还是原来的计算机。此方法对读者的计算机基础要求较高,风险也较高,此方法可能会导致原系统无法引导、黑屏等状况,如对计算机不是很熟的话不建议大家使用。

(1) 条件:移动硬盘,光驱,Fedora 12 系统光盘,主板支持 USB 硬盘启动。

(2) 准备程序:无。

(3) 安装步骤如下:

① 连接移动硬盘到该计算机,并放入 Fedora 12 安装光盘。

② 重启计算机,进入 BIOS,设置 BIOS 的启动方式为 USB 硬盘启动,并禁用原来的硬盘(可选,用以保证原硬盘数据的安全),保存并重启计算机。

此后系统便可以正常进入 Fedora 12 的安装,但此安装方法的重点在于系统安装过程中的分区和选择安装引导装载程序的位置这两步,读者可根据实际情况对这两步进行操作,把安装引导装载程序的位置选为移动硬盘。

2.3 Linux 系统的安装模式

学习目标

- 了解 Linux 系统的各种安装模式

进入系统安装引导后,会看到图 2-11 所示的开机提示,在此界面里可以对 Linux 系统的安装模式进行选择,本节主要介绍各种安装模式的作用及进入方式。

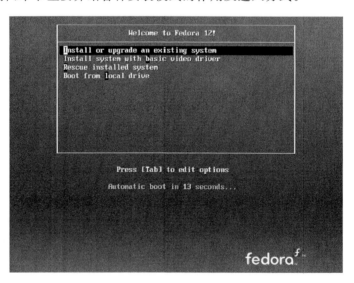

图 2-11　Linux 系统的安装启动界面

2.3.1 图形方式安装

图形方式安装,是最常见的安装方式,它安装起来非常直观、简单,但图形方式安装要求较快的速度,所以默认只能在 CDROM、硬盘、NFS 等情况下进行安装。

Fedora 12 的默认安装方式为图形方式安装,当系统进入安装模式选择界面后,按 Enter 键或等待数秒后将进入图形安装界面。

2.3.2　文本方式安装

如果因为显示器、显卡有问题,或物理机硬件条件不足以使用图形安装方式等原因,可以启动文本模式安装。

进入模式选择界面后,按 Esc 键,这时,会出现"boot"提示符,在"boot:"后输入"Linux text",并按 Enter 键,这样就打开了 TEXT 用户接口。按 Enter 键回到模式选择界面。

2.3.3　修复模式安装

当开机引导程序 GRUB 损坏而无法成功引导系统,或忘记了 root 密码等情况时,第一时间应该想到的是修复模式,进入修复模式后,可以挂载 USB 盘进行数据备份,修改系统中的配置文件,重新设置 root 密码,挂载文件系统等操作。

同样进入模式选择界面后,按 Esc 键,在"boot:"后输入"Linux rescue",并按 Enter 键,便可进入修复安装模式。或进入图形安装界面后,选"Rescue installed system",便进入了修复安装模式。

2.3.4　自定义方式安装

用以选择从哪里进行安装,例如,本地的 DVD/CD、NFS 镜像、FTP、HTTP 或者硬盘进行安装。

进入模式选择界面后,按 Esc 键,在"boot:"后输入"Linux askmethod",并按 Enter 键,便可进入自定义方式安装。

2.3.5　升级方式安装

若计算机已经装有某一较低版本的 Fedora 系统,可以通过升级方式进行安装,而不必重新安装系统。

进入模式选择界面后,选中"Install or upgrade an existing system",或按 Esc 键,在"boot:"后输入"Linux updates",再按 Enter 键便可进入升级安装方式。

2.4　磁　盘　分　区

- 了解分区的概念及其作用
- 掌握 Linux 分区的表示方法
- 了解 RAID 及 LVM

2.4.1 分区的概念和作用

分区实质上是对硬盘的一种格式化。将物理磁盘分隔成一个个小分区，让每个分区可以像物理上独立的磁盘那样工作。分区有如下作用：

（1）初始化硬盘，以便可格式化和存储数据。

（2）保证了如果其中一个分区损坏，而不影响其他分区，从而减少了数据的丢失。

（3）分隔不同的操作系统，保证多个系统在同一个硬盘上能够正常运行。

（4）便于管理，针对性地对数据进行分类存储。

Linux 分区的作用还有很多，这里就不再一一列举，如果感兴趣，可以自己上网查查相关资料。Linux 分区有众多好处，但同时也带来了一些不便，它将整个驱动器划分成固定大小的小分区，某一分区（例如/home）可能会填满了所有它的可用空间，而此时其他分区上还有充足的空闲空间。这就要求用户能够预测每个分区可能需要的空间，但这是一项非常困难的工作。

2.4.2 分区的类型

硬盘的分区主要分为主分区（Primary Partion）和扩展分区（Extension Partion），分区信息放在标准分区表上，占用硬盘第一个 Sector（扇区）中的 64 个字节，每个分区需要 16 个字节。

主分区和扩展分区数目之和不能大于四个，主分区可以马上被使用但不能再分，多个主分区共存一般是用于分隔不同的操作系统或存放不同类型的数据。扩充分区必须再进行分区后才能使用，是为了突破在一个硬盘上只能有 4 个分区的限制而引入的，一个硬盘只能有一个扩展分区，主分区以外的自由空间都应该分配给扩展分区。扩展分区必须要进行二次分区，由扩充分区再划分下去就是逻辑分区（Logical Partion），逻辑分区没有数量上的限制，逻辑分区的分区信息存放在分区表中，在扩展分区的第一个扇区中，多逻辑分区突破了硬盘最多只能有 4 个分区的限制。

2.4.3 Linux 分区的表示

Linux 内核设备管理规定，计算机的设备都以文件方式进行管理，所有的设备都映射对/dev 目录中的相应文件，磁盘分区也由该目录下的相应文件指代，分区名称表示格式为：硬盘类型＋硬盘号＋分区号，例如，/dev/hda2 表示第一块 IDE 硬盘第 2 个分区。

硬盘类型：Linux 分区以"hd"开头来表示 IDE 硬盘，以"sd"开头来表示 SCSI 硬盘。

硬盘号：硬盘号是指硬盘在 Linux 下的编号，以 a、b、c 来分别代表第 1 块硬盘、第 2 块硬盘及第 3 块硬盘。

分区号：从 0 开始，1、2、3 分别代表第 1 个分区、第 2 个分区和第 3 个分区。

下面通过一些例子来帮助大家理解，如图 2-12 所示。

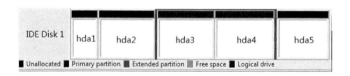

图 2-12 Linux 的分区信息

/dev/hda 表示整个 IDE 硬盘；

/dev/hda1 表示第 1 块硬盘的第 1 个主分区(第 1 个分区)；

/dev/hda2 表示第 1 块硬盘的第 2 个主分区(第 2 个分区)；

/dev/hda3 表示第 1 块硬盘的第 1 个逻辑分区(第 3 个分区)；

/dev/hda4 表示第 1 块硬盘的第 2 个逻辑分区(第 4 个分区)；

/dev/hda5 表示第 1 块硬盘的第 3 个主分区(第 5 个分区)。

又如：

/dev/hdb 表示第 2 个 IDE 硬盘；

/dev/sdb3 表示第 2 块硬盘(SISC)的第 3 个分区。

2.4.4　Linux 下挂载目录的介绍

/ :根分区。用于存储系统文件。

swap:即交换分区,也是一种文件系统,它的作用是作为 Linux 的虚拟内存。在 Windows 下,虚拟内存是一个文件:pagefile. sys。而在 Linux 下,虚拟内存需要使用独立分区,这样做的目的是为了提高虚拟内存的性能。

/boot:包含了操作系统的内核和在启动系统过程中所要用到的文件。在很多老旧的教程中,都会让用户在/boot 目录上挂载一个大小为 100 MB 左右的独立分区,并推荐把该/boot 放在硬盘的前面——即 1024 柱面之前。事实上,那是 LILO 无法引导 1024 柱面后的操作系统内核的时代的遗物了。当然,也有人说,独立挂载/boot 的好处是可以让多个 Linux 共享一个/boot。其实,无论是基于上述的哪种理由,都没有必要把/boot 分区独立出来。首先,Grub 可以引导 1024 柱面后的 Linux 内核;其次,即使是安装有多个 Linux,也完全可以不共享/boot。因为/boot 目录的大小通常都非常小,大约 20 MB,分一个 100 MB 的分区无疑是一种浪费,而且还把硬盘分得支离破碎的,不方便管理。另外,如果让两个 Linux 共享一个/boot,每次升级内核,都会导致 Grub 的配置文件冲突,带来不必要的麻烦。而且,不独立/boot 分区仅仅占用了根目录下的大约 20 MB 的空间,根本不会对根目录的使用造成任何影响。但值得注意的是,随着硬盘容量的增大,无法引导 Linux 内核的现象再次出现,这也就是著名的 137 GB 限制。很遗憾,Grub 是无法引导 137 GB 之后的分区中的 Linux 内核的。如果不巧遇到了这样的情况,就要考虑把/boot 独立挂载到位于 137 GB 前方的独立分区中,或者索性就把 Linux 的分区都往前移动,让根目录所在分区位于 137 GB 之前。

/usr/local:是 Linux 系统存放软件的地方。建议把/opt、/usr 或/usr/local 独立出来的教程,基本上也是非常老的了。使用 Ubuntu 硬盘分区时,一般都是使用系统的软件包管理器安装软件,很少自己编译安装软件。而建议独立/usr、/opt、/usr/local 的理由无非是为了重装系统时不再重新编译软件而直接使用早先编译的版本。不过对于大多数普通用户来说,这个建议通常是没有意义的。

/var:是系统日志记录分区。

/tmp 分区,用来存放临时文件。建议把/var 和/tmp 独立出来的教程通常是面向服务器的。因为高负载的服务器通常会产生很多日志文件、临时文件,这些文件经常改变,因此把/var、/tmp 独立出来有利于提高服务器性能。但我们用 Ubuntu 硬盘分区是做桌面的,甚至有些用户根本从来没有关心过系统日志,所以根本没有必要独立地为 /var 和/tmp 挂载分区。

/home:是用户的 home 目录所在地。这可能是唯一一个值得独立挂载分区的目录了。/home 是用户文件夹所在的地方。一个用户可能在/home/user 中存放了大量的文件资料,如果独立挂载/home,即使遇到 Ubuntu 硬盘分区无故身亡的尴尬局面,也可以立刻重装系统,取得自己的文件资料。因此,/home 是唯一可以考虑独立挂载分区的目录。有些老旧的教程中建议把 Linux 安装在主分区中,或在/boot 下挂载一个主分区。事实上,这也是不需要的。Linux 的所有分区都可以位于逻辑分区中。

2.4.5　Linux 分区要求及推荐分配方式

Linux 分区只要求必须要有,且只能有一个/分区。Linux 分区的分配方式没有常用的,也没有最好的,因为在不同的场合所使用的需求都是不一样的,例如数据库服务器、Apache 服务器及用以学 Linux 的学生机等。

为了便于今后的学习,只分出一个/分区和 swep 分区,其他目录 Linux 会自动挂载到/分区下。这样,今后就省去了一些不必要的麻烦,如分区被填满,无法再存入数据,而一直被提醒说,磁盘空间不足。

swep 分区:2G。

/分区:除 swep 分区外的所有可用空间。

2.4.6　RAID

RAID(Redundant Array of Inexpensive Disks),中文意思是独立磁盘冗余阵列。RAID 的基本想法是把 N 个硬盘通过 RAID Controller 组合到一起,成为一个磁盘组,使性能提升或容量增大或增加冗余,为存储系统带来了巨大的利益。

RAID 技术可以充分发挥出多块硬盘的优势,扩大存储能力,降低单位容量的成本,提高存储速度,且可靠性 RAID 系统大大提升了安全性,容错性 RAID 可提升数据的容错性。

基于不同的架构,RAID 可分为软件 RAID(Software RAID)和硬件 RAID(Hard RAID)及外置 RAID(External RAID)。软 RAID 通过 CPU 提供 IO 运算,包含在各个系统中(例如,Windows 和 Linux 等)。由于软 RAID 不是一个完整系统,所以只能提供最基本的 RAID 容错功能。硬件 RAID 通常是一张 PCI 卡,卡上集成了处理器及内存,硬 RAID 较少依靠系统的 CPU 资源,硬 RAID 是一个完整的系统。外置 RAID 也是硬件 RAID 的一种,区别在于 RAID 卡不会安装在系统里,而是安装在外围的存储设备内,且会连接到系统的 SCSI 卡上。这样往往可以连接更多的硬盘,不会受系统机箱的大小所影响。

磁盘阵列针对不同的应用使用不同的技术,目前业界公认的标准是 RAID 0～RAID 5。0～5 并不代表技术的高低,它只代表其各自不同的技术,其具体应用视用户的具体环境及应用而定。这里重点介绍 RAID 0、RAID 1 和 RAID 5。

RAID 0,无差错控制的带区组,RAID 0 必须要有两个以上的硬盘驱动,RAID 0 实现了带区组,数据并不是保存在一个硬盘上,而是分成数据块保存在不同的驱动器上,从而大大提高了数据吞吐率。但它没有数据差错控制,如果一个驱动器的数据发生错误,即使其他盘上的数据正确也无济于事,因此不能用于对数据稳定性要求较高的场合。

RAID 1,镜像结构,对于这种设备,RAID 控制必须能够同时对两个盘进行读操作和对两个镜像进行写操作,RAID 1 真正具有冗余模式。磁盘大小必须相等,如果不等,设备容量大小将视最小磁盘大小而定。当主硬盘损坏时,镜像硬盘就可以代替主硬盘工作。镜像硬盘相当于一个备份盘。对于这种模式,其安全性是非常高的,RAID 1 的数据安全性在所有 RAID 级别上是最高的,但磁盘利用率只有 50%,是所有 RAID 级别中最低的。

RAID 5,要求至少要有 3 块硬盘,且分区大小尽量相同。以数据的校验位来保证数据的安全,但它不是以单独硬盘来存放数据的校验位,而是将数据校验位交互存放在各个磁盘上。这样,任何一个磁盘损坏,都可以根据其他磁盘上的校验位来重建损坏数据,但它对数据传输的并行性不好,且控制器的设计也相当困难。RAID 5 多用于事务处理环境,例如售票处、销售系统等。

2.4.7　LVM

　　LVM(Logical Volume Manage)是 Linux 系统下最强大的磁盘管理技术之一,它将从多物理设备组合成一个大的虚拟设备,用户只需考虑如何在虚拟设备上做传统的空间分配策略,而将物理设备的管理交由 LVM 去处理,由物理设备组全而成的虚拟设备称为 VG(Volume Group,卷组),用户在 VG 上所划分的磁盘空间称为 LV(Logical Volume,逻辑卷),原始物理设备必须经过初始化处理才能加入卷组集合,这种经过特别处理的原始设备或空间则称为 PV(Physical Volume,物理卷)。LVM 可以在磁盘空间管理上提供很大的自由度,它允许用户在需要的时候重新调整大小。LVM 通常用于装备大量磁盘的系统,但它同样适于仅有一两块硬盘的小系统。但在方便的同时,它也伴随着很大的风险,如果卷组中的一个磁盘损坏时,整个卷组都会受到影响,且不能减小文件系统大小,存储性能也因额外操作而受影响。

2.5　软件包的定制

* 了解软件包的分类及定制过程

　　Fedora 12 将软件包集合分为三类:办公、软件开发、网页服务器。办公和生产提供了 OpenOffice.org 办公套件、Planner 项目管理程序、图形工具以及多媒体程序;软件开发为用户在 Fedora 系统上编译软件提供了必要的工具;Web 服务器选项提供了 Apache Web 服务器。在安装的过程中,可以对这些集合做大体上的定制,而后再进行详细的定制。默认情况下,Fedora 在安装过程中会自动加载适于桌面系统的软件。分了便于选择,Fedora 又将软件包划分成软件包组,用户可以根据功能归类的软件包组(如 X-Window 系统、编辑器)、单个软件或者两者的组合来自行选择所需的软件。在选择所需的软件包后,选任选软件包继续,Fedora 会检查选择,并会自动添加所选择软件的依赖软件包。当完成选择后,单击"关闭"以保存选择返回到主要软件包选择界面。

2.6　多系统引导的方式与原理

* 了解开机启动流程
* 了解多系统引导原理

　　一般单操作系统启动时,首先 BIOS 将加载并启动保存在硬盘 MBR 中的引导程序,该引导程序一般在操作系统安装时写入,然后 MBR 引导程序会扫描所有的分区表,接着 MBR 引导程序加载并启动保存在活动分区 PBR 中的引导程序,最后活动分区 PBR 中的引导程序加载并启动安装在其上的操作系统。

开机启动流程:

```
BIOS → MBR → PBR → OS files
```

默认安装 Linux 的 Bootloader(grub)将会安装到 MBR 中,而 Windows 的引导记录主要在 PBR 中,所以不会影响 Windows 的引导,据此原理可以实现 Linux 与 Windows 多系统启动。实现多 Linux 引导需要更改 Grub 的配置文件,这些将在今后章节中作详细讲解。

可通过使用 Bootloader 等软件转换 MBR 中的引导程序或 PBR 中的引导程序(如 NT-Boot Loader、LILO 和 Grub 等)实现按需启动指定操作系统。Windows 下的 NTBoot Loader 一般用于在一台机器安装多个 Windows 系统,而 Linux 下的 LILO 和 Grub 主要用于在一台机器上安装多个 Linux 系统或同时安装 Linux 和 Windows 系统。

2.6.1 MBR 主引导记录

硬盘的主引导扇区是硬盘中最敏感的区域之一,包括主引导记录(MBR)和硬盘分区表(DPT)。其中主引导记录(MBR)用于检测硬盘分区的正确性并确定活动分区,负责把引导权移交给操作系统,系统经常无法引导就是此段数据受到损坏。

2.6.2 PBR 分区引导记录

分区引导记录(PBR),512 字节,位于每个非扩展分区及每个逻辑分区的第一个扇区,可存放小段程序。PBR 引导程序与操作系统密切相关,一般在操作系统安装时写入。

2.6.3 Bootloader

Bootloader 是开机引导程序,Linux 下常见的 Bootloader 有 LILO 和 Grub。

LILO(Linux Loader)是现在许多 Linux 默认的引导程序,它拥有很强大的功能。LILO 通过读取硬盘上的绝对扇区来装入操作系统,因此每次分区改变都必须重新配置 LILO,如果调整了分区的大小及分区的分配,那么 LILO 在重新配置之前就不能引导这个分区的操作系统了。

Grub(Grand Unified Bootloader)也是一个多重启动管理器,其功能同 LILO,也是在多个操作系统共存时选择引导哪个系统。Grub 出现得要比 LILO 晚,所以它可以实现 LILO 的绝大部分功能,可以代替 LILO 来完成对 Linux 的引导。

2.7 安装过程中的错误调试

学习目标

- 了解安装过程中常见错误调试方法

Fedora 的安装极少会出现错误(一般是驱动上的问题),如果不幸遇见,可使用下面一些常见的错误调试方法：

（1）若出现图形显示方面的问题，可进入文本安装模式，进行安装。

（2）使用 Linux noprobe 调试驱动方面的问题。

（3）使用 Linux dd 加载的驱动程序。

（4）Bash 使用 Alt＋Fn(1～6)键来切换显示窗口，在安装过程中可以使用：

Alt＋F1：显示安装的过程；

Alt＋F2：一个 Bash 控制台可以用来修复系统，进行细节调试；

Alt＋F3：查看安装日志；

Alt＋F4：显示与系统、核心相关的信息；

Alt＋F6：X 图形化显示。

（5）其他错误调试方法可见 2.8 节。

2.8　修复 Fedora12 简介

- 掌握 boot 提示符常用模式
- 了解 Fedora 安装光盘第二控制台
- 了解紧急启动盘制作

2.8.1　特殊的安装模式

虽然大部分计算机可以在默认模式下完成 Fedora 12 的安装，但有时也会出现一些硬件，例如显卡、硬盘、以太网卡等无法被检测到，这时这些特殊的安装模式便起到了关键的作用。下面列出了 Fedora 12 安装过程的各种不同安装模式及其作用：

- Linux text：文本模式安装，当安装程序无法识别图形卡时，可使用这种模式。
- Linux lowers：工作在 640×480 分辨率下，如果图形卡不支持高分辨率，使用此模式。
- Linux noprobe：以手动方式来添加所有驱动。
- Linux nofb：不检测计算机硬件，但要求加载所需的特殊驱动以完成安装。
- Linux mediacheck：在安装前检测 DVD 或 CD。
- Linux rescue：从 DVD 或 CD 引导，挂载硬盘，可以访问一些工具来修复计算机。
- Linux vnc vncconnect＝hostname vncpassword＝ * * * * * * *：在 VNC 模式下，从另外一台计算机（由 hostname 代表的一个 VNC 客户端）完成安装过程。客户端必须输入这个可选的密码来连接安装会话。
- Linux dd：如果有一张安装中要用到的驱动程序盘，输入 Linux dd。
- Linux expert：跳过自动检测，自定义鼠标、内存等硬件。通常是在 Fedora 安装过程自动检测到的硬件不正确，希望自定义这些硬件的值时使用。
- Linux askmethod：选择从哪里进行安装，例如从本地的 DVD/CD、NFS 镜像、FTP、HTTP 或者硬盘等。
- Linux nocddma：关闭 DMA，一些 CD 驱动的错误可以通过关闭 DMA 来克服，如果确认是好的 CD 或 DVD 在介质检查中失败了，这是一个值得一试的选项。

- Linux updates：从安装盘进行升级安装。

2.8.2 使用安装光盘的第二控制台

若系统出现问题，无法启动等，可以用系统安装光盘启动，并按 Ctrl＋Alt＋F2 键进入安装光盘的第二控制台。

2.8.3 使用紧急启动盘

Linux 启动盘是系统修复的必备工具。Linux 启动盘分 boot 盘和 boot/root 盘，boot 盘只能用来启动已经安装在硬盘上的 Linux 系统，而 boot/root 盘本身就是一个小型的 Linux 系统。

在当前 Linux 系统下，可以使用 mkbootdisk 命令来制作 boot 盘的 iso 镜像：

```
[root@localhost ~]# mkbootdisk-iso
```

如果有软驱及软盘，还可直接使用--device 参数来制做启动软盘：

```
[root@localhost ~]# mkbootdisk--device /dev/fd0 `uname-r`
```

mkbootdisk 命令的更多参数请详见 man mkbootdisk 手册页。

2.9 本章小结

本章首先在前几节详细介绍了 Linux 系统安装过程中每部分的知识点，包括：硬件要求，各种安装方法，多种安装模式，分区知识，软件包，多系统引导原理，及安装过程中的错误调试与修复。然后在实训里实现了一个完整的 Fedora 系统的安装全过程，把小节里的知识串联起来。读者可以先学习前面的基础知识，然后再做后面的实训，在做实训的过程中可以不断回顾一下前面的知识，把理论与实践结合起来。

课后习题

1. 选择题

（1）在用光盘安装 Fedora 12 时，在提示符"boot："后输入（   ）并按 Enter 键，可进入文本安装模式。

A. Linux text　　　B. Linux text　　　C. Linux nofb　　　D. Linux askmethod

（2）在提示符"boot："后输入（   ）并按 Enter 键，可进入升级方式安装模式。

A. Linux update　　B. Linux updata　　C. Linux updatas　　D. Linux updates

（3）RAID 中数据安全性最高的是（   ）。

A. RAID 0　　　　B. RAID 1　　　　C. RAID 3　　　　D. RAID 5

（4）在 Fedora 12 安装过程中查看安装日志的快捷键是 Alt＋（   ）。

A. F1　　　　　　B. F3　　　　　　C. F4　　　　　　D. F5

（5）With a Linux 2.2 Kernel-based machine configuration of 133 MIIz，32 MB RAM and a 1 GB HD，how much swap should be configured？（   ）

A. 512 MB　　　B. 256 MB　　　C. 128 MB　　　D. 64 MB　　　E. 32 MB

2. 填空题

（1）现在大多数 Linux 操作系统默认时都采用的引导装载程序是_____。

（2）Windows 下每一个分区都可利用于存放文件，而在 Linux 则除了存放文件的分区外，还需要一个"_____分区"用来补充内存。

（3）MBR 是指_____。

（4）安装 Linux 系统对硬盘分区时，必须有两种分区类型_____和_____。

（5）第二块 IDE 硬盘的第二个逻辑分区的设备名称是_____；第一块 SCSI 硬盘的第一个逻辑分区的设备名称是_____。

（6）硬盘的分区主要分为_____和_____，两者之和不能大于____个，____分区不能被再分，一个硬盘只能有一个_____分区，它必须要进行二次分区，而二次分区后的分区叫_____，_____没有数量上的限制。

（7）在 Fedora 12 安装过程中进入第二控制台的快捷键是_____。

3. 简答题

（1）简述 Linux 系统的引导过程。

（2）请详细列出 Linux 所具有的各种安装方式。

（3）为 Linux 操作系统准备硬盘分区是进行 Linux 系统安装的重要步骤，请说明硬盘设备及各种类型的硬盘分区在 Linux 系统中的表示。

（4）简述安装 Linux 至少需要哪两个分区。还有哪些常用分区（至少说出两个）？

（5）在 Fedora 12 系统安装时，因显卡问题而无法继续安装，请作多种解决方案。

（6）交换分区 Swap 相当于虚拟内存，简述 Swap 的作用。

（7）列举 Linux 的各种安装模式，并说明其各自的作用。

课　程　实　训

实训内容：Fedora 12 系统的安装

实训步骤：

1. 进入安装模式选择界面，选择"Install or upgrade an existing system"。如图 2-13 所示。

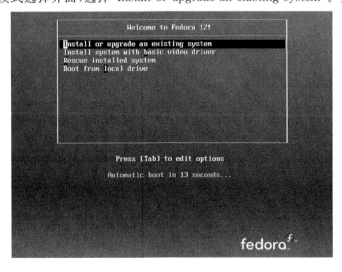

图 2-13　选择安装的方式

2. 等准备完成后,会提示在安装前是否测试光盘,这里选择"Skip"。如图 2-14 所示。

图 2-14 是否验证安装盘

3. 然后进入 Fedora 12 的安装向导,到这里就说明 Fedora 开始收集基本配置信息了,单击"Next"。如图 2-15 所示。

图 2-15 进入安装界面

4. 进入安装过程中的语言选择界面,这里选择"Chinese(Simplified)(中文(简体))",并单击"Next"进入下一步安装。如图 2-16 所示。

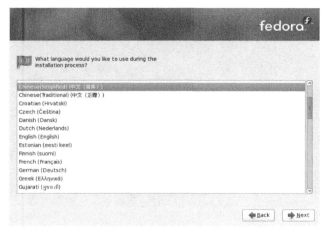

图 2-16 选择安装过程中的语言

5. 进入键盘类型选择界面,选默认"美国英语式"即可,单击"下一步"按钮。如图 2-17 所示。

图 2-17　选择键盘的类型

6. 因为是新的硬盘,驱动器会出错,选择"重新初始化驱动"即可。如图 2-18 所示。

图 2-18　初始化硬盘

7. 进入主机名称设置界面,还是以默认主机命名"localhost. localdomain",单击"下一步"按钮。如图 2-19 所示。

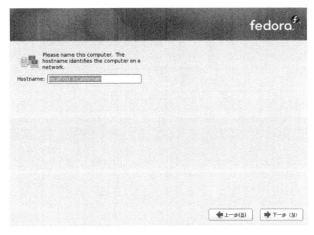

图 2-19　设置主机的名字

8. 进入时区选择界面,还是以默认方式"亚洲/上海",但最好去掉"System clock uses UTC"前的勾,如果系统是安装在 VMware 下,Fedora 时间会和 Windows 下的时间不相容。如图 2-20 所示。

图 2-20　选择时区

9. 进入 root 密码录入界面,输入 root 密码,由于 root 是超级用户,对整个系统拥有控制权,所以密码应符合复杂密码的要求,"长度大于 6 位,包含大写字母、小写字母、数字、符号四类中的三种",如果密码不够复杂,系统会提示"密码强度不够,是否一定要使用",单击"下一步"按钮。到这里,Fedora 12 的基本安装信息就收集好了。如图 2-21 所示。

图 2-21　设置管理员的密码

10. 进入分区管理界面,单击下拉列表,选择"建立自定义的分区结构",单击"下一步"按钮。如图 2-22 所示。

11. 进入分区设置界面,单击"新建"进行分区,可先建一个 swap 分区,并强制为主分区。如图 2-23 所示。

12. 按上一步方法再建一个根分区,分区如图 2-24 所示。

图 2-22　选择创建分区的方式

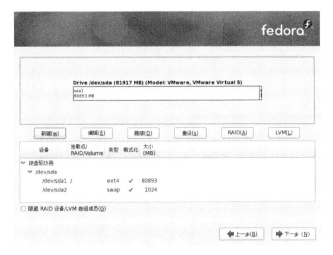

图 2-23　创建交换分区

Drive /dev/sda (81917 MB) (Model: VMware, VMware Virtual S)

设备	挂载点/RAID/Volume	类型	格式化	大小(MB)
▽ 硬盘驱动器				
▽ /dev/sda				
/dev/sda1 /	ext4	✓	80893
/dev/sda2	swap	✓	1024

图 2-24　创建根分区

单击"下一步"按钮,系统安装程序提醒被选中的磁盘数据将丢失,选"将修改写入磁盘"。如图 2 25 所示。

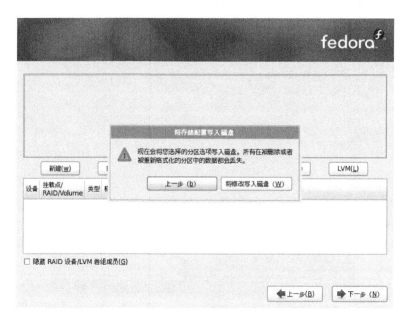

图 2-25　将设置存入硬盘

13. 进入安装引导装载程序写入位置选择界面,还是以默认方式,并单击"下一步"按钮。如图 2-26 所示。

图 2-26　设置引导程序

14. 进入软件初步定制界面,将"办公"、"软件开发"、"网页服务器"都选上,并勾选"现在定制",以裁掉一些不用的软件,单击"下一步"按钮。如图 2-27 所示。

图 2-27　进入软件定制界面

15. 进入详细的软件定制界面,这里读者可以按自己的需求定制所需的软件,还可单击右下角的"任选软件包"进行更详细的软件定制。定制完成后,单击"下一步"按钮。如图 2-28 所示。

图 2-28　选择要安装的软件

16. 系统安装程序将自动开始安装系统。如图 2-29 所示。

图 2-29　开始安装

17. 安装完成后,桌面将出现图 2-30 所示界面,单击"重新引导"按钮,重启系统。

图 2-30　安装完重新引导系统

18. 若安装成功,系统将出现欢迎界面,单击"前进",如图 2-31 所示。

图 2-31　进入系统的设置界面

19．进入许可证信息界面，单击"前进"按钮。如图 2-32 所示。

图 2-32　许可证

20．进入创建用户界面，这里可为系统创建一非管理员账户。用户可按自己的需要，填入相应的用户信息，填完单击"前进"按钮继续安装。如图 2-33 所示。

21．进入日期和时间设置界面，具体可参考当地的具体时间进行设置，设置完单击"前进"按钮。如图 2-34 所示。

22．进入硬件配置信息，默认勾选"不要发送配置文件"，单击"完成"按钮，系统会弹出是否发送对话框，选"不，不发送"完成配置。如图 2-35 所示。

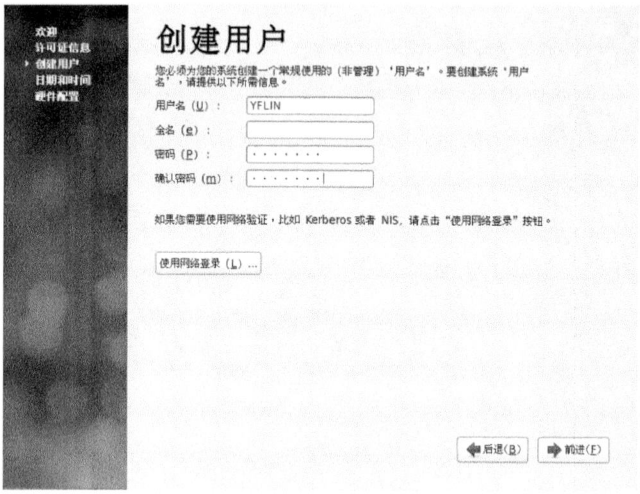

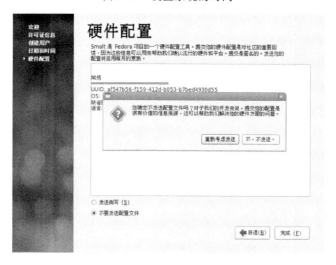

图 2-33　添加用户

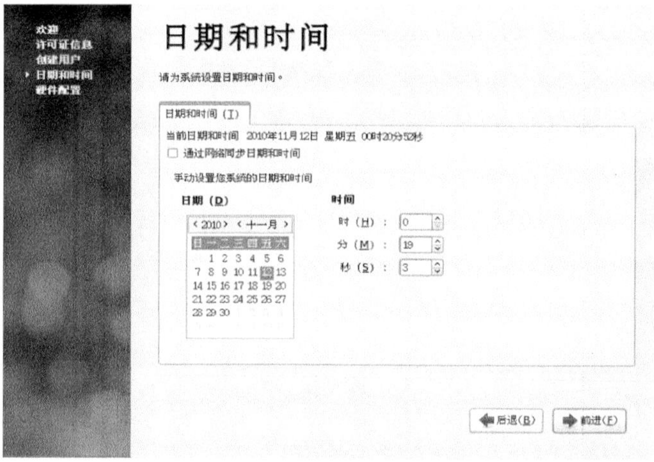

图 2-34　设置系统的时间

图 2-35　是否发送系统的硬件信息

23. 进入登录界面,可输入前面设备的账户及密码,进入系统,这里需要注意的是,Fedora 12 增加了安全性,默认不能以 root 方式登录系统,如若需要可先以一般账户登录系统,然后再对系统的配置文件作修改后,再重新登录。如图 2-36 所示。

图 2-36　系统的登录界面

24. 进入系统后,如图 2-37 所示。

图 2-37　Fedora 12 的桌面

至此,已经成功地将 Fedora 12 系统安装完毕。

项 目 实 践

在学习了一段时间后，王工程师对陈飞说，学习 Linux 是实践性很强的一个过程，不能只停留在对理论知识的理解上，而要和实践相结合。这样，王工程师又安排陈飞在公司的一台计算机上安装 Fedora 12 Linux 操作系统，并且提供了下面的信息和要求：

1. 主要硬件平台信息有：

CPU：1 个双核 CPU

内存：1 GB

硬盘：2 个 40 GB 的全新 SISC 硬盘

光驱：1 个 IDE 光驱

2. 软件要求：基于 Linux 平台，且需装有 GNOME 桌面环境，MySQL 数据库、PHP、Apache 及支持 Apache 工作的所有工具等软件。

3. 目录挂载及分区要求如图 2-38 所示。

/boot	200 MB	
/	10 GB	
/tmp	2 GB	
/var	5 GB	
/usr	10 GB	系统安装程序软件使用
/opt	10 GB	用户安装程序软件使用
/home	35 GB	余下空间
swap	2 GB	

图 2-38　系统分区基本信息

第3章 Linux 命令初步

本章内容

☞ Linux 用户环境描述

☞ Linux 控制台及切换

☞ Linux 的命令

☞ Linux 命令获取帮助

☞ 对文件及文件夹的操作命令

☞ 查看文本文件命令

☞ 命令别名

3.1 Linux 用户环境描述

学习目标

• 了解 Kernel

• 了解 Shell

• 了解 X-Window

3.1.1 Kernel

内核在计算机科学中是操作系统最基本的部分,主要负责管理系统资源。它是为众多应用程序提供对计算机硬件的安全访问的一部分软件。Linux 操作系统的内核叫做 Kernel,起源于 1991 年芬兰大学生 Linus Torvalds 编写和第一次公布的 Linux 系统,并且随着 Linux 每一个版本的升级而变得更加稳定。Linux 内核自发布 Linux 的第一个版本起,就一直按照 GPL(通用公共许可协议)许可协议进行授权开发。Linux 内核的版本目前已更新到 2.6.35,各版本源码包可从 Linux 内核的官方网站 http://www.kernel.org/pub/Linux/kernel/ 下载。

3.1.2 Shell

Linux 操作系统的工作方式有两种,分别是字符工作方式和图形工作方式。其中,字符工作方式即在 Shell 模式下通过命令行来管理系统。Shell 是用户与操作系统内核之间的接口,起着协调用户与系统的一致性和在用户与系统之间进行交互的作用。Shell 在 Linux 系统上具有极其重要的地位,其最重要的功能是对命令进行解释执行。从这种意义上说,Shell 是一个命令解释器。此外,Shell 还具有如下的一些功能:通配符、命令补全、别名机制、命令历史、重定向、管道、命令替换、Shell 编程语言等。

目前,有许多免费的或商业的 Shell 可以使用,表 3-1 对常用的 Shell 做了一个简单的总结。

表 3-1 目前常用的 Shell

Shell 名称	相关历史
sh(Bourne)	源于 UNIX 早期版本的最初的 Shell
csh、tcsh、zsh	C Shell 及其变体 tcsh、zsh,最初是由 Bill Joy 在 Berkeley UNIX 上编写的。它是继 Bash 和 Korn Shell 之后第三个最流行的 Shell
ksh	korn Shell 由 David Korn 编写,它是许多商业版本 UNIX 的默认 Shell
Bash	来自 GNU 项目的 Bash 或 Bourne Again Shell 是 Linux 的主要 Shell。它的优点是可以免费获取其源代码。Bash 与 Korn Shell 有许多相似之处

Fedora 12 默认的 Shell 是 Bash。在图形工作方式 X-Window 中运行 Shell 环境的操作方式如下:

 实例 3-1 图形工作方式下打开系统的 Shell 环境

步骤:执行"应用程序"→"系统工具"→"终端"命令,如图 3-1 所示。打开后的 Shell 环境如图 3-2 所示。

 实例 3-2 字符工作方式下打开系统的 Shell 环境

步骤:启动系统到登录界面,输入用户名及密码后,系统的登录程序将打开如图 3-3 所示的界面,这就是字符工作方式下系统的 Shell 环境。

 注 意

在安装系统的时候,默认的系统工作方式是图形工作方式。如果想要使系统以字符方式工作,还得修改系统的配置文件 inittab。在终端里输入如下命令:

[root@localhost~]# gedit /etc/inittab

打开文件 inittab,找到下面的一行:

id : 5 :initdefault:

把上面的"5"改为"3",保存文件,重新启动系统,系统就会以字符方式工作了。在这里,"5"表示系统以图形方式工作,"3"表示系统以字符方式工作。

现在在提示符下输入命令,Bash 将会执行,具体命令格式将在后继章节中作详细介绍。

其中,"YFLIN"是指系统用户名,"localhost"是指计算机名,"~"是指用户所在目录("~"是指在用户目录下,当前情况即在/home/YFLIN),"$"是 Shell 提示符,表示现在以一般用户登录,如果以超级用户 root 身份登录的话,"$"将会被"#"提示符所代替。

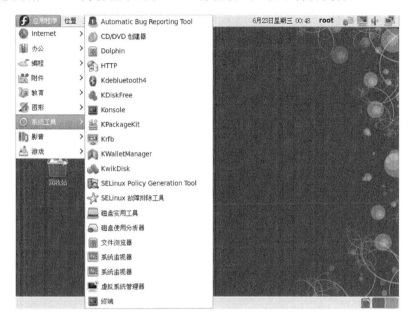

图 3-1　在 X-Window 下打开终端

图 3-2　图形工作方式下的终端

图 3-3　字符工作方式下的终端

其中,内核、Shell 和用户之间的关系如图 3-4 所示。从图 3-4 也可以看出,用户是通过 Shell 和内核交互的。用户在 Shell 里输入命令,Shell 负责解释,再交给内核去执行,然后内核把执行的结果通过 Shell 传递给用户。

3.1.3　X-Window

在安装完 Linux 操作系统之后,将会启动桌面管理程序(DM),进入到一个类 Windows 的图形化界面。这个界面就是 Linux 图形化界面 X-Window 系统(X Window System,也常称为 X11 或 X)的一部分。Linux 是一

图 3-4　内核、Shell 和用户的关系

种类 UNIX 操作系统。在 UNIX 发展的早期,类 UNIX 操作系统根本没有图形操作界面,只有字符工作模式。后来随着 GUI 的发展,在类 UNIX 操作系统上开发了 X-Window 系统,使类 UNIX 系统有了图形用户界面。

X-Window 系统是一种以图形方式显示的软件窗口系统。X 并不规范应用程序在用户界面上的具体细节设计,而是由窗口管理器(Window Manager)、GUI 构件工具包、桌面环境(Desktop Environment)或者应用程序指定的 GUI(例如 POS)等的用户软件来提供。在 X-Window 系统的系统架构中,窗口管理器用于控制窗口程序的位置和外观,其界面类似 Windows。现在我们所用的 X-Window 系统,不仅有窗口管理器,还具备各种应用程序以及协调一致的界面,目前最流行的桌面环境是 GNOME 和 KDE。在 X-Window 系统中操作,你会重新找回 Window 的感觉。

注 意

X-Window 系统仅仅是 Linux 上面的一个软件(也可称为服务),它不是 Linux 自身的一部分。虽然现在的 X-Window 系统已经与 Linux 整合得相当好了,且操作简单,但还不能保证绝对的可靠性,且相当耗费系统资源的软件,而大大地降低 Linux 的系统性能。因此,若是想更好地享受 Linux 所带来的高效及高稳定性,建议读者尽可能地使用 Linux 的命令行界面(字符工作方式),即 Shell 环境。

3.2　命令控制台

学习目标

- 了解什么是命令控制台
- 掌握命令控制台与图形界面的切换
- 了解其他虚拟控制台

3.2.1　什么是控制台终端

Linux 终端也称为虚拟控制台,是 Linux 从 UINX 继承来的标准特性。如果在一台计算机上用软件的方法实现了多个互不干扰、独立工作的控制台界面,就是实现了多个虚拟控制台。Linux 终端采用字符命令行方式工作,用户通过键盘输入命令,通过 Linux 终端对系统进行控制。

Linux 提供了 6 个控制台,对应的设备文件为/dev/tty1～6。tty1～tty6 等称为虚拟终端,而 tty0 则是当前所使用虚拟终端的一个别名,系统所产生的信息会发送到该终端上。通常情况下,Linux 默认启动 6 个虚拟终端。如果系统的工作方式选择 X-Window,即图形工作方式。那么 X-Window 一般在第 7 个虚拟终端上,但根据系统的不同,这些也有所差异。另外,用户可以登录到不同的虚拟终端上,因而可以让系统同时有几个不同的会话存在。

虚拟控制台使得 Linux 成为一个真正的多用户操作系统。在不同的控制台上,可以同时接受多个用户登录,也允许一个用户进行多次登录。用户可以在某一个虚拟控制台上的工作尚未结束时,切换到另一虚拟控制台开始另一项工作。例如,开发软件时,可以在一个控制台上进行编辑,在另一个控制台上进行编译,在第三个控制台上查阅信息。

3.2.2　控制台与图形界面的切换

默认安装完 Fedora 12 后,系统将以图形界面登录系统,这时按"Ctrl+Alt+Fn(2~6)"键来切换至五个控制台中的一个。在进入控制台后,可以使用"Alt+Fn(2~6)"键在五个控制台间进行切换。控制台 tty1 比较特殊,以 X-Window 启动后,X-Window 会在第一个虚拟终端 tty1 上运行。所以,如果 Fedora 12 以 X-Window 启动的话,只使用 tty2~tty6。而如果进入 tty1,则会自动转回到图形界面 X-Window,即按下"Alt+F1"键。

如果 Fedora 12 以字符方式工作,这时 X-Window 并没有启动,终端 tty1 也可使用,即 Fedora 12 可用的控制台有 tty1~tty6。此时,如果想进入图形工作环境,需要手动开启 X-Window。用户可登录六个终端中的任何一个,在这些终端的命令行下输入 startx 命令,并按下回车键执行。如下所示:

```
[root@localhost ~]# startx
```

命令执行完后,系统自动进入了图形界面,此时这个终端也不能再使用了,用户可按下"Ctrl+Alt+Fn(1~6)"键返回或进入六个控制台中的一个,若想回图形界面需按下"Ctrl+Alt+F7"键,若在开启图形界面的终端下按"Ctrl+C"键把 X-Window 结束了,那么将无法回到图形界面,只能再次打开 X-Window 才可再次进入。如果用户还想继续使用这个终端,可在命令 startx 后加上 &,让其在后台执行。有个现像就是即使退出了这个终端,图形界面也不会被关闭。执行命令如下:

```
[root@localhost ~]# startx &
```

 注 意

如果是将 Fedora 12 系统安装在 VMware 虚拟机下,那么有时按"Ctrl+Alt+Fn(1~6)"键可能并没有效果,这时有两个小技巧,一是可以同时按下"Ctrl+Alt+Shift+Fn(2~6)"键。按这些键时,应先按下功能键 Ctrl、Alt、Shift,不要放手,然后再按下其他键 Fn(2~6);二是按"Ctrlr+Alt+Shift+Fn(2~6)"键或按住"Ctrl+Alt"键不放,然后按下空格键,再释放空格键,再按下 Fn(2~6)。

3.2.3　其他虚拟控制台

Linux 还提供了其他一些虚拟终端,如 X-Window 模式下的伪终端(dev/pts/n)。如果现在是在图形界面(X-Window)下,那么会发现现在的/dev/tty 映射到的是/dev/pts 的伪终端上。可输入命令 tty 来显示当前映射到的终端,如下:

```
[root@localhost /]# tty
/dev/pts/0
```

 实例 3-3　X-Window 模式下的伪终端

在 X-Window 下打开三个终端,分别使用 tty 命令,会发现在各个窗口分别显示 /dev/

pts/0、/dev/pts/1、/dev/pts/2,如图 3-5、图 3-6、图 3-7 所示。然后在 dev/pts/0 终端中输入 echo "test">/dev/pts/0,结果显示 test。接着在/dev/pts/0 终端中输入 echo "test">/dev/ tty,会发现在当前窗口也显示 test 字符串。也就是说/dev/tty 其实就是当前设备文件的一个 链接。如图 3-8 所示。

实例 3-3 中 echo 为输出文本的操作命令,">"为输出重定向,其具体功能与用法将在 3.7 节中作详细介绍。

图 3-5 dev/pts/0

图 3-6 dev/pts/1

图 3-7 dev/pts/2

图 3-8 /dev/tty 是当前设备文件的一个链接

3.3 Linux 命令

学习目标

- 了解 Linux 命令的种类
- 掌握 Linux 命令基本格式
- 重点掌握 Linux 命令的习惯及注意点

3.3.1 Linux 命令的种类

Linux 命令分为两类,一类是 Shell 的内部命令,另一类是 Shell 的外部命令。

Shell 的内部命令是一些较为简单的命令,例如 cd、exit 以及其他的 Shell 流程控制语句 等,Shell 内部命令实际上是 Shell 程序的一部分,这些命令在 Shell 启动时进入内存,犹如操 作系统本身所具有的命令。

而 Linux 大多数的命令属于外部命令,每一条 Shell 的外部命令都是一个独立的可执行 程序。也就是说,Shell 外部命令实际上就是一些实用工具程序,在系统加载时并不随系统一 起被加载到内存中,而是在需要时才将其调入内存,通常外部命令的实体并不包含在 Shell

中。系统管理员可以在 Shell 环境下独立安装和卸载这些外部命令。

当用户提交了一个命令后,Shell 首先判断它是否为内部命令,如果是就通过 Shell 内部的解释器将其解释为系统功能调用并转交给内核执行;若是外部命令或实用程序就试图在硬盘中查找该命令并将其调入内存,再将其解释为系统功能调用并转交给内核执行。在查找该命令时分为两种情况:(1)用户给出了命令的路径,Shell 就沿着用户给出的路径进行查找,若找到则调入内存,若没找到则输出提示信息;(2)用户没有给出命令的路径,Shell 就在环境变量 PATH 所设置的路径中依次进行查找,若找到则调入内存,若没找到则输出提示信息。

小知识　什么是环境变量 PATH

在 Linux 中,环境变量 PATH 的值是一系列目录,当在 Shell 中运行一个程序时,Linux 在这些目录下进行搜寻要执行的命令。用命令 echo $PATH 可以看到环境变量 PATH 的值。如图 3-9 所示。

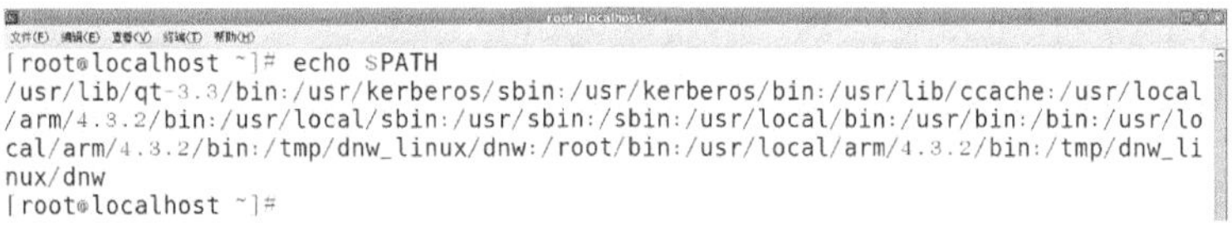

图 3-9　环境变量 PATH 的值

3.3.2　Linux 命令的基本格式

Shell 有 40 个命令,每个命令最多可有 12 个命令参数,同时支持命令行编辑,即用户可以在输入完命令行后移动光标到特定字符进行修改。

Linux 命令的基本格式: command [-options] parameter1 parameter2 …

命令　　选项　　参数 1　　参数 2

➢ command:命令或可执行文件。
➢ options:命令选项,可选,选项通常有两种表达形式:一是短形式,通常由"-"开头的选项加上一个字母组合而成,如-h,这种形式的好处就是输入快捷;二是长形式,通常是由两个"-"加上一个单词组合而成,如--help 或--number,这种形式的好处是形象、好记、直观。通常来说,一个程序对于这两种形式都支持。
➢ parameter:参数,可以是跟在 option 后面的参数,也可以是 command 的参数。需要注意的是命令可能具有 0 个或多个参数。

 实例 3-4　Linux 命令的使用方式

用 ls 命令显示/home 目录下的所有文件及其信息,结果如图 3-10 所示。在图 3-10 中,ls 是命令,-al 是选项,/home 是参数。

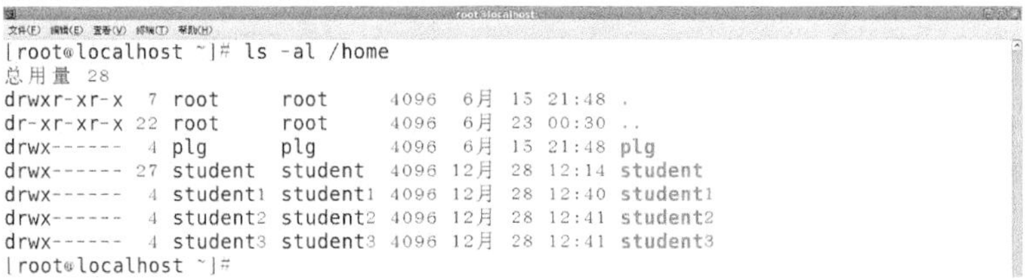

图 3-10　Linux 命令的使用方式

3.3.3 Linux 命令的习惯及注意点

在 Shell 提示符下输入相应的命令,然后按 Enter 键执行命令,Shell 会读取命令并执行。Enter 键为<CR>字符,它表示开始执行一行命令。执行完成后会返回到提示符状态。如果没有这个命令,Shell 会显示形如"Bash:＊＊＊:command not found"的提示,表明没有这个命令。Linux 命令的执行十分简单,但在 Linux 下执行命令时,应注意以下几点:

> 一行命令中第一个输入的必须是命令或可执行文件,且可执行文件是否可执行与扩展名无关。

> 命令,选项与参数中间必须以空格或制表符(Tab 键)隔开。不论连续地空几格,Shell 均解释为一格。

> 这里特别要强调的是 Linux 命令是严格区分大小写的,同一个单词用大写和小写表示会被系统解释为不同的命令,这点与 Windows 不同。例如,cd 与 CD 是两条不同的命令。

在 Shell 下输入命令时也要养成一些良好的习惯,这样可以提高输入命令的效率、准确性、清晰性和方便性等,接下来本节将介绍几点 Linux 下输入命令常用的习惯:

> 使用 Tab 键命令自动补齐。只要在 Shell 下输入命令、目录名或文件名的开头一个或几个字母时,按下键盘上的 Tab 键,Shell 就会在相关的目录下自动查找匹配的项,自动补齐命令、目录或文件名,如图 3-11 所示。如果按一次 Tab 键不能自动补齐,那么可能是没有这个命令、目录名或文件名,也可能是有两个或两个以上符合匹配条件的命令、目录名或文件名,即当前有两个或两个以上的命令、目录名或文件名与所输入的前几个字母一致。此时,可以连续按两次 Tab 键,Shell 将列出所有符合匹配条件的命令或文件名。当命令、目录名或文件名很长或者难以记忆时,自动补齐功能有助于提高编程效率。

图 3-11　用 Tab 键补齐命令

> 使用"\"——转义[Enter]符号。尽管大多数 Shell 在到达行尾时都会自动换行,但也可以使用反斜杠"\",使命令连续到下一行,这样将会使得一些长而复杂的命令变清晰起来,如图 3-12 所示。需要注意的是,即使是命令、目录名或文件名,"\"也可将其分开,但这样将使得命令变得更难于理解。

```
[root@localhost ~]# ls -al /home\
> /student
总用量 164
drwx------ 27 student student 4096 12月 28 12:14 .
drwxr-xr-x  7 root    root    4096  6月 15 21:48 ..
-rw-------  1 student student    5 12月 28 12:14 .bash_history
```

图 3-12　反斜杠"\"可以使命令换行

> 使用向上(↑)或者向下(↓)键——调出命令的历史记录。Shell 会自动顺序记忆输入过的命令,此时按向上(↑)或者向下(↓)键,可以按输入顺序选择输入过的命令。

> 使用分号";"——将两个命令隔开。";"可以使得 Shell 在一行中可输入多个命令,按"Enter"键后 Shell 将依次执行这些命令,如图 3-13 所示。一般情况下,并不建议使用此功能,

因为这样会使得命令不清晰,但有些特殊情况时这个功能还能得到不错的效果,例如要多次使用一串相同的命令,此时即使可以用上面所说的历史记录上下翻页,但还是觉得麻烦,但如果将这些命令集于一行中一次执行,那么当下次还要用到这些命令时,可以结合使用历史记录的上下翻页,把上次输入的命令串调回来再一次性执行,大大提高效率。

```
[root@localhost ~]# cd /home/student;ls -al
总用量 164
drwx------ 27 student student 4096 12月 28 12:14 .
drwxr-xr-x  7 root    root    4096  6月 15 21:48 ..
-rw-------  1 student student    5 12月 28 12:14 .bash_history
-rw-r--r--  1 student student   18  9月 16 2009 .bash_logout
-rw-r--r--  1 student student  176  9月 16 2009 .bash_profile
```

图 3-13　Linux 命令中";"的使用

➢ 使用命令帮助。在对命令不了解的情况下,特别是初学者对命令的使用往往还不熟练,可以使用命令帮助。获取命令的帮助形式非常之多,例如在命令之后加选项-h 或--help,也可使用 man page,这些获取命令的帮助的途径将在 3.4 节中作重点讲解,这里只作介绍。

3.4　帮助全家福

- 掌握-h、--help、man 的使用
- 了解文档法、网站法
- 掌握 Google 的搜索技巧

　　Linux 命令众多,没有人能记住所有的命令和选项,所以 Linux 命令帮助对于 Linux 的学习起到了重要作用。Linux 下几乎每个命令都有相应的联机帮助文档,可以使用多种方法来查看这些帮助文档。接下来将一一介绍 Linux 命令获取帮助的各种途径。

3.4.1　参数法

　　一般情况下,通过在命令后面跟-h 或--help 可以看到该命令的一些参数的用法。它简洁地描述参数的功能,或者简单地描述该命令的作用。例如 mount --help 就会显示 mount 命令的一些参数的使用方法,如图 3-14、图 3-15 所示。Shell 命令使用--help 选项来获得使用帮助,而非 Shell 命令也可以通过使用-h 和--help 选项获得命令的参数列表或者简单的使用说明,有的程序同时支持两种选项方式,但有一些只支持其中的一种。例如:

```
[root@localhost /]# mount --help
Usage: mount -V              : print version
       mount -h              : print this help
       mount                 : list mounted filesystems
       mount -l              : idem. including volume labels
```

图 3-14　--help 的使用

```
[root@localhost ~]# cp --help
用法: cp [选项]... [-T] 源文件 目标文件
 或: cp [选项]... 源文件... 目录
 或: cp [选项]... -t 目录 源文件...
将源文件复制至目标文件,或将多个源文件复制至目标目录。
```

图 3-15　--help 的使用

3.4.2 命令法

Linux下获取帮助的命令有很多,例如 man、help、info/pinfo、apropos 和 whatis 等。本小节,将重点讲解 man、help、info/pinfo 的用法,其他命令只作介绍,如读者有兴趣可自行搜索资料,查询这些命令的用法。

1. man page 手册页

(1) 说明

man 是 manual(操作说明)的简写,使用 man 命令可以调阅其中的帮助信息,非常方便和实用。由于手册页 man page 是用 less 程序来看的(可以方便地使屏幕上翻和下翻),所以在 man page 里可以使用 less 的所有选项,关于 less 程序可详见 3.7 节。所有的 man 文件都存放在/usr/share/man 目录下,文件格式是".gz"压缩格式。命名规则是:"手册名称.手册类型.gz"。

(2) 命令的基本格式

man［参数］［section］要查询命令

参数:

-a 显示匹配查询名的所有信息。

-b 在输出中留空行。

-d dir 把指定目录 dir 加到搜索路径中。

注意,man 的参数不止这 3 个,此处只列出了一些较常用的参数。man 的参数具体详见 man 的帮助手册(在终端执行 man-m 命令)。

 实例 3-5 使用 man page 来查询命令的帮助

在终端中输入如图 3-16 所示的命令,并查看 mount 命令的帮助信息,如图 3-17 所示。若要想退出 man 命令,可在手册页的下方":"后输入"q"。

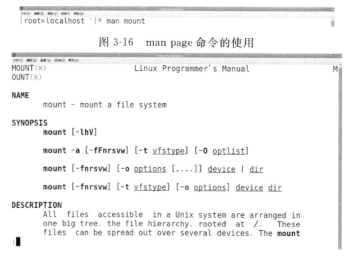

图 3-16 man page 命令的使用

图 3-17 mount 命令的手册页

(3) man 查看命令的类型(sections)

当用 man 查询某个命令的帮助文档时,会发现文档的第一行左侧会出现一个形如"命令(数字)"的字段,例如实例 3-5 中的"MOUNT(8)",那么这个数字又代表着什么呢? 其实 man page

有类型之分，比如命令 passwd 和/etc/passwd 文件的帮助就不是同一个类型的，那个数字就代表着这个命令的类型，可以使用 man 类型命令方法来查看我们想要的命令。man 的类型如表 3-2 所示。

① 查看 passwd 命令的帮助，输入如下命令，结果如图 3-18 所示。

[root@localhost /]# man passwd

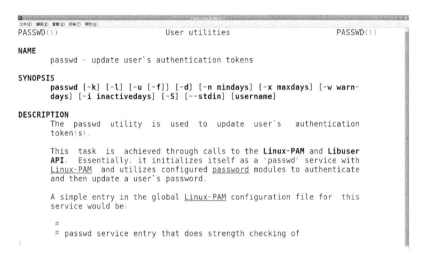

图 3-18　man passwd 命令的结果

② 查看 passwd 配置文件的帮助，输入如下命令，结果如图 3-19 所示。

[root@localhost /]# man 5 passwd

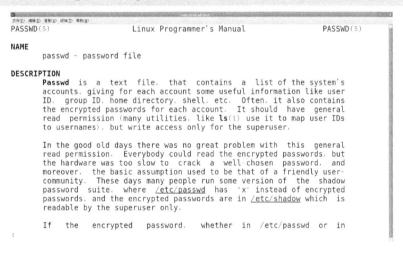

图 3-19　man 5 passwd 命令的结果

表 3-2　man 的类型(sections)

代号	名称	表示内容
1	User Command	用户可以操作的命令或可执行文件
2	System Calls	系统核心可调用的函数与工具等
3	C Library Functions	一些常用的函数与函数库
4	Devices and Special files	设备文件的说明

代号	名称	表示内容
5	File Formats and Conventions	设置文件或者是某些文件格式
6	Games et. Al.	游戏
7	Miscellanea	惯例与协议等,例如 Linux 标准文件系统、网络协议、ASCII 码等说明内容
8	System Administration tools and Deamons	系统管理员可用的管理命令

这样,当我们在查看某些命令或文件时,就能够知道它所代表的类型是什么了。例如,查询 man null 命令时,出现的第一行是:"NULL(4)",对照一下数字含义,就可以知道 null 是一个"设备文件"。

（4）man page 的组成

一般,man page 分好几个部分来介绍该命令。通常 man page 大致分成如表 3-3 所示的几个部分。

表 3-3　man page 的组成部分

代号	内容说明
NAME	简短的命令、数据名称说明
SYNOPSIS	简短的命令语法(syntax)简介
DESCRIPTION	较为完整的说明,这部分最好仔细看看
OPTIONS	针对 SYNOPSIS 部分中,列举说明所有可用的参数
COMMANDS	当这个程序(软件)在执行的时候,可以在此程序(软件)中发出的命令
FILES	这个程序或数据所使用、参考或连接到的某些文件
History	列出这个程序开发的重要里程碑
SEE ALSO	与这个命令或数据相关的其他参考说明
EXAMPLE	一些可以参考的范例
BUGS	是否有相关的错误

（5）man page 常用按键

在 man page 中还可以使用一些按键来帮助快速定位查找需要的内容。表 3-4 中列出了一些在 man page 中常用的按键。

表 3-4　man page 常用的按键

按键	进行工作
空格键	向下翻一页
［Page Down］	向下翻一页
［Page Up］	向上翻一页
［Home］	到第一页
［End］	到最后一页
/string	向下搜索 string 字符串,如果要搜索 nike 的话,就输入/nike
? string	向上搜索 string 字符串
n, N	使用/或? 来搜索字符串时,可以用 n 来继续下一个搜索(不论是/还是?),可以作用 N 来进行"反向"搜索。举例来说,以/vbird 搜索 vbird 字符串,那么可以用 n 继续往下查询,用 N 往上查询。若以? vbird 向上查询 vbird 字符串,可以用 n 继续"向上"查询,用 N 反向查询
q	结束这次的 man page

2. help 命令

(1) 说明:Bash 的内部命令有 40 个,主要包括 exit、less、lp、kill、cd、pwd、fc、fg 等。Bash 内置的命令列表可以通过在命令行输入 help 即可获得。这些内部命令没有独立的命令程序(即无法搜索到这些命令)和帮助文件,help 命令提供这些命令的在线帮助。

(2) 命令的基本格式:help [参数] 要查询命令

参数:

-d　输出每个命令的简短描述。

-s　仅输出每个匹配命令的用法简介。

实例 3-6　help 命令的使用

查询 cd 命令的帮助信息,如图 3-20 所示。

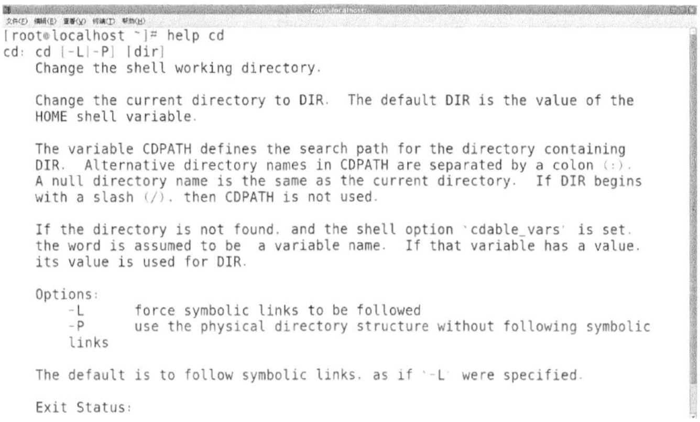

```
[root@localhost ~]# help cd
cd: cd [-L|-P] [dir]
    Change the shell working directory.

    Change the current directory to DIR.  The default DIR is the value of the
    HOME shell variable.

    The variable CDPATH defines the search path for the directory containing
    DIR.  Alternative directory names in CDPATH are separated by a colon (:).
    A null directory name is the same as the current directory.  If DIR begins
    with a slash (/), then CDPATH is not used.

    If the directory is not found, and the shell option `cdable_vars' is set,
    the word is assumed to be  a variable name.  If that variable has a value,
    its value is used for DIR.

    Options:
        -L      force symbolic links to be followed
        -P      use the physical directory structure without following symbolic
        links

    The default is to follow symbolic links, as if `-L' were specified.

    Exit Status:
```

图 3-20　help 命令的使用

3. info page

text info 是 Linux 系统提供的另外一种格式的帮助信息,即 info page。info 程序是 GNU 的超文本帮助系统,Linux 中的大多数软件开发工具都是来自自由软件基金会的 GNU 项目,这些软件的在线文档都以 textinfo 文件的形式存在,所以 Linux 中的大多数软件都提供了 info 文件形式的在线文档。通常 info 与 man 差别并不大,而且如果文件数据以 info 来写会更为完整,且具有更好的交互功能,支持链接跳转功能。支持 info 命令的文件存放在/usr/share/info/目录当中。通常使用 info 和 pinfo 命令来阅读 text info 文档。

在 Shell 上执行 info(不要加参数)命令,它将列出一个文档的清单,如图 3-21 所示。

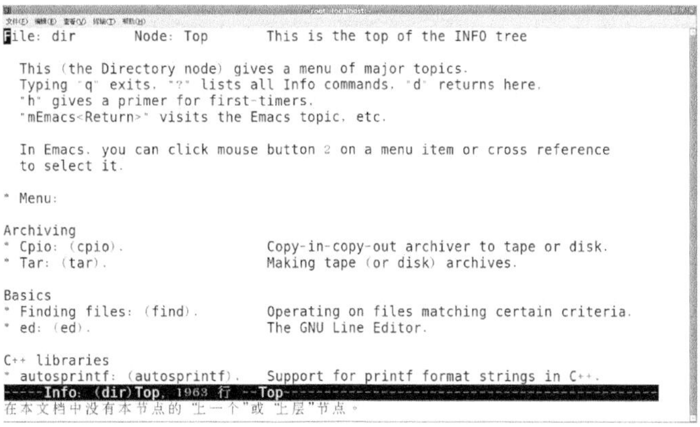

```
File: dir       Node: Top       This is the top of the INFO tree

  This (the Directory node) gives a menu of major topics.
  Typing "q" exits, "?" lists all Info commands, "d" returns here,
  "h" gives a primer for first-timers,
  "mEmacs<Return>" visits the Emacs topic, etc.

  In Emacs, you can click mouse button 2 on a menu item or cross reference
  to select it.

* Menu:

Archiving
* Cpio: (cpio).                 Copy-in-copy-out archiver to tape or disk.
* Tar: (tar).                   Making tape (or disk) archives.

Basics
* Finding files: (find).        Operating on files matching certain criteria.
* ed: (ed).                     The GNU Line Editor.

C++ libraries
* autosprintf: (autosprintf).   Support for printf format strings in C++.
-----Info: (dir)Top, 1963 行 --Top----------------------------------------------
在本文档中没有本节点的"上一个"或"上层"节点。
```

图 3-21　info 命令

如果没有发现所需要的内容,那是因为没有安装包含那个文档的软件包,用 RPM 安装后再试一下。info 帮助系统的初始屏幕显示了一个主题目录,可以将光标移动到带有 * 的主题菜单上面,然后按 Enter 键进入该主题。也可以键入 m,后接主题菜单的名称而进入该主题。例如,输入 m,然后再输入 gcc 就会进入 gcc 主题中,如图 3-22、图 3-23 所示。

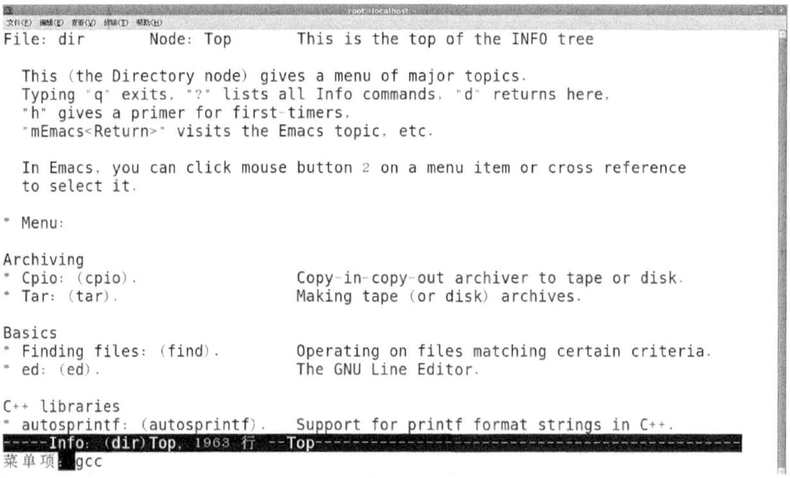

图 3-22　info 中进入 gcc 主题

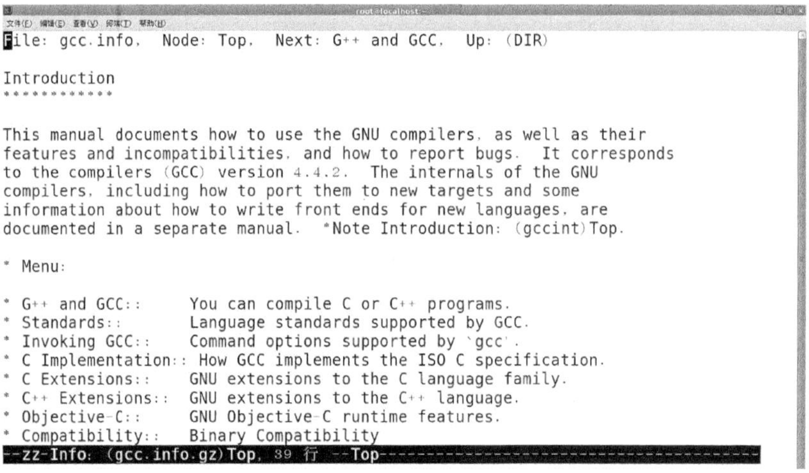

图 3-23　info 中 gcc 主题

info 系统是一个超文本系统。任何高亮度显示的文字都有一个连接导向更多的信息。如果要在各主题之间频繁跳转,需要记住表 3-5 中的几个命令键。

表 3-5　info page 常用的按键

按键	进行工作	按键	进行工作
n	跳转到下一个 info page 处	RET	进入光标处的超文本链接
p	跳转到上一个 info page 处	u	转到上一级主题
m	进入菜单界面,进入一个 info page	d	回到 info 的初始节点目录
f	进入交叉引用主题	h	调出 info 教程
l	进入该窗口中的最后一个节点	q	退出 info
TAB	跳转到该窗口的下一个超文本链接		

pinfo 兼容 info 的功能,并且支持彩色链接文本、鼠标选定支持等功能。Shell 下运行 pin-fo,如图 3-24 所示。

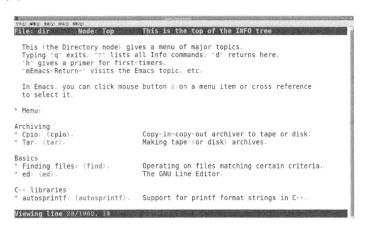

图 3-24　pinfo 命令

pinfo 提供的基于浏览器风格的 textinfo 的文档程序界面,使得操作更加简单、界面更加友好。

4. 其他获取帮助命令

（1）apropos：通过关键字的具体描述查找定位手册,同 man-k。

（2）whatis：通过关键字查找定位手册,同 man-f。

3.4.3　文档法

1. README 文件

一般程序中都有自带 README 帮助文件,这也是获取帮助的一种途径。

2. /usr/share/doc

Linux 中的大多数软件开发工具都是来自自由软件基金会的 GNU 项目,这些软件包除了提供手册页和 textinfo 外,还提供项目文档,存放目录是/usr/share/doc 目录。每个软件包都拥有与其同名的文档目录,目录命名格式：“软件包名称. 版本号”。例如版本为 1.8.3 的 xin 软件包,文档就放在/usr/share/doc/xin-1.8.3 目录。有些项目文档为了方便阅读还提供了多种格式的文件。html 格式用浏览器阅读,ps 格式用 postscipt Viwer 查看或打印输出,txt 格式用文本编辑器查看或在命令行下阅读。

3. Howto 文件

Howto 文件是可供用户参考的联机文档的另一种形式,Howto 文件的文件名都有一个 Howto 后缀,并且都是文本文件。这些文件位于系统 /usr/share/doc/Howto 目录下。每一个 Howto 文件包含 Linux 某一方面的信息,例如它支持的硬件或如何建立一个引导盘。默认 Fedora 12 没有安装 Howto 文件,需要自己上网下载安装,网络上还有中文版的 Howto。

3.4.4　tldp.org 网站法

从第一个 Linux HOWTO——“安装 HOWTO”开始,Matt Welsh 首创了面向解决方案、要点提纲形式的文档。如今,这已经成为了像 Linux 一样的工程项目,越来越多的人加入其中,相应的工具出现了,文档也大量涌现,并被翻译成各国语言和发布。TLDP 是最大的 Internet 工程之一,它拥有数百成员撰写的数百个文档,包括小到简明的手册页和大到上百页的详细指南。这些文档几乎覆盖了 Linux 的所有方面,并且是免费发布的,就像开放源代码软件本身一样。

LDP 的主页是:http://www.tldp.org/,提供的文档类型如下。

1. HOWTOs 文档

HOWTO 文档采用多种格式进行发行,例如 txt、html、pdf 等流行的文档格式都有,读者可以根据需要下载相应的文档压缩包进行离线阅读,HOWTO 的作者会根据需要不定期地对文档进行版本更新,通常文档的更新是跟随某个相关软件或发行版本的升级而进行的。

2. mini-HOWTOs 文档

mini-HOWTOs 文档内容和风格与 HOWTOs 文档都非常相似,只是文档的主题和篇幅都要比 HOWTOs 文档小一些。由于其主题小而对于解决某个问题更有针对性,多为某个类型问题的使用技巧。通过 mini-HOWTOs 文档通常可以快速解决现有问题。

3. man 手册页

和联机手册页相比,LDP 的 man 手册页会定期进行更新,读者可以在 LDP 的站点获得最新的命令手册页。

4. FAQ 文档

FAQ 文档采用一问一答的形式对常见的问题给出解决方法,往往能够在找到问题之后快速解决问题。(http://www.tldp.org/FAQ/LDP-FAQ/)

5. Guide 文档

Guide 文档是对 Linux 某个方面应用的指南,主体范围较大、篇幅较长,读者可以把它作为比较系统的教程来阅读。(http://www.tldp.org/guides.html)

其他一些在线信息:

http://www.Linux.org

http://www.redhat.com

http://www.suse.com

http://www.xfree86.org

http://www.Linuxplanet.com

http://www.cert.org

http://securityfocus.com

http://www.kernel.org

3.4.5　Google 搜索法

Google 搜索可能是学习 Linux 过程中最经常用到的方式之一,当然也可以用其他搜索引擎,如百度等也是非常不错的搜索引擎,但相对来说 Google 搜索出的内容还是更为全面一点。

3.5　对文件的操作

在 3.3 节中已经介绍过了 Linux 命令的使用,并在 3.5 节中体验了一些命令的使用,读者对 Linux 命令的使用也有了一定的了解。从本节开始,将重点学习对文件的操作命令,一般情况下,对文件的操作有创建、查看、删除、移动、复制及重命名等。而这些操作命令也将是今后经常要用到的,故本节的重要性更是可想而知,希望读者予以重视。

3.5.1 路径详解

在 Linux 文件管理中,命令行模式的文件或目录管理中,路径是基础中的基础。Linux 文件系统,呈树形结构,从"/"作为入口,即根目录。根目录下有子目录,例如 etc、usr、lib 等,在每个子目录下又有文件或子目录,这样就形成了一个树形结构,这种树形结构比较单一。而 Windows 文件系统引入了 C 盘、D 盘类似的磁盘概念,使得习惯 Windows 操作的用户在转向 Linux 时,会发现 Linux 根本就没有 C 盘、D 盘的概念,有时甚至不知所措。

引入路径概念的目的最终是找到所需要的目录或文件。例如想要编辑 file. txt 文件,首先要知道它存放在哪里,也就是说要指出它所在的位置,这时就要用到路径了。路径是由目录或目录和文件名构成的。例如/etc/X11 就是一个路径,而/etc/X11/xorg. conf 也是一个路径。也就是说路径可以是目录的组合,分级深入进去,也可以是文录+文件构成。例如想用 vi 编辑 xorg. conf 文件,在命令行下输入 vi /etc/X11/xorg. conf ,如果想进入/etc/X11 目录,就可以通过 cd/etc/X11 来实现。

路径分为绝对路径和相对路径。

在 Linux 中,绝对路径是从根目录"/"开始的,例如/usr、/etc/X11。如果一个路径是从/开始的,它一定是绝对路径,这样就好理解了。

相对路径是以"."或".."开始的,"."表示用户当前操作所处的位置,称为当前目录,而".."表示当前位置的上级目录,称为父目录。

下面这些符号在相对路径中常用到,可以使我们在操作路径时变得很方便。

.表示用户所处的当前目录;
.. 表示当前目录的上级目录;
~表示当前用户自己的主目录;
~USER 表示用户名为 USER 的主目录,这里的 USER 是在/etc/passwd 中存在的用户名;

3.5.2 ls 查看文件

(1) 功能:显示目录和文件的信息。

(2) 命令格式:ls   [选项]   [文件或目录]

(3) 选项说明:ls 的常用选项如表 3-6 所示。

（4）［文件或目录］选项是指要查看的文件或目录,若未指定［文件或目录］选项,默认查看当前目录下的所有文件。

表 3-6　ls 命令常用选项列表

选项	说　　明
-1,--format＝single-column	一行输出一个文件（单列输出）
-a,-all	列出目录中所有文件,包括以"."开关的隐藏文件
-d	将目录名和其他文件一样列出,而不是列出目录的内容
-l,--format＝long, --format＝verbose	除每个文件名外,增加显示文件类型、权限、硬链接数、所有者名、组名、大小（Byte）及时间信息（如未指明是其他时间即指修改时间）
-f	不排序目录内容,按它们在磁盘上存储的顺序列出
--color	以彩色方式显示信息

 实例 3-7　ls 命令的使用

在终端提示符下输入如图 3-25 所示的命令,查看 ls 命令的执行结果。该实例显示/root 目录下的所有文件和目录信息,包括隐藏的文件和目录。

```
[root@localhost ~]# ls -al
总用量 328
dr-xr-x--- 35 root root  4096  6月 24 00:39 .
dr-xr-xr-x 22 root root  4096  6月 24 00:34 ..
-rw-------  1 root root  2698 12月 28 11:46 anaconda-ks.cfg
-rw-------  1 root root  9241  6月 23 04:35 .bash_history
-rw-r--r--  1 root root    18  3月 30 2009 .bash_logout
-rw-r--r--  1 root root   176  3月 30 2009 .bash_profile
-rw-r--r--  1 root root   238  6月 18 21:15 .bashrc
-rw-r--r--  1 root root   219 12月 28 12:51 .bashrc~
drwxr-xr-x  4 root root  4096 12月 28 12:24 .cache
drwxr-xr-x  6 root root  4096  6月 23 01:51 .config
-rw-r--r--  1 root root   100  9月 22 2004 .cshrc
drwx------  3 root root  4096 12月 28 12:09 .dbus
```

图 3-25　ls 命令的使用

在 ls 命令的参数中,-al 的选项组合是最为常见的。可以详细显示出文件和目录的各种信息,包括隐藏的文件和目录。

3.5.3　mv 移动或重命名文件

（1）功能:移动或更名现有的文件或目录。

（2）命令格式:mv［选项］［源文件或目录］［目标文件或目录］

（3）选项说明:mv 命令的常用选项如表 3-7 所示。

（4）［源文件或目录］选项:指要移动或重命名的文件或目录。

（5）［目标文件或目录］选项:指要移动到的目录或要重命名的新名字。

表 3-7　mv 命令常用选项列表

选项	说　　明
-i	若目标文件或目录与现有的文件或目录重复,则覆盖前先行询问用户
-f	若目标文件或目录与现有的文件或目录重复,则直接覆盖现有的文件或目录

实例 3-8　mv 命令的使用

在终端提示符下输入下面的命令,查看执行的结果,如图 3-26 所示。该实例把/root 目录下的 install. log. syslog 文件移至. /test 目录下。

图 3-26　mv 命令的使用

 思　考

在图 3-25 中,最后一条命令的执行为什么会出现"mv:无法获取"install. log. syslog"的文件状态(stat)"的信息?

 注　意

实例中 mkdir . /test 命令的作用是在当前目录下创建 test 目录。

3.5.4　cp 复制文件

(1) 功能:复制文件或目录。
(2) 命令格式:cp [选项] [源文件或目录] [目标文件]
(3) 选项说明:cp 的常用选项如表 3-8 所示。

表 3-8　cp 命令常用选项列表

选项	说　明
-a	保留链接、文件属性,并复制其子目录,其作用等于 dpr 选项的组合
-d	复制时保留链接
-f	删除已经存在的目标文件而不提示
-i	在覆盖目标文件之前将给出提示要求用户确认。回答 y 时目标文件将被覆盖,而且是交互式复制
-p	此时 cp 除复制源文件的内容外,还将把其修改时间和访问权限也复制到新文件中
-r	若给出的源文件是一个目录文件,此时 cp 将递归复制该目录下所有的子目录和文件。此时目标文件必须为一个目录名

 实例 3-9　cp 命令的使用

在终端提示符下输入下面的命令,查看执行的结果,如图 3-27 所示。该实例使用-a 选项将/root 目录下的文件 install.log 文件复制到当前目录 test 下,而此时在/root 目录下还有原有的文件 install.log。

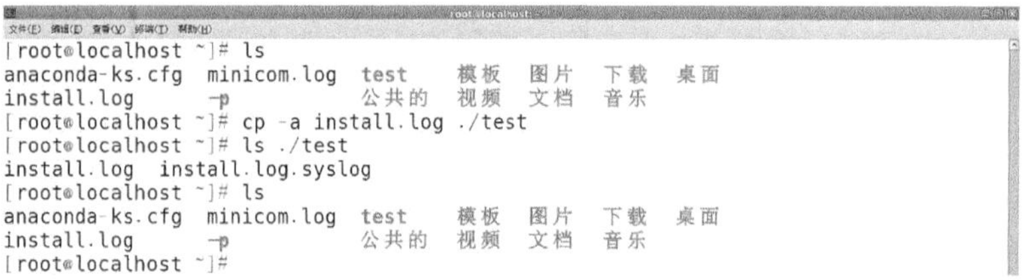

图 3-27　cp 命令的使用

思 考

cp 命令和 mv 命令的区别是什么?

注 意

cp 命令用来复制文件或目录。如同时指定两个以上的文件或目录,且最后的目的目录是一个已经存在的目录,则它会把前面指定的所有文件或目录复制到该目录中;若同时指定多个文件或目录,而最后的目的目录并非是一个已存在的目录,则会出现错误信息。

3.5.5　rm 删除文件

(1) 功能:删除文件或目录。
(2) 命令格式:rm [选项][文件或目录]
(3) 选项说明:rm 的常用选项如表 3-9 所示。

表 3-9　rm 命令常用选项列表

选项	说　明
-r、-R	递归处理,将指定目录下的所有文件及子目录一并处理
-f	强制删除已有文件或目录之前先询问用户。本参数将会忽略放在它前面的"-f"参数
-v	显示命令执行过程
-i	删除已有文件或目录之前先询问用户。本参数将会忽略放在它前面的"-f"参数
-v	显示命令执行过程

实例 3-10　rm 命令的使用

使用互动模式删除 test 目录中的 install.log 文件,并显示命令执行过程,如图 3-28 所示。实例中命令 cd ./test 表示从/root 目录进入到 test 目录中。

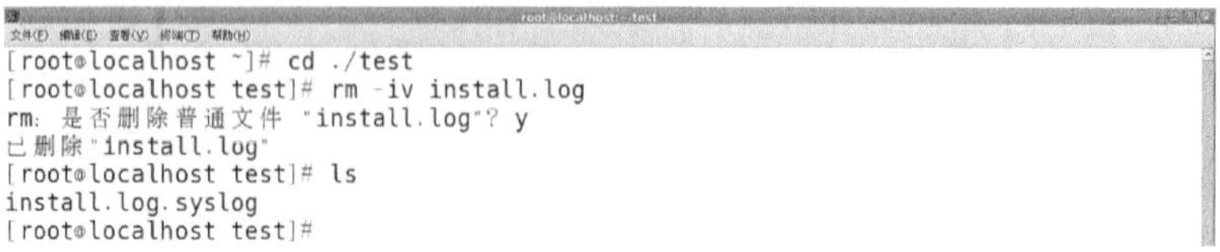

图 3-28　rm 命令的使用

注 意

执行 rm 命令若想要删除目录,必须加上"-r"参数,否则默认仅会删除文件。

3.5.6 touch 创建空文件或更新文件时间

(1) 功能:改变文件或目录时间。
(2) 命令格式:touch [选项][文件或目录]
(3) 选项说明:touch 的常用选项如表 3-10 所示。

表 3-10 touch 命令常用选项列表

选项	说 明
-a	只更改文件的存取时间
-f	强制删除已有文件或目录之前先询问用户
-i	删除已有文件或目录之前先询问用户。本参数将会忽略放在它前面的"-f"参数
-m	只更改文件的修改时间。若文件不存在,同时创建该文件

 实例 3-11 touch 命令的使用

将 hello 文件的修改时间设为当前时间,如图 3-29 所示。可以用 ls-al 命令确认一下。

```
文件(F) 编辑(E) 查看(V) 卸载(T) 帮助(H)                    root@localhost:~
[root@localhost ~]# ls -al install.log
-rw-r--r-- 1 root root 73717  6月 24 01:53 install.log
[root@localhost ~]# touch -m install.log
[root@localhost ~]# ls -al install.log
-rw-r--r-- 1 root root 73717  7月 24 01:53 install.log
```

图 3-29 touch 命令的使用

 注 意

使用 touch 命令在修改存取时间和修改时间时,如不指定日期和时间,则会以现在的时间为依据。

3.6 对文件夹的操作

 学习目标

• 熟练掌握对文件夹的操作命令

3.6.1 pwd 查看当前路径

(1) 功能:查看当前路径。
(2) 命令格式:pwd [--help][--version]或 pwd

（3）选项说明：pwd 的选项如表 3-11 所示。

表 3-11　pwd 命令选项列表

选项	说　明
--help	显示帮助
--version	显示版本信息

 实例 3-12　pwd 命令的使用

在终端提示符下输入下面的命令，查看当前所处的目录，如图 3-30 所示。可以看出当前所处的目录是/root。

图 3-30　pwd 命令的使用

执行 pwd 命令可立刻得知用户当前所在的目录的绝对路径名称。

3.6.2　cd 改变当前路径

（1）功能：切换目录。
（2）命令格式：cd［目标目录］
（3）选项说明：无。

 实例 3-13　cd 命令的使用

从当前目录/root 切换到/home 目录中。如图 3-31 所示。

图 3-31　cd 命令的使用

cd 命令可让用户在不同的目录间切换，但该用户必须拥有足够的权限才能进入目的目录。

3.6.3　mkdir 创立新目录

（1）功能：创立新目录。
（2）命令格式：mkdir［目录名称］

（3）选项说明：mkdir 的常用选项如表 3-12 所示。

表 3-12　mkdir 命令常用选项列表

选项	说　明
-m	对新建目录设置存取权限，也可以用 chmod 命令设置
-p	可以是一个路径名称。此时若此路径中的某些目录上尚不存在，在加上此选项后，系统将自动建立好那些尚不存在的目录，即一次可以建立多个目录

 实例 3-14　mkdir 命令的使用

在终端提示符下输入下面的命令如图 3-32 所示。下面几条命令的执行结果不仅创建了新的目录 a 和 a 目录下的目录 b，而且还给目录 b 创建了相应的权限。实例中权限"777"在后面的章节将详细说明。

```
[root@localhost ~]# mkdir -p -m 777 ./a/b
[root@localhost ~]# ls
a                  install.log  minicom.log  test  公共的  视频  文档  音乐
anaconda-ks.cfg              -p           tom    模板    图片  下载  桌面
[root@localhost ~]# cd a
[root@localhost a]# ls -al
总用量 12
drwxr-xr-x  3 root root 4096  7月 24 02:56 .
dr-xr-x--- 39 root root 4096  7月 24 02:56 ..
drwxrwxrwx  2 root root 4096  7月 24 02:56 
[root@localhost a]#
```

图 3-32　cd 命令的使用

3.6.4　rmdir 删除空目录

（1）功能：删除目录。

（2）命令格式：rmdir［选项］［目录］

（3）选项说明：rmdir 的常用选项如表 3-13 所示。

表 3-13　rmdir 命令常见选项列表

选项	说　明
-p	删除指定目录之后，若目录的上层目录已变成空目录，则将其一并删除
--help	显示帮助
--version	显示版本信息

 实例 3-15　rmdir 命令的使用

执行图 3-33 中的命令后，会把 c 目录下的 d 目录删除掉。

```
[root@localhost ~]# mkdir -p ./c/d
[root@localhost ~]# rmdir ./c/d
[root@localhost ~]# ls -al ./c
总用量 8
drwxr-xr-x  2 root root 4096  7月 24 03:09 .
dr-xr-x--- 40 root root 4096  7月 24 03:09 ..
[root@localhost ~]#
```

图 3-33　rmdir 命令的使用

注 意

在使用 rmdir 命令时，若参数中的目录非空，则会出现错误信息。接着实例 3-14，做下面命令的练习。如图 3-34 所示。

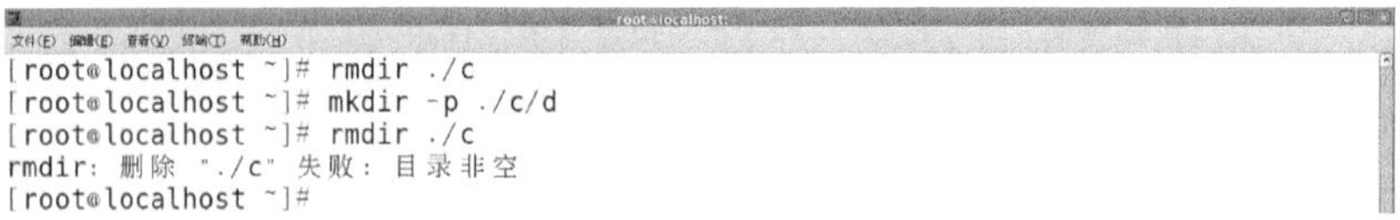

图 3-34　删除的目录非空时，rmdir 命令的显示信息

3.6.5　rm -r 删除非空目录

（1）功能：删除文件或目录。

（2）命令格式：详见 3.5.5 节。

（3）选项说明：详见 3.5.5 节。

实例 3-16　rm -r 命令的使用

rm -r 命令的组合可以删除目录和目录下的文件，如图 3-35 所示。

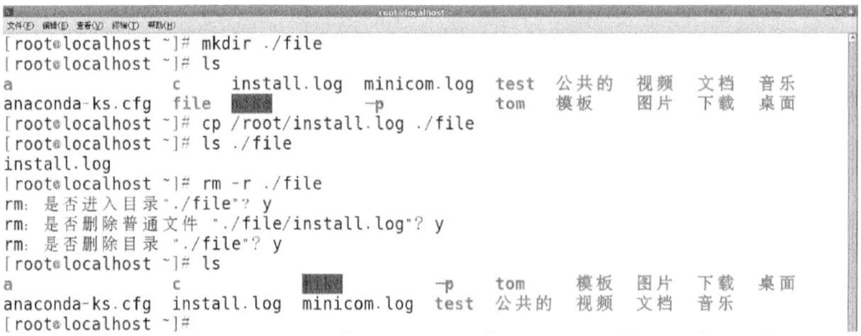

图 3-35　rm-r 命令的使用

3.7　查看文本文件命令

学习目标

· 熟练掌握对文本文件的处理

3.7.1　echo 显示内容

（1）功能：显示文本。

（2）命令格式：echo［选项］［字符串/变量］

（3）选项说明：echo 的常用选项如表 3-14 所示。

表 3-14　echo 命令常见选项列表

选项	说　明
-n	不要在最后自动换行
-e	若字符串中出现以下字节，则特别加以处理，而不会将它当成一般文字输出： \a　　　 发出警告声 \b　　　 删除前一个字符 \c　　　 最后不加上换行符号 \f　　　 换行且光标仍旧停留在原来的位置 \n　　　 换行且光标移到行首 \r　　　 光标移到行首，但不换行 \t　　　 插入 tab \v　　　 与\f 相同 \\　　　 插入\字节 \nnn　　插入 nnn(八进制)ASCII 码所表示的字符
--help	显示帮助
--version	显示版本信息

注　意

　　echo 会将输入的字符串送往标准输出，即计算机的显示器。输出的字符串以空白字节隔开，并在最后加上换行符号。

3.7.2　cat 查看文件内容

（1）功能：连接多个文件，并将它们的内容输出到标准输出设备。
（2）命令格式：cat［选项］［文件…］
（3）选项说明：cat 的常用选项如表 3-15 所示。

表 3-15　cat 命令常用选项列表

选项	说　明
-A 或—show-all	此参数的效果和同时指定"-vET"参数相同
-b 或—number-nonblank	列出文件内容时，在所有非空白行的开头标上编号，号码从 1 开始依次累加
-e	此参数的效果和同时指定"-vE"参数相同
-E 或—show-ends	在每一行的最后标上"＄"符号
-n 或—number	列出文件内容时，在每一行的开头标上编号，号码从 1 开始依次累加
-s 或—squeeze-blank	当内容某部分空白行超过一行以上时，则该处仅以一行空白行显示
-t	此参数的效果和同时指定"-vT"参数相同
-T 或—show-tabs	将制表符(Tab)以"I"表示
-u	此参数将忽略不予处理，仅负责解决 UNIX 的相容性问题
-v 或—show-nonprinting	除了换行符(LFD)及制表符之外，其他的控制字符皆以"^"符号表示，高位字符(十进制字码大于 127 以上者)则用"M-"表示
--help	显示帮助
--version	显示版本信息

实例 3-17 cat 命令的使用

查看/root/install.log 文件的内容。如图 3-36 所示,命令中的"｜more"组合可用来分屏显示文件的内容。

```
文件(F) 编辑(E) 查看(V) 终端(T) 帮助(H)
[root@localhost ~]# cd /root
[root@localhost ~]# cat install.log|more
安装 fontpackages-filesystem-1.28-1.fc12.noarch
warning: fontpackages-filesystem-1.28-1.fc12.noarch: Header V3 RSA/SHA256 signature
: NOKEY, key ID 37bbccba
安装 kacst-fonts-common-2.0-5.fc12.noarch
安装 m17n-db-1.5.5-1.fc12.noarch
安装 setup-2.8.9-1.fc12.noarch
安装 filesystem-2.4.30-2.fc12.i686
```

图 3-36 cat 命令的使用

注 意

cat 命令会读取指定文件的内容,并输出到标准的输出设备上(例如显示器)。若不指定任何文件名称,或是指定的文件名为"-",则 cat 命令会从标准输入设备(例如键盘)读取数据,然后再把所得到的数据输出到输出设备。也可运用 Shell 的特殊字符">"和"<",把多个文件的内容合并成一个文件。

3.7.3 more 或 less 逐屏查看文件内容

(1)功能:使文件能逐页地显示。
(2)命令格式:more [选项][-<行数>][+/<字符串>][+<行数>][文件]
(3)选项说明:more 的常用选项如表 3-16 所示。

表 3-16 more 命令常用选项列表

选项	说　明
-d	在画面下方显示"Press space to continue,'q' to quit",用户若按错键,则显示"Press 'h' for instructions."
-l	More 默认在遇见ˆL(送纸字符)时会暂停。使用"-l"参数可取消此功能
-f	此程序在计算行数时,以实际的行数来计算,而非使用自动换行后的行数
-p	在显示每页内容时,不采用滚动画面的方式,而是先将屏幕清除干净,然后再显示该页的内容
-c	与"-p"类似,不采用卷动画面的方式,而是先显示内容,然后清除留在屏幕上的其他数据
-u	在有些文本中,有的字符有底线,使用此参数则不显示文本的底线
-<行数>	指定每次要显示的行数
+/<字符串>	在文件中查找选项中指定的字符串,然后显示字符串所在该页的内容

 实例 3-18 more 命令的使用

输入下面的命令,查看执行的结果,如图 3-37 所示。more 可将文件内容显示于屏幕上,并在画面下方列出当前显示的百分比。more 与 less 的用法类似,已经对 more 进行介绍了,就不对 less 多说了。

```
文件(E) 编辑(E) 查看(V) 终端(T) 帮助(H)
[root@localhost ~]# more /etc/inittab
# inittab is only used by upstart for the default runlevel.
#
# ADDING OTHER CONFIGURATION HERE WILL HAVE NO EFFECT ON YOUR SYSTEM.
#
# System initialization is started by /etc/event.d/rcS
#
# Individual runlevels are started by /etc/event.d/rc[0-6]
#
# Ctrl-Alt-Delete is handled by /etc/event.d/control-alt-delete
#
# Terminal gettys (tty[1-6]) are handled by /etc/event.d/tty[1-6] and
# /etc/event.d/serial
#
# For information on how to write upstart event handlers, or how
# upstart works, see init(8), initctl(8), and events(5).
#
```

图 3-37　more 命令的使用

3.7.4　输入/输出重定向

1. 输入/输出

在 Linux 操作系统下,每当一个进程启动的时候,系统通常都会自动打开三个标准文件,分别如表 3-17 所示。

表 3-17　系统打开的三个标准文件

标准文件	文件名	对应的终端设备	对应的代码
标准输入文件	stdin	键盘	0
标准输出文件	stdout	显示屏	1
标准错误输出文件	stderr	显示屏	2

还有一个比较特殊的符号:"&",这个符号表示标准输出和标准错误输出。一个进程将从标准输入文件中得到输入数据的信息,并且将正常输出数据输出到标准输出文件,而将错误信息送到标准错误输出文件中。标准输出的管道与标准错误输出的管道是不同的。

执行一个命令的时候,通常执行过程如图 3-38 所示。

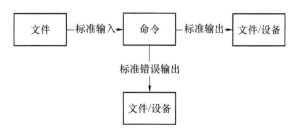

图 3-38　命令的执行过程

 实例 3-19　Linux 命令的执行过程

在图 3-39 中当用户输入"ls"这个命令的时候,系统就会将它放在标准输入文件中,然后系统再从该文件中获取数据,用来判断用户需要系统做什么,如图 3-39 中的第一行;而图 3-39 中的第二行则是输入"ls"命令之后系统对该命令的回应,系统将其输出到屏幕上告诉用户,这就是标准输出文件中的内容了。因为图 3-39 中的命令执行没有错误,因此没有错误信息输出。而在图 3-40 中输入命令"is",因为没有此命令,因此,系统会告诉用户出错"命令没找到",

而没有标准输出,只有标准错误输出。

图 3-39 正确的命令执行的过程

图 3-40 错误的命令执行的过程

又如,在图 3-41 中,cat 命令由于没有参数,它会从标准输入中读取数据然后马上显示在标准输出上,这点需要注意。

注 意

若要退出 cat 命令的编辑状态,请按"Ctrl+C"组合键,结果如图 3-41 所示。

图 3-41 cat 命令的执行过程

2. 重定向

重定向,顾名思义就是将某些信息用特定的符号改变其输出目的地或者输入源进行改变,重新定位方向,上面已经介绍了标准输入输出。但是,用户输入的数据只能使用一次,当下次需要再使用的时候就必须重新输入,同样的,用户对输出信息不能做更多的处理。因此,可以用重定向的方法对输入的数据、输出的数据进行重定向,使这些数据能够重复利用,用户对这些信息能够进行更多的处理操作。

3. 输入重定向

输出重定向就是把命令(或可执行程序)的标准输出或者标准错误输出重新定向到指定文件中。这样,该命令的输出就不显示在屏幕上了,而是写入到用户所重定向的文件中。因此,输出重定向还可以用于把一个命令的标准输出当做另一个命令的标准输入。

在输出重定向中是采用">"符号来改变输出目标的。其一般形式为:

命令 > 文件名

  实例 3-20 Linux 命令的输入重定向

通过"ls"查看"/root"中的内容,如图 3-42 所示。然后通过命令"ls >/root/testfile"重定向之后,再次查看就会发现在该目录下多了一个文件"testfile",就是重定向的文件,而刚才重定向后,标准输出上并没有输出任何数据,这是因为输出的内容被重定向到该文件中。然后在图 3-43 中,打开该文件就会发现:在标准输出中显示的内容已经存放在该文件中。

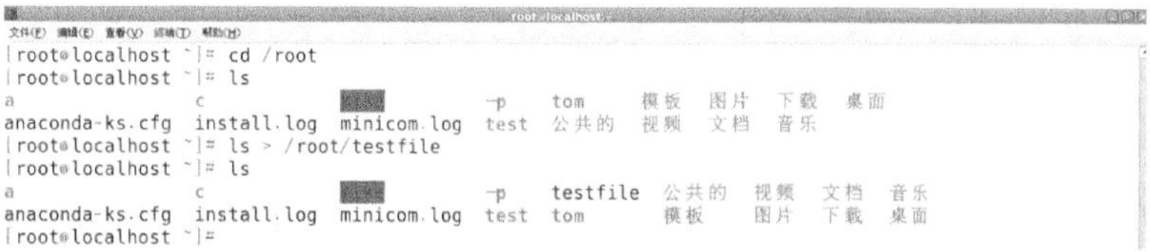

```
[root@localhost ~]# cd /root
[root@localhost ~]# ls
a                c                                -p     tom        模板   图片   下载   桌面
anaconda-ks.cfg  install.log   minicom.log   test   公共的   视频   文档   音乐
[root@localhost ~]# ls > /root/testfile
[root@localhost ~]# ls
a                c                                -p     testfile  公共的  视频  文档  音乐
anaconda-ks.cfg  install.log   minicom.log   test   tom         模板    图片  下载  桌面
[root@localhost ~]#
```

图 3-42　输入重定向

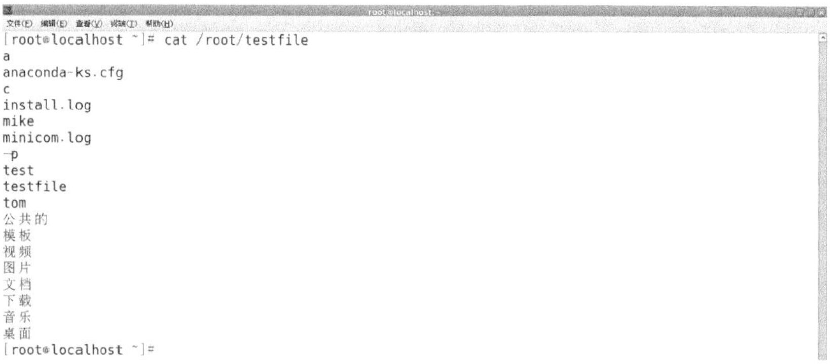

```
[root@localhost ~]# cat /root/testfile
a
anaconda-ks.cfg
c
install.log
mike
minicom.log
-p
test
testfile
tom
公共的
模板
视频
图片
文档
下载
音乐
桌面
[root@localhost ~]#
```

图 3-43　输入重定向文件 testfile 的内容

4. 输出重定向

输入重定向是指把命令(或可执行程序)的标准输入重定向到指定文件中。也就是说,输入源不一定要来自键盘,可以来自一个指定的文件。所以说,输入重定向主要用于改变一个命令的输入源。在输入重定向中是采用"<"符号来改变输入源的。

其一般形式为:命令 < 文件名

实例 3-21　Linux 命令的输出重定向

在实例 3-18 中的相同目录下建立一个新文件,文件名叫做"testfile2",里面不写任何内容,然后用输出重定向的方法,将 testfile 文件中的内容重定向到 testfile2 中。具体执行步骤如图 3-44 所示。

```
[root@localhost ~]# touch -m testfile2
[root@localhost ~]# cat testfile<testfile2
```

图 3-44　Linux 命令的输出重定向

然后,再查看"testfile2"中的内容,就会发现,其中多了"testfile"中的内容,如图 3-45 所示。

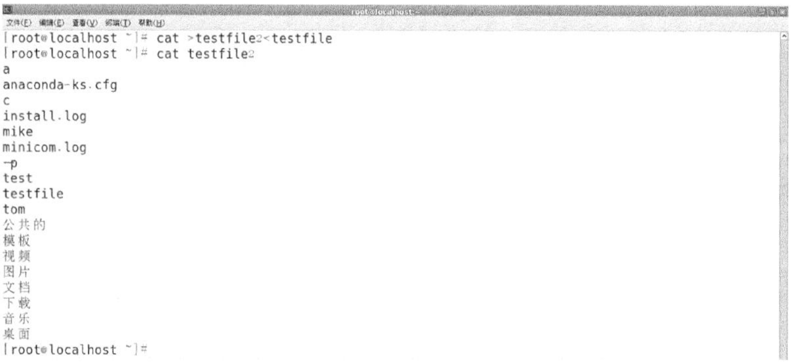

```
[root@localhost ~]# cat >testfile2<testfile
[root@localhost ~]# cat testfile2
a
anaconda-ks.cfg
c
install.log
mike
minicom.log
-p
test
testfile
tom
公共的
模板
视频
图片
文档
下载
音乐
桌面
[root@localhost ~]#
```

图 3-45　输出重定向文件的内容

5. 覆盖与追加

前面介绍了输出重定向、输入重定向及其相关用法,不过有一点值得注意的是:使用">"或"<"符号进行重定向,如果重定向的文件中已经有内容了,就会被覆盖,而如果采用">>"或"<<"符号进行重定向的话,那么会在文件尾追加内容。这点应该值得读者注意。

 实例 3-22 重定向的文件的覆盖与追加

在/root 目录下新建一个文件,如图 3-46 和图 3-47 所示:文件名为 hello,文件中的内容为"hello"。可用 gedit 编辑器来创建该文件。

图 3-46　用 gedit 创建文件 hello

然后进行重定向,命令如图 3-47 所示。

图 3-47　重定向到文件 hello

此时,再打开名为"hello"的文件,那么会发现:在该文件中多了些内容,如图 3-48 所示。这些已在上节中介绍过了,不再重复介绍。(读者请注意文件中的"hello"并非原来的内容,而是重定向的时候名为"hello"的文件名。)

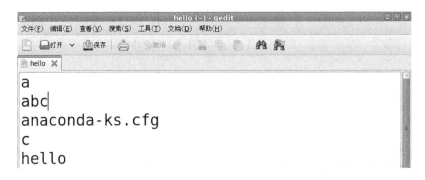

图 3-48　文件 hello 的内容

接下来,采用">>"符号进行追加重定向,命令如图 3-49 所示。

图 3-49　重定向的追加

再打开"hello"文件就会发现,在刚才的几行后面又多了几行内容,如图 3-50 所示,这就是追加命令执行的结果。

图 3-50　追加后文件 hello 的内容

3.7.5　管道

1. 管道概述

将一个程序或命令的输出作为另一个程序或命令的输入,有两种方法,一种是通过一个临时文件将两个命令或程序结合在一起;另一种是 Linux 提供的管道功能。管道能够把一系列命令连接起来,这意味着第一个命令的输出会作为第二个命令的输入通过管道传给第二个命令,第二个命令的输出又会作为第三个命令的输入,以此类推。显示在屏幕上或重定向的文件中的是管道行中最后一个命令的输出。

管道的符号是"|"。允许有多重管道,也就是说,多个管道可以同时使用。管道命令的处理示意图如图 3-51 所示。

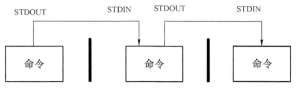

图 3-51　管道示意图

图 3-51 中的竖线表示的就是管道。

 注　意

管道前的输出与管道后的输入数据类型需匹配,如果有不匹配的数据,后面的就会把不匹配的数据丢弃。

2. 管道的使用

通过下面的一个例子来简单地了解一下管道的使用方法。

 实例 3-23　管道的使用

创建一个名为"testfile3"文件,如图 3-52 所示。现在我们就利用这幅图来看一下管道的使用方法。

要想在"testfile"文件中找到"hostname"这个单词,并将其显示在屏幕上,有两种方法,一是重定向,二是管道,重定向的方法不再介绍了,我们来看看用管道应该怎么做。

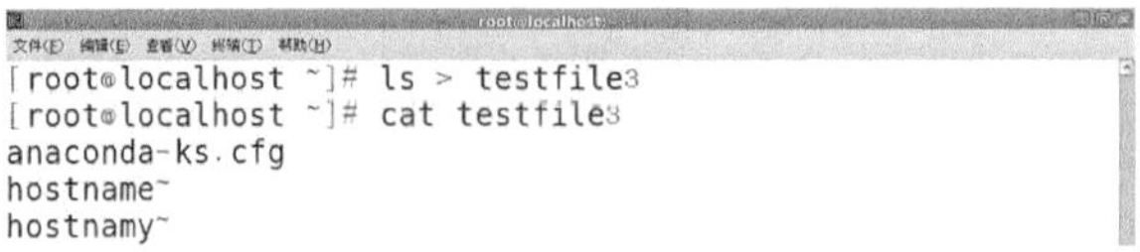

图 3-52　管道的使用一

图 3-53 就是使用管道的方法来找到"hostname"这个单词,再将其显示在屏幕上的方法:首先管道前面的命令是"cat testfile3",即显示"testfile3"中的内容,因为该命令后面有一个管道的符号,所以,该命令本应显示在屏幕上的内容就被当做管道后面的内容的输入了,管道后面的命令是"grep hostname",也就是在输入的内容中查找"hostname"这个字符串,并将其显示在屏幕上,结果就如图 3-53 所示。

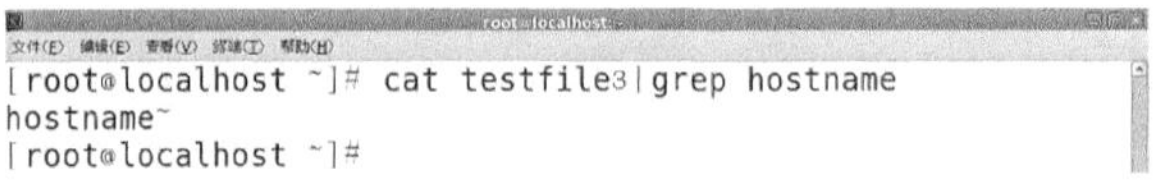

图 3-53　管道的使用二

 小知识

管道是 Linux 中十分重要的通信手段,进程之间的通信也是通过它来完成的。

3.8　alias 别名命令的使用

设想一下下面的三个情景:

情景 1:你是个 DOS 程序员,你已经用习惯了 cls、dir 等命令,而 Linux 下用 clear、ls 命令,你想在 Linux 下也用 cls、dir 命令。

情景 2:你经常使用 ls-al-color|more 命令来查看文件,慢慢地觉得烦了,不想输入这么多的字母,想用一个简单的字母序列(如 llcm)来替换原来的命令。

情景 3:有时一些命令又长又不好记,你想用自己喜欢的单词来替换它。

以上的情景你是否曾经也遇到过? 那么本小节介绍的命令别名将解决这些问题。

学习目标

- 掌握 Linux 命令别名的定义与取消
- 掌握如何查看已定义别名

3.8.1　alias 定义别名

别名,顾名思义就是给起命令起个外号,用一个简单的名字来代替一条复杂的命令。

基本格式:alias 别名 = ´复杂命令´

需注意的是,一定不要漏了"复杂命令"两边的"´"。

实例 3-24 别名的使用

在终端中输入下面的命令，查看执行的结果。如图 3-54 所示。

```
[root@localhost ~]# alias ll='ls -al'
[root@localhost ~]# ll
总用量 356
dr-xr-x--- 35 root root  4096 11月  2 23:05 .
dr-xr-xr-x 23 root root  4096 11月  2 10:13 ..
-rw-------  1 root root  2698 12月 28 2009 anaconda-ks.cfg
```

图 3-54　别名的使用

有时，我们设置了多个命令别名，那么可以使用 alias 来查看当前设置了哪些别名，如图 3-55 所示。

```
[root@localhost ~]# alias
alias cp='cp -i'
alias l.='ls -d .* --color=auto'
alias ll='ls -al'
alias ls='ls --color=auto'
alias mv='mv -i'
alias rm='rm -i'
alias which='alias | /usr/bin/which --tty-only --read-alias
 --show-dot --show-tilde'
[root@localhost ~]#
```

图 3-55　查看系统中已经定义的别名

3.8.2　unalias 取消别名

如果不再想使用某个别名了，可以用 unalias 来取消该别名。

命令格式：unalias 命令

实例 3-25 别名的取消

取消上例中的 ll 这个 alias，可以使用图 3-56 所示的命令。

```
[root@localhost ~]# unalias ll
[root@localhost ~]# ll
bash: ll: command not found
[root@localhost ~]#
```

图 3-56　取消别名

注　意

需要注意，在哪个 Shell 设置了别名，该别名也只能用于这个 Shell，如果退出这个 Shell，再重新登录，alias 会同时消失，如果希望一直使用你喜欢的 alias，需要将它们加入 Shell 的启动脚本，这在后面的章节中会详细介绍。

3.9　本章小结

本章首先介绍了 Linux 用户环境和命令控制台，详细介绍了 Linux 命令、帮助工具和一些常用命令。一些常用命令包括对文件的操作、对文件夹的操作和一些对文本文件的操作。着重介绍了每一类命令中代表性的用法,并给出具体实例。如果对某些命令不了解,可以去查看一下帮助全家福。

课后习题

1. 选择题

(1) 在 Linux 操作系统中,下列各项中不是其组成架构的是(　　　)。

A. 系统内核 　　　　　　　　　　 B. 实用工具软件

C. Shell 与文件结构 　　　　　　　 D. X-Window

(2) What is the operator used in UNIX / Linux that takes the output of one command and uses it as the input for the next command:(　　　)。

A. $　　　　　B. \　　　　　C. ~　　　　　D. |　　　　　E. @

(3) 下面哪个命令用来启动 X Window?(　　　)

A. runx　　　　　B. Startx　　　　　C. startx　　　　　D. xwin

(4) 下面说法正确的是(　　　)。

A. 只要路径名正确可以使用 rmdir 删除任何位置上的可写的目录

B. 只要路径名正确可以使用 rm 删除任何位置上的可写的目录

C. rmdir 和 rm 完成相同的功能

D. 以上说法都不对

(5) Which command removes all subdirectories in /tmp,regardless of whether they are non-existent or in use?(　　　)

A. del /tmp/ *　　　　　　　　　　 B. m-rf /tmp

C. rm-Ra /tmp/ *　　　　　　　　　 D. rm-rf /tmp/ * E. delete /tmp/ * , *

(6) 设超级用户 root 当前所在目录为:/usr/local,键入 cd 命令后,用户当前所在目录为(　　　)。

A. /home　　　　　B. /root　　　　　C. /home/root　　　　　D. /usr/local

(7) 下列命令运行如果不成功显示屏没有输出的是(　　　)。

A. mkdir /etc/mypasswd

B. more /etc/passwd ＞ /etc/output 2＞＆1

C. cat /etc/passwd ＞ /etc/output

D. less /etc/passwd 2＞＆1 ＞ /etc/output

(8) 在一行内运行多个命令需要用什么字符隔开?(　　　)

A. @　　　　　B. $　　　　　C. ;　　　　　D. *

(9) 在 Linux 系统中,通常情况下一个完整的指令由(　　　)构成。

A. 指令与操作对象 　　　　　　　 B. 指令与选项

C. 选项与操作对象 　　　　　　　 D. 操作对象、指令与选项

(10) 用户 luo 的当前工作目录是/opt/ljl,则要返回该用户的宿主目录应使用命令(　　　)。

A. cd-　　　　　B. cd ~　　　　　C. cd root　　　　　D. cd *

(11) 下面关于 cat 命令的说法中,不正确的是(　　　)。

A. 用 cat 命令可以显示一个文件内容

B. 用 cat 命令可以创建文件 abc

C. 用 cat 命令可以将屏幕显示内容输出到文件 Linux 上

D. 用 cat 命令可以修改文件的修改日期

(12) 确定 myfile 的文件类型的命令是（　　　）。

A. whatis myfile　　B. file myfile　　　　C. type myfile　　　D. type-q myfile

(13) Fedora 12 默认的 Shell 是（　　　）；输入命令不完整时,可按（　　　）键来完成命令自动补齐。

A. csh,Ctrl　　　　B. ksh,Alt　　　　C. zsh,Tab　　　　D. Bash ,Tab

(14) 在 Bash 中超级用户的提示符是（　　　）。

A. $　　　　　　　B. ♯　　　　　　　C. C:\　　　　　　D. grub>

(15) 在实际操作中,想了解命令 logname 的用法,可以键入（　　　）得到帮助。

A. logname-man　　B. logname/?　　　C. help logname　　D. logname--help

(16) 对于 Linux 系统来说,命令接口演化为两种主要形式,分别是（　　　）。

A. CLI 和 TUI　　　B. GUI 和 GNU　　C. TUI 和 GNU　　D. CLI 和 GUI

(17) Linux 命令的续行符使用（　　　）。

A. /　　　　　　　B. \　　　　　　　C. ;　　　　　　　D. &

(18) 在 LINUX 中,若要返回上一级目录,则应使用（　　　）命令。

A. cd /　　　　　　B. cd ../　　　　　C. cd-　　　　　　D. cd ..

(19) 下面设备文件中,代表空设备的是（　　　）。

A. /etc/ttyS1　　　B. /etc/null　　　　C. /etc/Null　　　D. /etc/empty

(20) 若要显示/opt 下的所有文件要使用（　　　）命令。

A. ls -a /opt　　　　B. ll /opt　　　　　C. dir-a /opt　　　D. ls-l /root/opt

(21) 当用命令 ls-al 查看文件和目录时,欲观看卷过屏幕的内容,应使用组合键（　　　）。

A. Shift＋Home　　B. Ctrl＋PgUp　　C. Alt＋PgDn　　D. Shift＋PgUp

(22) 用 ls 命令所显示的文件名颜色是不相同的,不同的颜色代表不同的文件类型,下面各项说法中正确的是（　　　）。

A. 蓝色代表目录　　　　　　　　　　B. 红色指链接文件

C. 绿色代表可执行文件　　　　　　　D. 黄色代表设备文件

(23) Linux 操作系统为用户提供了接口,包括（　　　）。

A. 程序接口　　　　B. 图形接口　　　　C. 命令接口　　　D. 文本接口

(24) 若 abc 为一个可以执行 Shell 脚本程序,下列运行方法中,正确的是（　　　）。

A. ♯! /bin/Bash/abc　　　　　　　　B. ./abc

C. sh abc　　　　　　　　　　　　　D. ~. /abc

(25) 在 RHEL4 系统中,当前目录下有 a. txt 和 b. txt 两个文件,a. txt 文件内容为"GUN is Not UNIX",b. txt 文件内容为"GUN is GUN",若执行"cat a. txt>b. txt"命令,b. txt 文件的内容将会变为（　　　）。

A. GUN is Not UNIX　　　　　　　B. GUN is GUN

　　GUN is GUN　　　　　　　　　　　GUN is Not UNIX

C. GUN is Not UNIX　　　　　　　D. GUN is GUN

(26) 当执行"ll"时会看到和执行"ls-l"同样的输出结果,这是因为（　　　）。

A. ll 是以长格式显示文件或目录的一个命令

B. ll 是指 ls 命令的一个特殊的符号连接

C. ll 是通过 alias 命令设置的简化 ls-l 的一个别名

D. ll 是 Linux 系统内核中的一个特殊函数

(27) 在 Linux 中,要删除 abc 目录及其全部内容的命令为(　　)。

A. rm abc   B. rm-r abc

C. rmdir abc x5 p4 x；Q：w   D. rmdir-r abc

(28) 不是 Shell 具有的功能和特点的是(　　)。

A. 管道   B. 输入输出重定向

C. 执行后台进程   D. 处理程序命令

(29) 在 Fedora 12 系统中可用来建立文件的命令是(　　)。

A. touch   B. rmdir   C. comm   D. diff

(30) Linux 有三个查看文件的命令,若希望在查看文件内容过程中可以用光标上下移动来查看文件内容,应使用(　　)命令。

A. cat   B. more   C. less   D. menu

2. 填空题

(1) 在 vi 编辑环境下,使用_____键进行模式转换;若要将文件内容存入 test. txt 文件中,应在命令模式下输入_____。

(2) 管道就是将前一个命令的_____作为后一个命令的_____。

(3) rm 命令可删除文件或目录,其主要差别就是是否使用递归开关_____或_____。

(4) 在创建目录时,如果其父目录不存在,则先创建父目录的命令是_____。

(5) 已知某用户 stud1,其用户目录为/home/stud1。如果当前目录为/home,进入目录/home/stud1/test 的命令是_____。

(6) 查看关于 mv 的帮助文档命令有_____(请写出多种查看方法)。

(7) Fedora 12 默认时支持_____个虚拟控制台,X-Window 占用的是第_____个控制台。如果要进入第 5 个控制台,应按_____组合键。

(8) 可以为文件或目录重命名的命令是_____。

(9) 将前一个命令的标准输出作为后一个命令的标准输入,称之为_____。

(10) 进行字符串查找,使用_____命令。

(11) 管道就是将前一个命令的标准输出作为后一个命令的_____。

(12) 查看当前路径的命令是_____。

(13) mv 命令可以_____文件和目录,还可以为文件和目录_____。

3. 简答题

(1) 请用 man 命令查看 mkdir 是什么类型的命令。

(2) 在/opt 目录下无/test1 子目录,请用一条命令创建/opt/test1/test2/test3 目录。

(3) 请查看 Linux 系统下的 LD_LIBRARY_PATH 环境变量。

(4) 用一条命令将/usr/bin 下的所有文件和目录(包括隐藏文件和目录)以文本的形式保存在/home/test 文件里,然后再用同样的方法将/bin 文件下的所有文件和目录以文本形式追加到/home/test 文件里。

(5) 建立文件 aa ,将其时间记录设定为公元 2006 年 12 月 25 日 18 时 17 分。

课 程 实 训

实训内容一:Linux 下帮助及 Man Page 的使用。

实训内容二:Linux 基本命令的练习。

实训内容三:Linux alias 命令的使用。

实训步骤:上面三个实训内容的步骤参考本章各节,这里不再给出具体的实现的步骤。

项 目 实 践

今天,陈飞比较紧张,因为王工程师要来检查他的学习成果了。他早早地来到公司里,把检查的东西准备好,又认真地复习了一遍所有的知识,感觉没什么遗漏了,就在那里等着王工程师的到来。一会,王工程师到他的办公室来了。检查完后,王工程师首先肯定了陈飞这段时间的学习和工作,并表扬了他,认为陈飞已经对 Linux 入门了。但王工程师又告诉他,Linux的魅力不在于它的图形界面,而在于它的命令行工具,命令行工具是管理 Linux 系统的关键所在。有时候,要看一个网络管理员是否精通 Linux 时,只要看他对命令的熟悉程度就可以了。听了王工程师的话,陈飞觉得要做一个优秀的 Linux 系统维护者,真的很有必要学好命令。陈飞给自己制定了下一阶段的学习任务,准备按照这些任务去学习 Linux。

任务一:学习 Linux 命令的基本格式。

任务二:学会查 Linux 的命令帮助。

任务三:学习 Linux 的基本命令并做一些简单维护工作。

第4章　初级系统管理

☞ 收集计算机信息

☞ 切换用户和控制台

☞ 日期时间表命令

☞ 常用的文件系统加载

☞ 查看文件系统状态

☞ 关机命令

4.1　收集计算机信息

- 了解 hostname 命令收集主机信息
- 了解 uname 命令收集内核信息
- 了解 id 命令收集用户信息

4.1.1　hostname 显示与设置主机名

Linux 操作系统的 hostname 是一个 kernel 变量，hostname 用于显示或设置当前主机名称及系统的名称。很多网络程序应用这些名称来识别机器。用法如实例 4-1 所示。

 实例 4-1　hostname 命令的使用

在终端提示符下输入下面的命令，查看运行的结果。

```
[root@localhost /]# hostname          //显示当前主机名及系统称
localhost.localdomain
[root@localhost /]# hostname TestName  //设置新的 hostname
[root@localhost /]# hostname
TestName
```

注 意

使用 hostname 设置新域名,运行后即生效,但在系统重启后又会被复原,如果要永久更改系统的 hostname,需要修改相关的设置文件。

4.1.2 uname 显示内核版本

uname 命令是核心操作系统的一部分。该命令用来显示有关计算机系统的信息并设置节点的名字。

 实例 4-2 uname 命令的使用

在终端提示符下输入下面的命令,查看运行的结果。

```
[root@localhost /]# uname -m      //显示计算机类型
  i686
[root@localhost /]# uname -n      //显示在网络上的主机名称
localhost.localdomain
[root@localhost /]# uname -r      //显示操作系统的发行编号
2.6.32.21-166.fc12.i686.PAE
[root@localhost /]# uname -s      //显示操作系统名称
Linux
[root@localhost /]# uname -v      //显示操作系统的版本
#1 SMP Fri Aug 27 06:33:34 UTC 2010
[root@localhost /]# uname -a      //显示-m、-n、-r、-s 和-v 标志指定的所有信息
Linux localhost.localdomain 2.6.32.21-166.fc12.i686.PAE #1 SMP Fri Aug 27 06:
33:34 UTC 2010 i686 i686 i386 GNU/Linux
```

 注 意

内核不相同的系统,uname 命令会显示不同的结果,具体情况要根据实际情况来决定。

4.1.3 id 显示用户的信息

id 命令用于显示用户以及所属群组的实际与有效 ID。Linux 系统中每个进程都有两个 ID:实际用户 ID 和有效用户 ID。实际用户 ID 指的是进程执行者是谁,一般表示进程的创建者(属于哪个用户创建);有效用户 ID 指进程执行时对文件的访问权限,表示进程对于文件和资源的访问权限(具备等同于哪个用户的权限)。若两个 ID 相同,则仅显示实际 ID。若仅指定用户名称,则显示目前用户的 ID。

 实例 4-3 id 命令的使用

在终端提示符下输入下面的命令,查看运行的结果。

```
[root@localhost /]# id root            //查看 root 用户名的 ID 信息
uid = 0(root) gid = 0(rool) 组 = 0(root)
```

 注 意

因为 root 是系统的超级用户,所以它的 ID 为 0。

4.2 切换用户和控制台

 学习目标

- 了解 su 命令的使用
- 了解什么时候用 ssh 登录远程服务
- 了解 telnet 过程登录

4.2.1 su 切换用户

出于安全性考虑,设计 Fedora 12 时,默认情况下在 PAM 模块中禁止 root 用户登录图形界面,如果需要使用 root 用户权限完成某些操作,需要首先以普通用户身份登录,然后再切换到 root 用户。这就是 su 命令的作用。当然,su 命令不仅可以切换到 root 用户,还能切换为其他使用者的身份,除 root 外,需要键入使用者的密码。关于 su 命令的详细介绍请参阅第 5 章的内容。

 实例 4-4 su 命令的使用

以普通用户身份登录系统,在终端提示符下输入下面的命令,查看运行的结果。

```
[YFLIN@localhost ~]$ ls /root/            //普通用户是不能查看/root 目录
ls: 无法打开目录/root/: 权限不够
[YFLIN@localhost ~]$ su -c´ls /root/´ root  //切换用户为 root 并在执行 ls 指
令后退出变回原用户
密码:
anaconda-ks.cfg install.log         公共的  视频  文档  音乐
Desktop     install.log.syslog      模板    图片  下载  桌面
[YFLIN@localhost ~]$
[YFLIN@localhost ~]$ su root               //切换到 root 身份,直到退出
密码:
[root@localhost YFLIN]# ls /root/
anaconda-ks.cfg install.log         公共的  视频  文档  音乐
Desktop         install.log.syslog  模板    图片  下载  桌面
[root@localhost YFLIN]#
```

4.2.2　用 ssh 登录远程服务

ssh 的英文全称是 Secure Shell。通过使用 ssh,用户可以把所传输的数据进行加密,这样即使网络中的黑客截获了数据,也不能够获得有用的信息。ssh 能够在不安全的网络通信环境下提供强大的验证机制与非常安全的能使环境。

ssh 由客户端和服务器端组成。ssh 提供了两种级别的安全验证,一是基于口令的安全验证,用户可通过账号和口令登录到远程的主机。二是基于密钥的安全验证,用户必须为 ssh 创建一对公钥/密钥对,并把公用密钥放在需要访问的服务器上,当远程用户发出请求后,系统会把服务器上公用密钥和发送过来的公用密钥进行比较,如果两个密钥一致,用户就能登录到远程的主机上。

登录到远程主机后,用户就可以像控制自己的机器一样控制远程主机,不过没有可视化的界面。

4.2.3　使用 telnet 服务远程登录

telnet 是最常用的远程登录服务。用户使用 telnet 命令进行远程登录。允许用户使用 telnet 协议在远程计算机间进行通信,当用户通过网络在远程计算机登录后,也可以像控制自己的机器一样控制远程主机。但是,用户只能通过基于终端的环境而不能使用 X-Window 环境,telnet 只是为普通终端提供终端仿真。

4.3　日期时间命令

学习目标

- 掌握使用 date 命令显示和设置当前时间
- 掌握使用 cal 显示日历
- 掌握使用 file 查看文件的类型

4.3.1　date 显示或设置当前时间

(1)功能:显示和设置当前系统日期和时间。
(2)基本格式:date [选项] datestr
(3)常用选项:date 的常用选项如表 4-1 所示。

表 4-1　date 的常用选项

选项	说明	选项	说明
-d	显示由 datestr 描述的日期	-s	设置 datestr 描述的日期

(4)时间域的表示如表 4-2 所示。

注 意

只有超级用户才能用 date 命令设置时间，一般用户只能用 date 命令显示时间。

表 4-2　时间的格式

时间的格式	表示的含义	时间的格式	表示的含义
%H	小时(00..23)	%b	月的简称(Jan..Dec)
%I	小时(01..12)	%B	月的全称(January..December)
%k	小时(0..23)	%c	日期和时间(MonNov814:12:46CST1999)
%1	小时(1..12)	%d	一个月的第几天(01..31)
%M	分(00..59)	%D	日期(mm/dd/yy)
%p	显示出 AM 或 PM	%h	和%b 选项相同
%r	时间(hh:mm:ssAM 或 PM),12 小时	%j	一年的第几天(001..366)
%s	从 1970 年 1 月 1 日 00:00:00 到目前经历的秒数	%m	月(01..12)
%S	秒(00..59)	%w	一个星期的第几天(0 代表星期天)
%T	时间(24 小时制)(hh:mm:ss)	%W	一年的第几个星期(00..53,星期一为第一天)
%X	显示时间的格式(%H:%M:%S)	%x	显示日期的格式(mm/dd/yy)
%Z	时区日期域	%y	年的最后两个数字(1999 则是 99)
%a	星期几的简称(Sun..Sat)	%Y	年(例如:1970,1996 等)
%A	星期几的全称(Sunday..Saturday)		

实例 4-5　date 命令的使用

以超级用户 root 身份登录系统,在终端提示符下输入下面的命令,查看运行的结果。

```
[root@localhost~]# date                    //显示当前的时间
2010 年 09 月 30 日 星期四 00:08:23 CST
[root@localhost~]# date´+Date:%x,Time:%X´//用指定的格式显示时间(dat-
estr 前一个字符必须是＋)
Date:2010 年 09 月 30 日,Time:00 时 09 分 25 秒
[root@localhost~]# date -s 13:30:00        //设置当前时间为下午 13 点 30 分
2010 年 09 月 30 日 星期四 13:30:00 CST
[root@localhost~]# date -s 101001          //设置当前日期为 2010 年 10 月 01 日
2010 年 10 月 01 日 星期五 00:00:00 CST
[root@localhost~]# date -d ˜4 days ago˜ +˜%Y-%m-%d˜ //查看 4 天前的日期,-d
选项请详见 man 文档
2010-09-27
```

4.3.2　cal 显示日历

（1）功能：显示日历。

（2）基本格式：cal［选项］［month［year］］

（3）常用选项：cal 的常用选项如表 4-3 所示。

表 4-3　cal 的常用选项

选项	说明	选项	说明
-m	以星期一为每周的第一天	-y	显示今年年历
-j	以凯撒历显示，即以 1 月 1 日起的天数显示		

 实例 4-6　cal 命令的使用

以超级用户 root 身份登录系统，在终端提示符下输入下面的命令，查看运行的结果。

```
[root@localhost ~]# cal              //查看本月日历
       十月 2010
日 一 二 三 四 五 六
                1  2
 3  4  5  6  7  8  9
10 11 12 13 14 15 16
17 18 19 20 21 22 23
24 25 26 27 28 29 30
31
[root@localhost ~]# cal-m            // 以星期一为每周第一天方式显示本月日期
       十月 2010
一 二 三 四 五 六 日
          1  2  3
 4  5  6  7  8  9 10
11 12 13 14 15 16 17
18 19 20 21 22 23 24
25 26 27 28 29 30 31
[root@localhost ~]# cal-j            //以凯撒历显示本月日历
       十月 2010
日 一 二 三 四 五 六
              274 275
276 277 278 279 280 281 282
283 284 285 286 287 288 289
290 291 292 293 294 295 296
297 298 299 300 301 302 303
304
```

```
[root@localhost ~]# cal-y //显示今年年历
                                2010
          一月                    二月                    三月
 日 一 二 三 四 五 六    日 一 二 三 四 五 六    日 一 二 三 四 五 六
                 1  2     1  2  3  4  5  6        1  2  3  4  5  6
  3  4  5  6  7  8  9     7  8  9 10 11 12 13     7  8  9 10 11 12 13
 10 11 12 13 14 15 16    14 15 16 17 18 19 20    14 15 16 17 18 19 20
 17 18 19 20 21 22 23    21 22 23 24 25 26 27    21 22 23 24 25 26 27
 24 25 26 27 28 29 30    28                      28 29 30 31
 31
//省略剩余的显示结果
[root@localhost ~]# cal 2 2010 //查看 2010 年 2 月份的日历
        二月 2010
 日 一 二 三 四 五 六
     1  2  3  4  5  6
  7  8  9 10 11 12 13
 14 15 16 17 18 19 20
 21 22 23 24 25 26 27
 28
```

4.3.3　file 查看文件的类型

（1）功能：文件分为普通文件、目录文件、连接文件和特殊文件，file 命令可显示文件的类型。

（2）基本格式：file［选项］［-f namefile］目录/文件

（3）常用选项：file 的常用选项如表 4-4 所示。

表 4-4　file 的常用选项

选项	说　明
-c	详细显示指令执行过程，便于排错或分析程序执行的情形
-b	列出辨别时，不显示文件名称
-z	尝试解读压缩文件的内容
-L	直接显示符号连接所指向的文件的类别
-f	指定名称文件(namefile)，该文件每一行为一个文件名，file 命令将按每一行的文件名辨别该文件的类型

 实例 4-7　file 命令的使用

以超级用户 root 身份登录系统，在终端提示符下输入下面的命令，查看运行的结果。

```
[root@localhost ~]♯ ls -l .Bashrc
-rw-r--r--. 1 root root 221 9 月 19 17:36 .Bashrc
[root@localhost ~]♯ file .Bashrc              //查看文件类型
.Bashrc: ASCII text
[root@localhost ~]♯ file -b .Bashrc           //查看文件类型,但不显示文件名
ASCII text
```

4.4　常用的文件系统加载

• 了解常用文件系统的加载

4.4.1　U 盘的加载

在 Linux 中,设备名称通常都在/dev 目录里。这些设备名称的命名都是有规则的,例如,/dev/hda1,hd 是 Hard Disk(硬盘)(sd 是 SCSI Device,fd 是 Floppy Device),a 是代表第一个设备,1 代表第一个分区。本节主要介绍使用 mount 命令来加载一些常用的文件系统,但不作深入讲解,mount 命令的使用方法将在后面章节中作详细介绍。

U 盘是常用的储存设备之一,如果是在 X-Window 下,插入 U 盘后系统会自动识别,并在桌面和计算机里显示出 U 盘的图标,但如果想在终端上使用 U 盘,那又要如何使用呢?

 实例 4-8 系统中 U 盘的加载

以超级用户 root 身份登录系统,在终端提示符下输入下面的命令,查看运行的结果。首先,在未插入 U 盘之前,在命令行执行 fdisk -l 命令,来查看目前所能识别到的硬件存储设备。

```
[root@localhost ~]♯ fdisk -l
Disk /dev/sda: 107.4 GB, 107374182400 bytes
255 heads, 63 sectors/track, 13054 cylinders
Units = cylinders of 16065 * 512 = 8225280 bytes
Disk identifier: 0x000ea73a
    Device Boot      Start          End       Blocks   Id  System
/dev/sda1    *          1        12924    103806976   83  Linux
/dev/sda2          12924        13054      1048576   82  Linux swap / Solaris
```

然后插入 U 盘,再使用下面的命令。

```
[root@localhost ~]# fdisk -l
Disk /dev/sda: 107.4 GB, 107374182400 bytes
255 heads, 63 sectors/track, 13054 cylinders
Units = cylinders of 16065 * 512 = 8225280 bytes
Disk identifier: 0x000ea73a
   Device Boot      Start         End      Blocks   Id  System
/dev/sda1   *           1       12924   103806976   83  Linux
/dev/sda2           12924       13054     1048576   82  Linux swap/Solaris
Disk /dev/sdb: 8388 MB, 8388608000 bytes
2 heads, 63 sectors/track, 130031 cylinders
Units = cylinders of 126 * 512 = 64512 bytes
Disk identifier: 0x01f45e1d
   Device Boot      Start         End      Blocks   Id  System
/dev/sdb1   *           1      130032     8191984    b  W95 FAT32
```

我们会发现里面多出了一个 sdb1 设备,那就是 U 盘设备,并且放在/dev/sdb1。接着我们要决定挂载点,一般是/mnt,该目录就是专门用来当挂载点的目录,建议在/mnt 里多建几个目录,例如,/mnt/cdrom、/mnt/floppy、/mnt/Udisk 等。所以可以先在/mnt 目录下建一个 Udisk 目录,然后再用加载命令 mount 来加载 U 盘到/mnt/Udisk,如下:

```
[root@localhost ~]# mkdir /mnt/Udisk
[root@localhost ~]# mount /dev/sdb1 /mnt/Udisk/
```

接下来再用 ls 命令查看一下/mnt/Udisk,如果加载成功的话,U 盘里的文件将显示出来,说明加载成功了。

4.4.2　光盘的加载

光盘的加载更简单了,用 Fedora 12 的安装光盘来做实验。

 实例 4-9　系统中光盘的加载

以超级用户 root 身份登录系统,在终端提示符下输入下面的命令,查看运行的结果。

```
[root@localhost /]# mkdir /mnt/cdrom
[root@localhost /]# mount /dev/cdrom /mnt/cdrom/
mount: block device /dev/sr0 is write-protected, mounting read-only
[root@localhost /]# ls /mnt/cdrom/
EFI           Packages                      RPM-GPG-KEY-fedora-ppc
GPL           repodata                      RPM-GPG-KEY-fedora-ppc64
images        RPM-GPG-KEY-fedora            RPM-GPG-KEY-fedora-x86_64
isoLinux      RPM-GPG-KEY-fedora-12-primary TRANS.TBL
media.repo    RPM-GPG-KEY-fedora-i386
```

4.4.3 软盘的加载

软盘的加载同光驱,其相对应的文件类似/dev/fd0,关于软盘的加载本节就不再赘述。

4.5 查看文件系统状态

• 了解磁盘信息的查看

4.5.1 df 显示磁盘用量

df 命令可检查文件系统的磁盘空间占用情况,利用该命令来获取硬盘被占用了多少空间,目前还剩下多少空间等信息。

 实例 4-10 df 命令查看系统中磁盘的用量

以超级用户 root 身份登录系统,在终端提示符下输入下面的命令,查看运行的结果。

```
[root@localhost /]# df              //查看磁盘信息
文件系统          1K-块       已用      可用 已用% 挂载点
/dev/sda1         102178144  8381560  88606236  9% /
tmpfs             337460      260      337200  1% /dev/shm
[root@localhost /]# df -a            //显示所有文件系统的磁盘使用情况,包括 0
块(block)的文件系统
文件系统          1K-块       已用      可用 已用% 挂载点
/dev/sda1         102178144  8381560  88606236  9% /
proc              0          0              0  - /proc
sysfs             0          0              0  - /sys
devpts            0          0              0  - /dev/pts
tmpfs             337460     260      337200  1% /dev/shm
none              0          0              0  - /proc/sys/fs/binfmt_misc
sunrpc            0          0              0  - /var/lib/nfs/rpc_pipefs
gvfs-fuse-daemon  0          0              0  - /root/.gvfs
[root@localhost /]# df -k            //以 k 字节为单位显示磁盘信息
文件系统          1K-块       已用      可用 已用% 挂载点
/dev/sda1         102178144  8381560  88606236  9% /
tmpfs             337460      260      337200  1% /dev/shm
[root@localhost /]# df -i            //显示 i 节点信息,而不是磁盘块
文件系统          Inode   已用(I)   可用(I) 已用(I)% 挂载点
/dev/sda1         6488064  347891  6140173  6% /
```

```
    tmpfs                    84365          5       84360   1% /dev/shm
[root@localhost /]# df -T //显示文件系统类型
文件系统   类型      1K-块          已用         可用 已用% 挂载点
/dev/sda1  ext4   102178144    8381560    88606236   9% /
tmpfs      tmpfs    337460         260      337200   1% /dev/shm
```

4.5.2　du 计算目录下文件占用磁盘的大小

du 命令可用于统计目录（或文件）所占磁盘空间的大小。该命令逐级进入指定目录的每一个子目录并显示该目录占用文件系统数据块（1 024 字节）的情况。若没有给出 Names，则对当前目录进行统计。

4.6　退出 Shell 的命令

- 能够使用 exit 和 logout 命令退出当前 Shell

4.6.1　exit 退出当前 Shell

（1）功能：退出当前 Shell。
（2）基本格式：exit［状态值］
（3）补充说明：执行 exit 可使 Shell 以指定的状态值退出。若不设置状态值参数，则 Shell 以预设值退出。状态值 0 代表执行成功，其他值代表执行失败。

4.6.2　logout 退出登录 Shell

（1）功能：注销用户，让用户退出系统。
（2）基本格式：logout

4.7　关闭/重新启动系统

- 能够使用命令关闭/重起系统
- 掌握 shutdown、halt、poweroff 和 reboot 等命令的区别

4.7.1　shutdown

（1）功能：shutdown 命令是较常使用的关机命令，由于关机有种种限制因素，所以只有

root 有权力关机。shutdown 会通知系统内的各个进程,并且通知系统中运行级别内的一些服务来关闭。shutdown 能够实现:自由选择关机模式,设置关机时间,自定义关机信息,仅发出警告信息和是否要 fsck 检查文件系统。

(2) 基本格式:shutdown［选项］［时间］［警告信息］

(3) 常用选项:shutdown 的常用选项如表 4-5 所示。

表 4-5　shutdown 的常用选项

选项	说明	选项	说明
-t sec	过 sec 秒后关机	-n	不经过 init 程序,直接以 shutdown 快速关机
-k	不是真的关机,只是发送警告信息给所有用户	-f	快速关机并启动之后,强制略过 fsck 的磁盘检查
-r	将系统的服务停了之后就重启	-F	系统重起之后,强制进行 fsck 的磁盘检查
-h	将系统的服务停了之后,立即关机	-c	取消已经在进行的 shutdown 命令

 实例 4-11　系统的关闭

以超级用户 root 身份登录系统,在终端提示符下输入下面的命令,查看运行的结果。

```
[root@localhost /]# shutdown -h now          //立即关机
[root@localhost /]# shutdown -h 12:10         //在 12:10 分时系统自动关机
[root@localhost /]# shutdown -h +10           //系统再过 10 分钟后自动关机
[root@localhost /]# shutdown -r now           //系统立即重起
[root@localhost /]# shutdown -r +30 'The system will reboot after 30 minute'
                                              //系统发出警告信息,并将在 30 分钟后重起
[root@localhost /]# shutdown-k now 'The system will reboot'
                                              //系统发出警告信息,但不关机
```

 注　意

如没加时间参数,系统会自动跳到 1 级运行级别,即单用户维护登录系统。

4.7.2　halt

(1) 功能:最简单的关机命令,halt 命令等同于 shutdown-h。

(2) 基本格式:halt［选项］

(3) 常用选项:halt 的常用选项如表 4-6 所示。

表 4-6　halt 的常用选项

选项	说明	选项	说明
-d	不写 wtmp 记录	-n	halt 前,不用先执行 sync
-f	强制关机或重启	-p	关机时,调用 poweroff
-i	在关机之前,关闭全部的网络界面	-w	仅在 wtmp 中记录,而不真的关机

（4）实例讲解：由于 halt 命令的使用较为简单，本节就不再举例说明 halt 的用法。

! 注 意

halt 会先检测系统的 runlevel。若 runlevel 为 0 或 6，则关闭系统，否则即调用 shutdown 来关闭系统。

4.7.3 poweroff

功能：立即停止系统，并且关闭电源。在多用户方式下（Runlevel 3）不建议使用。

4.7.4 reboot

（1）功能：重新开机。
（2）基本格式：reboot［选项］
（3）常用选项：常用选项同 halt 命令。
（4）实例讲解：由于 reboot 命令的使用较为简单，本节不再举例说明 reboot 的用法。

4.8 本章小结

本章首先介绍了一些收集计算机信息的命令，这些命令目前只需作一下了解即可，具体用法说明等，将在后面章节中作详细介绍。然后又介绍了用户的切换，还对远程登录服务器 ssh 和 telnet 作了简单介绍。接着本章详细介绍了日期时间和查看文件类型命令，这些命令是本章要重点掌握的内容，希望读者予以重视。能够熟练使用 date、cal 查看/设置时间日期，并能使用 file 命令查看文件类型，这些在今后也是较经常使用的命令。而后，继续介绍了 U 盘等存储设备的加载和查看磁盘情况等命令。最后，本章详细介绍了 Shell 的退出命令和关闭/重启系统命令，这些也是本章的重点知识点，也是今后工作中很实用的命令，这些命令读者也应予以重视。

课 后 习 题

1. 选择题

（1）查看目录/root/hzec 的容量大小，使用命令（   ）。

A. du hzec   B. du root/hzec

C. du -sh /root/hzec   D. df /root/hzec

（2）挂载 Windows 分区或 U 盘，系统默认时是挂载在（   ）目录上。

A. /root   B. /mnt   C. /opt   D. /home

（3）查看系统信息的命令是（   ）。

A. man   B. uname   C. echo   D. last

（4）若要让 Linux 在 5 分钟后重新启动，以下命令中正确有效的是（   ）。

A. reboot-t 5   B. shutdown-r-t 5

C. shutdown-r-t secs 5   D. shutdown-h-t 5

（5）在 Linux 操作系统中重启的方法包括（   ）。

A. reboot   B. shutdown -r ＋1

C. init 6   D. Ctrl＋Alt＋Del 组合键

（6）注销一个用户的操作有（   ）。

A. exit 命令   B. logoff 命令   C. logout 命令   D. Ctrl＋D 组合键

（7）关闭 Linux 系统（不重新启动）可使用命令（   ）。

A. halt   B. shutdown -r now

C. reboot   D. init 6

（8）常见的 Linux 文件类型有（   ）。

A.普通文件   B.目录文件   C.设备文件   D.链接文件

（9）在重新启动 Linux 系统的同时把内存中的信息写入硬盘,应使用（   ）命令实现。

A. ♯ reboot   B. ♯ halt   C. ♯ reboot   D. ♯ shutdown-r now

2. 填空题

（1）查看硬盘设备名称用命令_____;如果插入了第一个 U 盘,要查看其设备名称则用命令_____;查看内存的使用情况用命令_____;进入系统服务设置用命令_____。

（2）将普通用户身份临时改变为 root 应输入_____。

（3）按_____组合键可以直接退出 X-Window。

（4）Linux 系统默认的管理员账号是_____,ID 是_____。

（5）退出当前 Shell 的命令有_____和_____。

（6）以"日期:2010 年 11 月 13 日,时间:12 时 19 分 21 秒"的格式输入时间日期的命令是_____。

（7）可以在标准输出上显示整年日历的命令及参数是_____。

3. 简答题

（1）简述 SSH 及 telnet。

（2）显示指定年份的 7 月、8 月、9 月三个月的日历。

（3）具备什么用户身份才能关闭系统? 如何将系统设定在 23：20 自动关闭?

（4）查看当前 Linux 系统的发行编号及主机名,并更改主机名为"student.com"。

（5）设置当前日期为 2010 年 11 月 7 日下午 13 点 30 分。

（6）简述 shutdown、halt、poweroff 和 reboot 等命令的区别。

课 程 实 训

实训内容一:查看磁盘的使用率。

实训内容二:在系统中挂载 U 盘和光盘。

实训步骤:上面两个实训内容的步骤参考本章各节,这里不再给出具体的实现的步骤。

项 目 实 践

通过这段时间的学习,陈飞对 Linux 的命令加深了了解,并且也能熟练地应用了。这不,公司给他安排一个小小的任务:

在公司里有财务部和人力资源部,这两个部门的计算机刚安装了 Linux 操作系统。这两个部门的人员都不是计算机专业毕业的,并且也不熟悉 Linux,所以希望陈飞能帮他们建立如图 4-1 所示的文件目录结构,并希望陈飞给他们讲解一下 Linux 一些基本的操作方法,如怎么知道系统的名字、系统的时间等。陈飞很高兴地接受了这个任务,感觉终于有用武之地了。

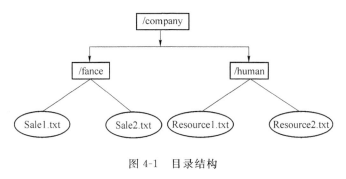

图 4-1　目录结构

第 5 章　Linux 系统用户和组的管理

 **本章内容**

☞ Linux 用户(user)和组(group)管理概述

☞ Linux 的用户 ID 和用户组 ID

☞ 相关文件对用户和组的描述

☞ 用户和组的管理命令

☞ 切换用户身份

☞ Linux 用户对话和邮件的使用

5.1　Linux 用户和组

 **学习目标**

• 理解 Linux 的单用户多任务、多用户多任务概念

• 理解用户(user)和用户组(group)概念

5.1.1　Linux 的单用户多任务和多用户多任务的概念

1. Linux 的单用户多任务

什么是单用户多任务? 例如以 student 身份登录系统,进入系统后,打开 gedit 来写文档,但在写文档的过程中,又打开 xmms 程序来听音乐。这样一来在用 student 用户登录时,执行了 gedit、xmms,当然还有输入法 fcitx 等程序。一个 student 用户在系统中工作时执行了几个任务,这就形象地说明了单用户多任务的概念。

2. Linux 的多用户和多任务

有时是很多用户同时登录到同一个系统,但并不是所有的用户都一定都要做同一件事,所以这就有了多用户多任务之说。

例如一个 Web 服务器,上面有 FTP 用户、系统管理员、Web 用户、普通用户等。在同一时刻,可能有的用户正在访问论坛,有的用户在上传软件包。例如 Tom 或 Jerry 在管理他们的主页系统和 FTP。与此同时可能还会有系统管理员在维护系统。

浏览主页的用户都用同一个 nobody 账号。而上传软件包的用户用的是 FTP 账号。管理员对系统的维护或查看可能用的是普通账号或超级用户 root 账号。不同用户所具有的权限也不同,要完成不同的任务需要不同的用户。

值得注意的是:多用户多任务并不是大家同时在一台机器的键盘和显示器前来操作系统,多用户可能通过远程登录来进行,例如对服务器的远程控制,只要有用户权限任何人都是可以操作或访问系统的。

3. 用户的角色区分

用户在系统中是分角色的。在 Linux 系统中,由于角色的不同,用户的权限和所完成的任务也不同。Linux 系统中的用户角色是通过用户的 ID,即 UID 和用户所属的组的 ID,即 GID 来识别的,特别是 UID。在系统管理中,系统管理员一定要保证 UID 的唯一特性。下面是系统中的三类常见的用户。

- root 用户是系统唯一的管理员,可以管理和操作系统的任何文件和命令,拥有系统中最高的权限。
- 虚拟用户也被称为伪用户或假用户,与普通用户区分开来。这类用户不具有登录系统的能力,但却是系统运行不可缺少的用户,例如 bin、daemon、adm、ftp、mail 等虚拟用户。这类用户都是系统自身拥有的,不是后来添加的。当然也可以添加虚拟用户。
- 普通用户能登录系统,但只能操作自己主目录的内容。普通用户的权限有限,并且这类用户都是系统管理员自行添加的。

4. 多用户操作系统的安全

多用户系统对系统管理更为方便,并且也更为安全。例如 student 用户下的某个文件不想让其他用户看到,只要把文件的权限设置为只有 student 用户可读可写就可以了。这样一来只有 student 这个用户可以对他的文件进行操作,而其他的用户不能操作甚至查看。Linux 系统在多用户下的表现更佳,能很好地保护系统中每个用户的安全。但我们也应该清楚,再安全的系统,如果管理员没有安全意识或安全的管理技术,系统也是不安全的。

5.1.2　Linux 用户和组的概念

1. 用户的概念

通过前面对 Linux 多用户的理解,我们明白 Linux 是真正意义上的多用户操作系统,所以能在 Linux 系统中创建若干用户(user)。例如其他人想用你的计算机,但是不能让他用你的用户名登录,否则你的资料和信息就让别人知道了。这时我们就可以创建一个新的用户名,让其他用户用你所创建的用户名去访问,但权限是受限的。

当然对用户概念的理解不仅仅于此,在 Linux 系统中还有一些用户是用来完成特定任务的,例如 nobody 用户和 ftp 用户等,访问 Web 服务器的网页程序,就是 nobody 用户。当匿名访问 ftp 时,会用到用户 ftp 或 nobody 。

2. 用户组的概念

用户组(group)就是具有相同特征的用户的集合体。例如有时要让多个用户具有相同的权限,诸如查看、修改某一文件或执行某个命令等的权限。这时需要用户组,把用户都定义到同一个组里,通过修改文件或目录的权限,赋予用户组一定的操作权限。这样用户组下的用户对该文件或目录都具有相同的权限,这是通过定义组的权限来实现的。

实例 5-1 用户组的概念

为了让一些用户有权限查看某一文档,例如一个时间表。而编写时间表的人要具有读写执行的权限,我们想让一些用户知道这个时间表的内容,而不让他们修改,所以可以把这些用户都划到一个组,然后来修改这个文件的权限,让用户组可读,这样用户组下面的每个用户都是可读的。

3. 用户和用户组的对应关系

- 一对一:某个用户可以是某个组的唯一成员。
- 多对一:多个用户可以是某个唯一的组的成员,不归属其他用户组。例如 student 和 Linuxsir 两个用户只归属于 student 用户组。
- 一对多:某个用户可以是多个用户组的成员。例如 student 可以是 root 组成员,也可以是 Linuxsir 用户组成员,还可以是 adm 用户组成员。
- 多对多:多个用户对应多个用户组,并且几个用户可以是归属相同的组。其实多对多的关系是前面三条的扩展。

5.2 Linux 的用户 ID 与用户组 ID

**学习目标**

- 学习用户识别 UID 与 GID
- 知道如何取得 UID 与 GID
- 理解 UID 和 GID

5.2.1 用户识别——UID 与 GID

所谓的 ID 就是一组号码,该号码唯一地标示了系统中的一个用户,而账号只是为了让人们容易记忆。在第 6 章中将会学习到 Linux 中每一个文件都具有"所有者与用户组"的属性,文件的所有者就是指文件的创建者,用户组就是指文件所有者所属的组。Linux 是通过文件的用户 ID(User ID,UID)和用户组 ID(Group ID,GID)来识别文件的。

既然 UID 是一组号码,那么它有什么样的范围又或是有怎样的限制? 通常 Linux 对 UID 有几种限制,如表 5-1 所示。

表 5-1　UID 的限制

ID 范围	该 ID 用户特性
0	当 UID 是 0 时,代表这个账号是"系统管理员",所以要做另一个系统管理员账号时,可以将该账号的 UID 改成 0。也就是说,一个系统上的系统管理员不一定只有 root。但是建议不要有多个账号的 UID 是 0
1~499	保留给系统使用的 ID。其实 1~65 534 之间的账号并没有不同。也就是除了 0 之外,其他 UID 并没有不一样。默认的 500 以下的 ID 给系统作为保留账号。一般来说,1~99 会保留给系统默认的账号,另外 100~499 则保留给一些服务来使用
500~65 535	给一般用户

5.2.2 UID 与 GID 的使用

登录系统时,系统会提示一个 login 的画面要求输入用户名。输入正确的用户名和密码之后,Linux 会顺序执行以下的操作。

(1) 寻找/etc/passwd 里面是否有这个账号。如果有,就将该账号所对应的 UID 与 GID 读出来。另外,该账号的主目录与 Shell 设置也一起读出来。如果没有这个账号,则退出。

(2) 接着就是审核密码,Linux 会进入 /etc/shadow 里面找对应的账号与 UID,然后核对一下用户刚刚输入的密码与 shadow 这个文件里的密码是否相同。

(3) 上面两步都通过后,就进入 Shell 界面。

注 意

在正常运行的 Linux 主机环境中,不可随便进行上述操作,这是因为系统中已经有很多数据在运行了,随意修改系统上某些账号的 UID,由于权限问题,很可能导致某些程序无法运行,从而导致系统无法顺利运行。

5.2.3 关于 UID 和 GID 的理解

1. UID 的理解

UID 是用户的 ID 值,在系统中每个用户 UID 的值是唯一的,更确切地说每个用户都要对应一个唯一的 UID。系统用户的 UID 的值从 0 开始,是一个正整数,至于最大值可以在文件/etc/login. defs 中查到,一般 Linux 发行版约定为 60 000。Linux 系统中,root 的 UID 是 0,拥有系统最高权限。UID 的唯一性关系到系统的安全,需要多加注意。例如在/etc/passwd 中把 student 用户的 UID 改为 0,那么 student 这个用户可以进行所有 root 的操作,这是非常危险的。

UID 是确认用户权限的标识,用户登录系统所处的角色是通过 UID 来实现的,而不是用户名。另外几个用户共用一个 UID 是非常危险的。例如上面所谈到的,把普通用户 student 的 UID 改为 0,和 root 共用一个 UID,这事实上就造成了系统管理权限的混乱。如果普通用户想用 root 权限,可以通过 su 命令或 sudo 命令来实现。但不可随意让一个用户和 root 分享同一个 UID 。

UID 具有唯一性,只是要求管理员做的。其实我们可以修改/etc/passwd 文件,修改任何用户 UID 的值。一般情况下,每个 Linux 的发行版都会预留一定的 UID 和 GID 给系统虚拟用户占用,虚拟用户一般是系统安装时就有的,是为了完成系统任务所必须的用户,但虚拟用户是不能登录系统的,例如 ftp、nobody、adm、rpm、bin、shutdown 等。在 Fedora 系统中,会把前 499 个 UID 和 GID 预留出来,添加新用户时的 UID 从 500 开始的,GID 也是从 500 开始,至于其他系统,有的系统可能会把前 999UID 和 GID 预留出来。以各个系统中/etc/login. defs 中的 UID_MIN 的最小值为准。Fedora 系统 login. defs 的 UID_MIN 是 500,而 UID_MAX 值为 60 000,也就是说通过 adduser 默认添加的用户的 UID 的值是 500~60 000。

2. GID 的理解

GID 和 UID 类似,是一个正整数或 0。GID 从 0 开始,GID 为 0 的组是系统组。系统会预留一些较靠前的 GID 给系统虚拟用户(也被称为伪装用户)。每个系统预留的 GID 都有所不同,例如 Fedora 预留了 500 个,添加新用户组时,用户组是从 500 开始的。查看系统添加用户组默认的 GID 范围应该查看 /etc/login. defs 中的 GID_MIN 和 GID_MAX 值。对照/etc/passwd 和/etc/group 这两个文件,会发现有默认用户组之说。在 /etc/passwd 文件中的每条用户记录会发现用户默认的 GID。在/etc/group 文件中,也会发现每个用户组下有多少个用户。在创建目录和文件时,会使用默认的用户组。

5.3　相关文件对用户和组的描述

- 了解/etc/passwd 的内容
- 了解/etc/shadow 的内容
- 了解/etc/group 的内容
- 了解/etc/gshadow 的内容

在 Linux 系统中,和用户账号相关的信息(例如用户名、密码等)存储在文件/etc/passwd和/etc/shadow 中,而用户的所属组的信息存储在文件/etc/group 和/etc/gshadow 中,这四个文件是紧密相连的。例如创建一个用户时,那么有关该用户的一些信息包括所属组信息都会记录在这四个文件中并且是同时写入。下面介绍这几个重要的文件。

5.3.1　passwd 文件

这个文件的构造是这样的:每一行都代表一个账号。有几行就代表系统中有几个账号。需要特别注意的是,里面很多账号本来就是系统中必须要的,称为系统账号,例如 bin、daemon. adm 和 nobody 等。这些账号是系统正常运行所需要的,请不要随意删除。

 实例 5-2　/etc/passwd 文件阅读

以 root 用户登录系统,执行下面的命令,找到下面的内容。

```
[root@localhost /]#gedit /etc/passwd
root:x:0:0:root:/root:bin. /Bash
bin:x:1:1:bin:/bin:/sbin/nologin
daemon:x:2:2:daemon:/sbin:/sbin/nologin
adm:x:3:4:adm:/var/adm:/sbin/nologin
```

从上面的内容可以明显地看出,每一行使用“:”分隔开,共有 7 部分内容,它们的含义分别是:
- 账号名称:对应 UID。例如 root 就是默认的系统管理员的账号名称。
- 密码:早期 UNIX 系统的密码是放在这个文件中的,但因为这个文件的特性是所有程序都能够读取,所以,这样很容易造成数据被窃取,因此后来就将这个字段的密码数据改放到/etc/shadow中了。有关/etc/shadow的内容后文将讲解。这里可以看到一个x,这表示密码已经移到shadow这个加密后的文件中了。

- UID:这就是用户识别码(ID)。
- GID:与/etc/group有关。
- 用户信息说明栏:这个字段没有什么重要用途,只是用来解释这个账号的意义而已。
- 主目录:用户的主目录。以上面为例,root的主目录在/root,所以当root登录之后,就会立刻进入到/root目录里。如果某账号的使用空间特别大,想要将该账号的主目录移到其他硬盘,可以在这里进行修改。默认的用户(除root用户)主目录在/home/yourIDname中。
- Shell:执行用户命令的Shell。通常使用/bin/Bash这个Shell来执行命令。登录Linux时为何默认是Bash,就是在这里设置的。需要注意的是,有一个Shell可以用来替代让账号无法登录的命令,那就是/sbin/nologin。

5.3.2 shadow 文件

这个文件存储的才是用户的真正的密码,不过这个密码是经过编码后的密码,只能看到一些特殊符号的字母。这里抽取其中两行的内容来介绍其结构。

 实例 5-3 /etc/shadow 文件阅读

以root用户登录系统,执行下面的命令,找到下面的内容。

```
[root@localhost /]#gedit /etc/shadow
student:$1$VE.Mq2Xf$2c9Qi7EQ9JP8GKF8gH7PB1:13072:0:99999:7:::
tom:$1$IPDvUhXP$8R6J/VtPXvLyXxhLWPrnt/:13072:0:99999:7::13108:
```

从上面的内容可以看出shadow文件以":"作为分隔符,共有9个字段,这9个字段的用途为。

- 第一字段:用户名(也被称之为登录名)。
- 第二字段:被加密的密码,如果有的用户在此字段中是x,表示这个用户不能登录系统,也可以看做是虚拟用户,不过虚拟用户和真实用户都是相对的,系统管理员随时可以对任何用户操作。
- 第三字段:从1970年1月1日起计算(UNIX诞生日期),该口令距离最后一次修改使用了多少天。
- 第四字段:需要再过多少天才能修改这个口令,0代表随时都可以修改密码。
- 第五字段:必须要在这个时间之内重新设置密码,否则这个账号将会暂时失效。如果是99999,那就表示,密码不需要重新输入。
- 第六字段:当账号的密码失效期限快到的时候,就是上面那个"必须更改密码"的时间,系统会依据这个字段的设置,给这个账号发出"警告",提醒它"再过 n 天您的密码就要失效了,请尽快重新设置密码"。如上面的例子,则是密码到期之前的7天之内,系统会警告该用户。
- 第七字段:如果用户过了警告期限没有重新输入密码,使得密码失效了,那么该组密码就称为"失效密码"。该字段在这里的含义是,当密码失效后,还可以用这个密码在 n 天内进行登录。而如果在这个天数后还是没有更改密码,那么账号就会彻底失效,无法再登录。

- 第八字段:用户过期日期。此字段指定了用户作废的天数(从 1970 年 1 月 1 日开始的天数),如果这个字段的值为空,账号永久可用。在实例 5-3 中,我们看到 student 这个用户在此字段是空的,表示此用户永久可用。
- 第九字段:保留字段,目前为空,以备将来 Linux 发展之用。

 思 考

有时会发生这样的情况,root 密码忘记了。怎么办? 另外,有时系统被入侵了,root 的密码被更改过,该如何解决?

5.3.3 group 文件

将用户分组是 Linux 系统中对用户进行管理及控制访问权限的一种手段。每个用户都属于某个用户组,一个组中可以有多个用户,一个用户也可以属于不同的组。当一个用户同时是多个组的成员时,在/etc/passwd 文件中记录的是用户所属的主组,也就是登录时所属的默认组,而其他组称为附加组。

 实例 5-4 /etc/group 文件阅读

以 root 用户登录系统,执行下面的命令,找到下面的内容:

```
[root@localhost ~]#cat /etc/group
root::0:root
bin::2:root,bin
sys::3:root,uucp
adm::4:root,adm
daemon::5:root,daemon
lp::7:root,lp
```

从上面可以看出,用户组文件的格式也类似于/etc/passwd 文件,由冒号(:)隔开若干个字段,这些字段有:

组名:口令:组标识号:组内用户列表

- "组名"是用户组的名称,由字母或数字构成。与/etc/passwd 中的登录名一样,组名不应重复。
- "口令"字段存放的是用户组加密后的口令字。一般 Linux 系统的用户组都没有口令,即这个字段一般为空,或者是 * 。
- "组标识号"与用户标识号类似,也是一个整数,被系统内部用来标识组。
- "组内用户列表"是属于这个组的所有用户的列表,不同用户之间用逗号分隔。这个用户组可能是用户的主组,也可能是附加组。

5.3.4 gshadow 文件

/etc/gshadow 是/etc/group 文件中用户组密码的加密文件,例如用户组的管理密码就是存放在这个文件中。/etc/gshadow 和/etc/group 是互补的两个文件。对于大型服务器,针对很多用户和组,设置一些关系结构比较复杂的权限模型,设置用户组密码是极有必要的。例如不想让一些非用户组成员永久拥有用户组的权限和特性,这时可以通过密码验证的方式来让某些用户临时拥有一些用户组特性,这时就要用到用户组密码。

 实例 5-5 /etc/gshadow 文件阅读

以 root 用户登录系统,执行下面的命令,找到下面的内容。

```
[root@localhost ~]#cat /etc/group
root:x:0:root
bin:x:1:root,bin,daemon
```

/etc/group 文件中每一行分为四个字段,每个字段的含义如下。
* 第一字段:用户组的名字。
* 第二字段:用户组密码,这个字段可以是空的或为"!",如果是空的或为"!",表示没有密码。
* 第三字段:用户组管理者,这个字段也可为空,如果有多个用户组管理者,用逗号分隔。
* 第四字段:组成员,如果有多个成员,用逗号分隔。

5.4 用户和组管理命令

* 掌握用户管理
* 掌握用户功能
* 掌握用户组管理
* 掌握密码管理

5.4.1 用户管理命令

既然要管理用户,当然是从新增与删除用户开始。下面就分别来讲解新增、删除与更改用户的信息。

1. useradd 和 adduser 的区别及用法

Linux 系统中添加用户的命令有 useradd 和 adduser。这两个命令所达到的目的都是一样的,在 Fedora 12 发行版中,useradd 和 adduser 用法是一样的。但在 Linux 系统的其他发行版中,adduser 和 useradd 还是有所不同的。主要表现为 adduser 是以人机交互的提问方式来添加用户的。除了 useradd 和 adduser 命令外,还能通过修改用户配置文件/etc/passwd 和/

etc/groups 的办法来实现用户的添加与删除。当然也可以使用 Linux 系统中的用户管理工具，例如 Fedora 中的 system-config-users 工具来添加、删除用户。

2．useradd 命令

（1）功能：在系统中添加新的用户。

（2）基本格式：useradd［选项］＜用户名＞

（3）常用选项：useradd 的常用选项如表 5-2 所示。

表 5-2　useradd 命令的常用选项

选项	说　明
-u	后面接 UID，是一组数字。直接给该账号相定一个特定的 UID
-g	后面接的用户组名称就是上面提到的初始用户组。该 gzoup ID（GID）会放到/etc/passwd 的第 4 个字段内
-G	后面接的用户组名称是这个账号还可以支持的用户组。这个参数会修改/etc/group 内相关数据
-M	强制。不要建立用户主目录
-m	强制。要建立用户主目录
-c	这个就是/etc/passwd 第 5 栏的说明内容。可以随便设置
-d	指定某个目录成为主目录，而不使用默认值
-r	建立一个系统账号，这个账号的 UID 会有限制（/etc/login. defs. ）
-s	后面接一个 Shell，默认是/bin/Bash

 注　意

当使用 useradd 命令不加参数选项，后面直接跟所添加的用户名时，系统会读取添加用户配置文件/etc/login. defs 和/etc/default/useradd 文件，然后读取/etc/login. defs 和/etc/default/useradd 中所定义的规则来添加用户，并向/etc/passwd 和 /etc/group 文件添加用户和用户组记录。与此同时，系统还会自动在/etc/add/default 文件所约定的目录中创建用户的主目录，并复制/etc/skel 中的文件（包括隐藏文件）到新用户的主目录中。

当执行 useradd 命令来添加新用户时，我们会发现一个比较有意思的现象，新添用户的主目录总是被自动添加到 /home 目录下。

 实例 5-6　useradd 命令的使用：不加任何参数，直接添加用户

以 root 用户登录系统，执行下面的命令，查看运行的结果。

```
[root@localhost ~]# useradd student
[root@localhost ~]# ls -al /home/
drwxr-xr-x 3 student student 4096 12 月 28 2009 student
```

在这个例子中，添加了 student 用户，在查看/home/目录时，会发现系统自动创建了一个 student 的目录，该目录是 student 用户的主目录。

再来查看 /etc/passwd 文件有关 student 的记录。通过 more 命令来读取 /etc/passwd

文件,并且通过 grep 命令来查找 student 字段,找到下面的内容。

```
[root@localhost ～]# more /etc/passwd | grep student
student:x:509:509::/home/student:/bin/Bash
```

从找到的 student 的记录来看,用 adduser 命令添加 student 用户时,设置用户的 UID 和 GID 分别为 509 ,并且把 student 的主目录设置为/home/student 。所用的 Shell 是 Bash 。

 实例 5-7　useradd-D 组合的使用

useradd -D 表示如不指定任何参数,将显示系统对用户设置的默认值。

```
[root@localhost ～]# useradd -D
GROUP = 100
HOME = /home
INACTIVE = -1
EXPIRE =
SHELL = /bin/Bash
SKEL = /etc/skel
CREATE_MAIL_SPOOL = no
```

看一下/etc/default/useradd 文件就明白,应该和上面命令的输出一样。所以如果想改变 useradd 配置文件/etc/default/useradd 的内容,也可以用编辑器直接操作来修改。

 实例 5-8　修改用户默认的 Shell

若想修改用户的默认 Shell 为/bin/tcsh ,可以使用下面的命令。

```
[root@localhost ～]# useradd -D -s /bin/tcsh      //把添加用户时的默认 Shell
                                                    改为 tcsh
[root@localhost ～]# more /etc/default/useradd  //查看是否成功
# useradd defaults file
GROUP = 100
HOME = /home
INACTIVE = -1
EXPIRE =
SHELL = /bin/tcsh                                 //把添加用户时的默认 Shell
                                                    改为/bin/tcsh

SKEL = /etc/skel
CREATE_MAIL_SPOOL = no
```

 实例 5-9　添加新用户

我们知道系统中有一个用户组名为 users,且 UID 701 没有被使用 ,请用这两个参数给 tom 建立一个账号。

```
[root@Linux~]# useradd -u 701 -g users tom
[root@Linux~]# ls -1 /home
drwxr-xr-x 3 tom users 9096 Aug 30 17:93 tom
[root@Linux~]# grep tom /etc/passwd /etc/shadow /etc/group
/etc/passwd:tom:x:701:100::/home/tom:/bin/Bash
/etc/shadow:tom:!!:13025:0:99999:7:::
```

从上面显示的内容可以看出,UID 与初始用户组确实按照需要修改了。

3. adduser 命令

在 Fedora 12 系统中,adduser 和 useradd 用法是一样的,但在 Slackware 系统中 adduser 是通过人机交互的方法来添加用户,其实和 useradd 加各项参数来自定义添加用户所达到的目的是一样的,只不过在 Slackware 中,useradd 是以人机交互提问式进行的。这样没有必要知道那么多的参数,一样可以达到自定义添加用户。

 实例 5-10　Slackware 系统中 adduser 命令的使用

Slackware 系统中,adduser 命令的使用可以参考下面结果的注释。

```
[root@localhost ~]# adduser                               //adduser 命令
Login name for new user []: Jerry                         //新用户 Jerry
User ID ('UID') [defaults to next available]: 1200    //用户的 UID ,UID 是唯一的
如果有提示说被占用,就选比较大的 UID ,例如 1300
Initial group [users]: users                              //初始化用户组(或主用户
组)为 users,这个用户组也是可以自己定义的,但用户组必须存在,如果不存在,可以
用 groupadd 命令来添加
Additional groups (comma separated) []: root,student//附加用户组,这个也是自己
定义的,多个用户组之间用逗号分隔
Home directory [/home/bluemoon]                           //定义用户的主目录位置,
也是可以自己定义的,例如/opt/bluemoon。
Shell [/bin/Bash]                                         //所用 Shell,此处用的是
Bash。Expiry date (YYYY-MM-DD) []:                        //用户的有效日期,如果不
设置就直接按 Enter 键,表示从不过期。如果设置就以 2010-10-05 这样的格式来输入
New account will be created as follows:                   //创建的用户情况如下
-----------------------------------
Login name.......: Jerry
UID..............: 1200
Initial group....: users
Additional groups: root
Home directory...: /home/bluemoon
Shell............: /bin/Bash
Expiry date......: [Never]
This is it... if you want to bail out, hit Control-C. Otherwise, press
```

ENTER to go ahead and make the account.

//在这里按 Enter 键就开始创建。若想停止,就按 Ctrl＋C 键取消操作

Creating new account... //这样就创建好用户了。系统会自动提示我们修改用户的

信息,例如用户的全名、电话,以及用户的密码等

Changing the user information for bluemoon

Enter the new value, or press ENTER for the default

Full Name []: bluemoon Linux

Room Number []: 503

Work Phone []: 0411-8888888

Home Phone []: 0411-9999999

Other []:

Changing password for bluemoon

Enter the new password (minimum of 5, maximum of 127 characters)

Please use a combination of upper and lower case letters and numbers.

New password://设置用户 bluemoon 的密码

Re-enter new password://验证一次

Password changed.//设置密码成功

4. passwd 命令

(1) 功能:指定和修改用户的密码。

(2) 基本格式:passwd［选项］＜用户名＞

(3) 常用选项:passwd 的常用选项如表 5-3 所示。

表 5-3　passwd 命令的常用选项

选项	说　　明
-l	锁定已经命名的账户名称,只有具备超级用户权限的使用者方可使用
-u	解开账户锁定状态,只有具备超级用户权限的使用者方可使用
-x, --maximum＝DAYS	最大密码使用时间(天),只有具备超级用户权限的使用者方可使用
-n, --minimum＝DAYS	最小密码使用时间(天),只有具备超级用户权限的使用者方可使用
-d	删除使用者的密码,只有具备超级用户权限的使用者方可使用
-S	检查指定使用者的密码认证种类,只有具备超级用户权限的使用者方可使用

　　当使用 useradd 建立账号之后,在默认情况下,该账号是暂时被封锁的。也就是说,该账号是无法登录的,通过查看/etc/shadow 内的第 2 个字段就知道。解决此问题的方法就是给账户设置新密码。设置密码使用 passwd 命令。

　　根据用户的定义,用户的密码可以存在于本地或远程。本地密码存在于 /etc/security/passwd 数据库中。远程密码存储在由远程域提供的数据库中。

　　要更改自己的密码,请输入 passwd 命令。passwd 命令提示非 root 用户输入旧密码(如果存在),然后提示输入两次新密码(注意,密码不显示在屏幕上)。如果两次输入的新密码不一致,passwd 命令会提示重新输入新密码。

要更改另一个用户的密码,请输入 passwd 命令和用户的登录名。只有 root 用户或者安全组成员才允许更改另一个用户的密码。对于本地密码,passwd 命令并不提示 root 用户输入用户旧密码或者 root 用户密码。对于远程密码,在默认情况下,将会提示 root 用户输入旧的密码,这样远程域就能够决定是使用该密码还是忽略它。

 实例 5-11 passwd 命令设置用户的密码

在终端提示符下输入下面的密码,查看执行的结果。

```
[root@localhost ~]# passwd  teacher
Changing password for user teacher
New UNIX password：                //在这里直接输入新的密码,屏幕不会有任何的反应
BAD PASSWORD: it is based on a dictionary word    //密码太简单时会有提示信息
Retype new UNIX password：                        //再输入一次同样的密码
passwd:all authentication tokens updated successfully.//设置密码成功
```

若是用户想修改自己的密码,在提示符下直接输入 passwd 命令就可以了。区别就是在输密码过程中会多提示要求输入旧的密码。

 注 意

一般来说,输入的密码最好要符合下面的要求:
- 密码不能与账号相同;
- 密码尽量不要选用字典里面会出现的字符串;
- 密码需要超过 8 个字符。

5. usermod 命令

(1) 功能:修改用户账号信息。

(2) 基本格式:usermod[选项]＜用户账号＞

(3) 常用选项:usermod 的常用选项如表 5-4 所示。

表 5-4 usermod 的常用选项

选项	说　明
-c	后面接账号的说明。即/etc/passwd 第 5 栏的说明栏,可以加入一些账号的说明
-d	后面接账号的主目录,即修改/etc/passwd 的第 6 栏
-e	后面接日期,格式是 YYYY-MM-DD,即修改/etc/shadow 内的第 8 个字段数据
-g	后面接 group name,修改/etc/passwd 的第 4 个字段,即 GID 的字段
-G	后面接 group name,修改这个用户能够支持的用户组,修改的是/etc/group
-l	后面接账号名称。即修改账号名称,/etc/passwd 的第一栏
-s	后面接 Shell 的实际文件,例如/bin/Bash 或/bin/csh 等
-u	后面接 UID 数字。即/etc/passwd 第 3 栏的数据
-L	暂时将用户的密码冻结,让用户无法登录。即修改/etc/shadow 的密码栏
-U	将/etc/shadow 密码栏的"!"号去掉,解冻用户

实例 5-12 usermod 命令修改用户的信息

修改用户 teacher 的说明栏,加上"I am a teacher"的说明。

```
[root@localhost ~]# usermod -c ″I am a teacher″ teacher
[root@localhost ~]# grep teacher /etc/passwd
teacher:x:501:501: I am a teacher:/home/teacher:/bin/Bash
```

 实例 5-13 usermod 命令冻结用户 teacher 的密码

```
[root@localhost ~]# usermod -L teacher
[root@localhost ~]# grep teacher/etc/shadow
teacher:! $1$2AISJM4K$bbdijdreoieaVaBMAHsm6.:13026:0:99999:7::13149:
```

从上面显示的结果可以看出,密码栏(第二栏)多了一个"!"号,表示该用户的密码无效。若要解锁用户 teacher 的密码,可以使用下面的命令。

```
[root@localhost ~]# usermod -U teacher
```

6. userdel 用法

(1) 功能:删除已经存在的指定用户。

(2) 基本格式:userdel [选项]<用户名>

(3) 常用选项:-r ,表示连同用户的主目录也一起删除。

 注 意

userdel 命令可删除用户账号与相关的文件。若不加参数 -r,则仅删除用户账号,而不删除相关文件。

 实例 5-14 使用 userdel 命令删除用户 teacher

删除 teacher 用户,连同主目录一起删除。

```
[root@localhost ~]# userdel -r teacher
```

5.4.2 用户功能

不论是 useradd、usermod 还是 userdel 命令,都是系统管理员使用的命令。如果是普通用户,是否除了密码之外就无法更改其他数据呢? 当然不是。这里介绍两个普通用户常用的账号数据更改命令。

1. chsh 用法

(1) 功能:更换登录系统时使用的 Shell。

(2) 基本格式:chsh [选项][用户名称]

(3) 常用选项:chsh 命令的常用选项如表 5-5 所示。

表 5-5　chsh 命令的常用选项

选项	说　明
-l 或--list-Shells	列出目前系统可用的 Shell 清单
-s<Shell 名称>或--Shell<Shell 名称>	更改系统预设的 Shell 环境
-u 或--help	在线帮助
-v 或-version	显示版本信息

这个命令可更改用户预设的 Shell 值。若不指定任何参数与用户名称,则 chsh 会以交互的方式进行设置。

　实例 5-15　列出当前系统上所有 Shell,并且为用户 student 指定 csh 为其新的 Shell

```
[root@localhost ~]# chsh -l
/bin/sh
/bin/Bash
/shin/nologin
/bin/ksh
/bin/tcsh
/bin/csh
/bin/zsh
[root@localhost ~]# chsh -s /bin/csh; grep student /etc/passwd
Password：      //输入 student 的密码确认
Shell changed.
student:x:501:501::/home/student:/bin/csh
```

2．finger 用法

(1) 功能:查找并显示用户信息。

(2) 基本格式:finger [选项]<用户名称>

(3) 常用选项:finger 命令常用的选项如表 5-6 所示。

表 5-6　finger 命令常用的选项

选项	说　明
-l	列出该用户的账号名称、真实姓名、用户专属目录、登录所用的 Shell、登录时间、转信地址、电子邮件状态,还有计划文件和方案文件内容
-m	排除查找用户的真实姓名
-s	列出该用户的账号名称、真实姓名、登录终端机、闲置时间、登录时间以及地址和电话
-p	列出该用户的账号名称、真实姓名、用户专属目录、登录所用的 Shell、登录时间、转信地址、电子邮件状态,但不显示该用户的计划文件和方案文件内容

finger 命令会去查找,并显示指定账号的用户相关信息,包括本地与远端主机的用户皆可。账号名称没有大小写的差别。单独执行 finger 命令,它会显示本地主机现在所有的用户的登录信息,包括账号名称、真实姓名、登录终端机、闲置时间、登录时间以及地址和电话。

实例 5-16 finger 命令的使用

使用 finger 命令查询 root 用户的信息。

```
[root@localhost ~]#finger root
Login：root Name：root
Directory：/root Shell：/bin/Bash
Never logged in.
No mail.
No Plan.
```

3. chfn 用法

(1) 功能：改变 finger 命令显示的信息。

(2) 基本格式：chfn［选项］［用户名称］

(3) 常用选项：chfn 命令常用的选项如表 5-7 所示。

表 5-7 chfn 命令常用的选项

选项	说　明
-f＜真实姓名＞或--full-name＜真实姓名＞	设置真实姓名
-h＜家中电话＞或--home-phone＜家中电话＞	设置家中的电话号码
-o＜办公地址＞或--office＜办公地址＞	设置办公室的地址
-p＜办公电话＞或--office-phone＜办公电话＞	设置办公室的电话号码
-u 或--help	在线帮助
-v 或-version	显示版本信息

chfn 命令可用来更改执行 finger 命令时所显示的信息，这些信息都存放在/etc 目录里的 asswd 文件里。若不指定任何参数，则 chfn 命令会进入问答式界面。

 实例 5-17 更改 student 用户的相关信息

使用 chfn 命令更改用户 student 的相关信息。

```
[root@localhost ~]#chfn student
Changing finger information for student.
Password：//输入 student 的密码确认。
Name []：student' account
Office []：Computer office 1
Office Phone []：010-1234567
Home Phone []：010-7654321
Finger information changed.
[root@localhost ~]#grep student /etc/passwd
student：x：501：501：student' account, Computer  office  1, 010-1234567, 010-
7654321:/home/student:/bin/Bash
```

使用 chfn 命令之后,程序会要求输入许多信息,包括:

- 密码;
- 昵称;
- 办公室号码;
- 办公室电话;
- 家里电话。

不过,这些信息其实更改的都是原来/etc/passwd 中的第 5 栏的说明数据,每个信息中间都以逗号分隔开。

5.4.3 用户组管理

与用户相对应的是用户组。接下来将介绍有关用户组添加、删除、修改等一些命令。在使用这些命令之前,应该知道有关用户组的信息是放在/etc/group 和/etc/gshadow 文件中的。

1. groupadd 用法

(1)功能:命令用于将新组加入系统。

(2)基本格式:groupadd [选项] groupname

(3)常用选项:groupadd 命令常用的选项如表 5-8 所示。

表 5-8　groupadd 命令常用的选项

选项	说明	选项	说明
-g	指定组 ID 号	-r	加入组 ID 号,低于 499 系统账号
-o	允许组 ID 号,不必唯一	-f	加入已经有的组时,发展程序退出

 实例 5-18　建立一个新组,并设置组 ID 加入系统

```
[root@localhost ~]# groupadd -g 502 abc
```

此时在/etc/passwd 文件中产生一个组 ID(GID)是 502 的条目。

2. groupdel 用法

(1)功能:删除用户组。

(2)基本格式:groupdel 组名

(3)常用选项:无。

　注　意

删除用户组时,用户组必须存在,如果有组中的任意用户在使用中的话,则不能删除。

 实例 5-19　删除组 abc

```
[root@localhost ~]# groupdel abc
```

实例 5-20 删除组 stuednt

```
[root@localhost ~]#groupdel student
groupdel：cannot remove user´s primary group.
```

为什么删除不了 student 组呢？如果查看一下，会发现在/etc/passwd 内的 student 第 4 栏的 GID,就是/etc/group 内的 student 用户组的 GID,所以当然无法删除。否则 student 登录系统后,找不到 GID,会造成很大的困扰。如果要删除 student 用户组,必须确保/etc/passwd 内的账号没有任何人使用该用户组作为初始用户组。

 注　意

不要随便更改 GID,否则会造成系统资源的混乱!

3. groupmod 用法
(1) 功能:更改群组识别码或名称。
(2) 基本格式:groupmod[选项][群组名称]
(3) 常用选项:groupmod 命令常用的选项如表 5-9 所示。
需要更改群组的识别码或名称时,可用 groupmod 命令来完成这项工作。

表 5-9　groupmod 命令常用的选项

选项	说明	选项	说明
-g	设置欲使用的群组识别码	-n	设置欲使用的群组名称
-o	重复使用群组识别码		

 实例 5-21 将 abc 组名该为 abcd,同时 GID 改为 503

```
[root@localhost ~]# groupmod -g 503 -n abcd acb
```

4. gpasswd 用法
(1) 功能:管理组成员。
(2) 基本格式：gpasswd[选项][群组名称]
(3) 常用选项：gpasswd 命令常用的选项如表 5-10 所示。

表 5-10　gpasswd 命令常用的选项

选项	说　明
-A	将指定的组的主控权交给后面的用户管理(该用户组的管理员)
-M	将某些账号加入这个用户组中
-r	将指定的组的密码删除
-R	让指定的组的密码栏失效,所以 newqrp 就不能使用
	若没有任何参数,表示给指定的组一个密码

实例 5-22 使用 gpasswd 命令指定组管理员

```
[root@localhost ～]#gpasswd-A peter users
```

其中 peter 是用户,users 是组,这样 users 组的管理员就变成 peter 用户了。此操作需由系统管理员进行。

 实例 5-23 使用 gpasswd 命令设定组密码

```
[root@localhost ～]#gpasswd student
```

接下来按提示输入密码即便可。

 实例 5-24 使用 gpasswd 命令取消组密码

```
[root@localhost ～]#gpasswd -r student
```

 实例 5-25 使用 gpasswd 命令向指定组添加成员用户

```
[root@localhost ～]#gpasswd -a peter student
```

这样 student 的成员多了个 peter 用户,而相反地使用-d 可以把 peter 从该群组移除。

5.5 切换用户身份

- 熟练使用 su 命令切换用户身份
- 掌握 sudo 的使用

5.5.1 使用 su 命令临时切换用户身份

1. su 命令的适用条件和威力

su 命令就是切换用户的命令。例如以普通用户 stusent 登录,但要添加用户任务,执行 useradd ,stusent 用户没有这个权限,而这个权限恰恰由 root 所拥有。解决的办法有两个:一是退出 stusent 用户,重新以 root 用户登录,但这种办法并不是最好的;二是没有必要退出 stusent 用户,可以用 su 来切换到 root 下进行添加用户的工作,等任务完成后再退出 root。

通过 su 命令可以在用户之间切换,如果超级权限用户 root 向普通或虚拟用户切换不需要密码,而普通用户切换到其他任何用户都需要密码验证。

2. su 的用法

(1)功能:临时切换用户身份。

（2）基本格式：su［选项］［用户］

（3）常用选项：su 命令常用的选项如表 5-11 所示。

表 5-11　su 命令常用的选项

选项	说　明
-	如果执行 su - 时，登录并改变到所切换的用户环境
-l	后面可以接用户，例如 su -l stusent，这个-l 的好处是，可是使用变换身份者的所有相关环境设置文件
-m	-m 与-p 是一样的，表示"使用当前环境设置，而不重新读取新用户的设置文件"
-c	仅进行一次命令，所以-c 后面可以加上命令

 注　意

su 命令不加任何参数，默认为切换到 root 用户，但没有转到 root 用户主目录下，也就是说这时虽然是切换为 root 用户了，但并没有改变 root 的登录环境。用户默认的登录环境，可以在/etc/passwd 中查得到，包括主目录、Shell 定义等。

 实例 5-26　su 不加参数

```
[student@localhost ~]$ su
Password：
[root@localhost ~]#pwd
/home/stuednt
```

 实例 5-27　加参数 -，表示默认切换到 root 用户，并且改变到 root 用户的环境

```
[student@localhost ~]$ pwd
/home/student
[root@localhost ~]# su-
Password：
[root@localhost ~]#pwd
/root
```

 实例 5-28　用户名的使用

```
[student@localhost ~]$ su - root
Password：
[root@localhost ~]# pwd
/root
[student@localhost ~]$ su - tom            //这是切换到 tom 用户
```

Password://在这里输入密码

[tom@localhost ～]$ pwd //查看用户当前所处的位置

[tom@localhost ～]$ id //查看用户的 UID 和 GID 信息，主要是看是否切换过来了

uid = 505(tom) gid = 502(tom) groups = 0(root)

[tom@localhost ～]$ su - -c ls //这是 su 的参数组合，表示切换到 root 用户，并且改变到 root 环境，然后列出 root 主目录的文件，然后退出 root 用户

Password://在这里输入 root 的密码

anaconda-ks.cfg Desktop install.log install.log.syslog

[tom@localhost ～]$ pwd //查看当前用户所处的位置[student@localhost ～]

/home/tom

[tom@localhost ～]$ id //查看当前用户信息

uid = 505(tom) gid = 502(tom) groups = 0(root)

3. su 的优缺点

su 命令的确为管理带来方便，通过切换到 root 环境下，能完成所有系统管理的任务。只要把 root 的密码交给任何一个普通用户，都能切换到 root 来完成所有的系统管理工作。但通过 su 切换到 root 后，也有不安全因素。例如系统有 10 个用户，而且都参与管理。如果这 10 个用户都涉及超级权限的运用，作为管理员如果想让其他用户通过 su 来切换到超级权限的 root，必须把 root 权限密码都告诉这 10 个用户。如果这 10 个用户都有 root 权限，通过 root 权限可以做任何事，这在一定程度上就对系统的安全造成了威协。不能保证这 10 个用户都能按正常操作流程来管理系统，其中任何一人对系统操作的重大失误，都可能导致系统崩溃或数据损失。所以 su 命令在多人参与的系统管理中，并不是最好的选择，su 命令只适用于一两个人参与管理的系统，毕竟 su 命令并不能让普通用户受限的使用。超级用户 root 密码应该掌握在少数用户手中，以此保证系统的安全性。

5.5.2　sudo 命令

1. sudo 的适用条件

由于 su 对切换到超级权限用户 root 后的权限无限制性，所以 su 并不能用于多个管理员所管理的系统。如果用 su 来切换到超级用户来管理系统，也不能明确哪些工作是由哪个管理员进行的操作。特别是对于服务器的管理，如有多人参与管理时，最好是针对每个管理员的技术特长和管理范围，有针对性地下放权限，并且约定其使用哪些工具来完成与其相关的工作，这时就有必要用到 sudo 命令。

通过 sudo，我们能把某些超级权限有针对性地下放，并且不需要普通用户知道 root 密码，所以 sudo 相对于权限无限制性的 su 来说，还是比较安全的。所以 sudo 也被称为受限制的 su。另外 sudo 是需要授权许可的，所以也被称为授权许可的 su。

sudo 执行命令的流程是当前用户切换到 root（或其他指定切换到的用户），然后以 root（或其他指定的切换到的用户）身份执行命令，执行完成后，直接退回到当前用户。而这些的前提是要通过 sudo 的配置文件/etc/sudoers 来进行授权。

2. sudo 命令

（1）功能：以其他身份来执行命令。

（2）基本格式：sudo[选项][＜用户＞][命令]或 sudo[-klv]

（3）常用选项：sudo 命令常用的选项如表 5-12 所示。

sudo 可让用户以其他的身份来执行指定的命令，默认的身份为 root。在/etc/sudoers 中设置了可执行 sudo 命令的用户。若其未经授权的用户企图使用 sudo,则会发出警告邮件给管理员。用户使用 sudo 时,必须先输入密码,之后有 5 分钟的有效期限,超过期限则必须重新输入密码。

表 5-12　sudo 命令常用的选项

选项	说　明
-b	在后台执行命令
-h	显示帮助
-H	将 HOME 环境变量设为新身份的 HOME 环境变量
-k	结束密码的有效期限,也就是下次再执行 sudo 时便需要输入密码
-l	列出目前用户可执行与无法执行的命令
-p	改变询问密码的提示符号
-s	执行指定的 Shell
-u	以指定的用户作为新的身份。若不加上此参数,则预设以 root 作为新的身份
-v	延长密码有效期限 5 分钟
-V	显示版本信息

3. 编写 sudo 配置文件/etc/sudoers

sudo 的配置文件是/etc/sudoers,可以用它的专用编辑工具 visodu 来编辑该文件,此工具的好处是在添加规则不太准确时,保存退出时会提示错误信息。配置好文件后,切换到你的用户下,通过 sudo -l 来查看哪些命令是可以执行或禁止的。

/etc/sudoers 文件中每行算一个规则,前面带有"#"号是说明的内容,并不执行。如果规则很长,一行列不下时,可以用"\"号来续行,这样看来一个规则也可以拥有多个行。

/etc/sudoers 的规则可分为两类:一类是别名定义,另一类是授权规则。别名定义并不是必须的,但授权规则是必须的。

（1）别名规则定义格式

```
Alias_Type NAME = item1, item2, item3 : NAME = item4, item5
```

别名类型（Alias_Type）包括如表 5-13 所示的四种选项。

表 5-13　别名类型

类型	说　明
Host_Alias	定义主机别名
User_Alias	用户别名,别名成员可以是用户,用户组(前面要加％号)
Runas_Alias	用来定义 runas 别名,这个别名指定的是"目的用户",即 sudo 允许切换至的用户
Cmnd_Alias	定义命令别名

NAME 就是别名,别名的命名可以包含大写字母、下画线以及数字,但必须以一个大写字母开头,例如 SYNADM、SYN_ADM 或 SYNAD0 是合法的,而 sYNAMDA 或 1SYNAD 是不合法的别名。

如果一个别名下有多个成员,成员与成员之间,通过半角",'号分隔。成员必须是有效并存在的。什么是有效的? 例如主机名,可以通过 w 查看用户的主机名(或 IP 地址)。如果只是本地操作,通过 hostname 命令就能查看,用户名当然是在系统中存在的,在/etc/paswd 中必须存在。对于定义命令别名,成员也必须在系统中事实存在的文件名(需要绝对路径)。

item 成员受别名类型 Host_Alias、User_Alias、Runas_Alias、Cmnd_Alias 制约,定义什么类型的别名,就要有什么类型的成员相配。用 Host_Alias 定义主机别名时,成员必须是与主机相关联,例如是主机名(包括远程登录的主机名)、IP 地址(单个或整段)、掩码等。当用户登录时,可以通过 w 命令来查看登录用户主机信息。用 User_Alias 和 Runas_Alias 定义时,必须要用系统用户作为成员。用 Cmnd_Alias 定义执行命令的别名时,必须是系统存在的文件,文件名可以用通配符表示。配置 Cmnd_Alias 时命令需要绝对路径。其中 Runas_Alias 和 User_Alias 有点相似,但与 User_Alias 不是同一个概念,Runas_Alias 定义的是某个系统用户可以 sudo 切换身份到 Runas_Alias 下的成员。

具体的别名规则如下:

```
Host_Alias HT01 = localhost,st05,st04,10,0,0,4,255.255.255.0,192.168.1.0/24
//定义主机别名 HT01,通过 = 号列出成员
Host_Alias HT02 = st09,st10        //主机别名 HT02,有两个成员
   Host_Alias HT01 = localhost,st05,st04,10,0,0,4,255.255.255.0,192.168.1.
0/24:HT02 = st09,st10                //上面的两条对主机的定义,可以通过一条来实现,
别名之间用":"分隔
User_Alias SYSAD = student,tom,teacher,
//定义用户别名,下有三个成员,这三个成员要在系统中确实存在
```

> **！ 注 意**
>
> 命令别名下的成员必须是文件或目录的绝对路径。
> ```
> Cmnd_Alias DISKMAG = /sbin/fdisk,/sbin/parted
> Cmnd_Alias NETMAG = /sbin/ifconfig,/etc/init.d/network
> Cmnd_Alias KILL = /usr/bin/kill
> Cmnd_Alias PWMAG = /usr/sbin/reboot,/usr/sbin/halt
> Cmnd_Alias SHELLS = /usr/bin/sh, /usr/bin/csh, /usr/bin/ksh, \
> /usr/local/bin/tcsh, /usr/bin/rsh, \
> /usr/local/bin/zsh
> ```

(2) /etc/sudoers 中的授权规则

授权规则是分配权限的执行规则,前面所讲到的定义别名主要是为了更方便地授权引用别名。如果系统中只有几个用户,其实际权限比较有限的话,可以不用定义别名,而是针对系

统用户直接授权,所以在授权规则中别名并不是必须的。

授权规则并不是随意的,在这里只介绍一些基础知识,如果想详细了解授权规则的写法,请参考 man sudoers。

(3) 授权规则的格式

> 授权用户　主机 = 命令动作

这三个要素缺一不可,但在动作之前也可以指定切换到特定用户下,在这里指定切换的用户要用( )号括起来,如果不需要密码直接运行命令的,应该加 NOPASSWD:参数,但这些可以省略。

 实例 5-29　授权规则举例一

> student ALL = /bin/chown,/bin/chmod

如果在/etc/sudoers 中添加这一行,表示 student 用户可以出现在任何可能的主机中,可以切换到 root 用户下执行 /bin/chown 和/bin/chmod 命令,通过 sudo -l 可以查看 student 在这台主机上允许和禁止运行的命令。

值得注意的是,在这里省略了指定切换到哪个用户下执行/bin/shown 和/bin/chmod 命令。在省略用户的情况下默认是切换到 root 用户下执行。同时也省略了是不是需要 student 用户输入验证密码,如果省略了,默认是需要验证密码的。

为了更详细地说明这些,可以构造一个更复杂一点的公式。

> 授权用户　主机 =［(切换到哪些用户或用户组)］［是否需要密码验证］命令 1,［(切换到哪些用户或用户组)］［是否需要密码验证］［命令 2］,［(切换到哪些用户或用户组)］［是否需要密码验证］［命令 3］…

 注 意

> 凡是［ ］中的内容,是可以省略。命令与命令之间用“,”号分隔。通过本书的例子,可以对照着看哪些是省略了,哪些地方需要有空格。

 实例 5-30　授权规则举例二

> student ALL = (root) /bin/chown, /bin/chmod

如果把第一个实例中的那行去掉,换成这行。表示的是 student 用户可以在任何可能出现的主机名的主机中,可以切换到 root 下执行 /bin/chown ,可以切换到任何用户去执行/bin/chmod 命令,可以通过 sudo -l 来查看 student 在这台主机上允许和禁止运行的命令。

 实例 5-31　授权规则举例三

> student ALL = (root) NOPASSWD:/bin/chown,/bin/chmod

如果换成这个例子,表示的是 student 用户可以出现在任何的主机中,可以切换到 root 下执行 /bin/chown ,不需要输入 student 用户的密码。并且可以切换到任何用户下执行/bin/chmod 命令,但执行 chmod 时需要 student 输入自己的密码。

 实例 5-32 授权规则举例四

例如想用 student 普通用户通过 more /etc/shadow 显示 shadow 文件的内容时,可能会出现下面的情况。

```
[student@localhost ~]$ more /etc/shadow/etc/shadow:权限不够
```

这时可以用 sudo more /etc/shadow 命令来读取文件 shadow 的内容。这就需要在/etc/soduers 中给 student 授权。于是就可以先 su 到 root 用户下通过 visudo 来改/etc/sudoers(在这里假设是以 student 用户登录系统的)。

```
[student@localhost ~]$ su
Password:                         //在这里输入 root 密码
[root@localhost student]# visudo  //运行 visudo 来改 /etc/sudoers
```

加入下面的一行,保存文件退出编辑器。

```
student ALL = /bin/more  //表示 student 可以切换到 root 下执行 more 来查看文件
```

退回到 student 用户下,用 exit 命令。

```
[root@localhost student]# exit
[student@localhost ~]$ sudo-l  //查看 student 用户通过 sudo 能执行哪些命令
Password:                       //在这里输入 student 用户的密码
User student may run the following commands on this host:
(root) /bin/more
```

在这里清晰地说明在本台主机上,student 用户可以 root 权限运行 more 。在 root 权限下的 more ,可以查看任何文本文件的内容。最后,可以验证一下 student 用户是否有能力查看/etc/shadow 文件的内容。

```
[student@localhost ~]$ sudo more /etc/shadow
```

Student 用户不但能看到 /etc/shadow 文件的内容,还能看到只有 root 权限下才能看到的其他文件的内容,例如:

```
[student@localhost ~]$ sudo more /etc/gshadow
```

对于 student 用户查看和读取的所有系统文件中,如只想让其查看/etc/shadow 文件的内容。可以加入下面的一行。这样 student 用户只能查看 shadow 文件的内容了。

```
student ALL = /bin/more /etc/shadow
```

注 意

如果主机上有多个用户并且不知道 root 用户的密码,但又想查看某些他们看不到的文件,这时就需要管理员授权了,这就是 sudo 的优点。

5.6 Linux 用户对话与邮件的使用

学习目标

- 掌握用户查询工具的使用
- 理解用户对话
- 掌握用户邮件的使用方法

5.6.1 用户查询

1. w 命令

(1) 功能:显示目前登录系统的用户信息。

(2) 基本格式:w[选项][用户名称]

(3) 常用选项:w 命令常用的选项如表 5-14 所示。

执行这项命令可得知目前登录系统的用户有哪些人,以及他们正在执行的程序。单独执行 w 命令会显示所有的用户,也可指定用户名称,仅显示某位用户的相关信息。

表 5-14　w 命令常用的选项

选项	说　明
-f	开启或关闭显示用户从何处登录系统
-h	不显示各栏位的标题信息列
-l	使用详细格式列表,此为预设值
-s	使用简洁格式列表,不显示用户登录时间,终端机阶段作业和程序所耗费的 CPU 时间
-u	忽略执行程序的名称,以及该程序耗费 CPU 时间的信息
-V	显示版本信息

2. who 命令

(1) 功能:显示目前登录系统的用户信息。

(2) 基本格式:who[选项][记录文件]

(3) 常用选项:who 命令常用的选项如表 5-15 所示。

执行这项命令可得知目前有哪些用户登录系统,单独执行 who 命令会列出登录账号、使用的终端机、登录时间以及从何处登录或正在使用哪个 X 显示器。

表 5-15　who 命令常用的选项

选项	说　明
-H	显示各栏位的标题信息列
-i 或-u	显示闲置时间,若该用户在前一分钟之内有任何动作,将标示成"."号,如果该用户已超过 24 小时没有任何动作,则标示出"old"字符串
-m	此参数的效果和指定"am i"字符串相同
-q	只显示登录系统的账号名称和总人数
-s	此参数将忽略不予处理,仅负责解决 who 命令其他版本的兼容性问题
-w 或-T	显示用户的信息状态栏
--help	在线帮助
--version	显示版本信息

3. Last 命令

(1) 功能:列出目前与过去登录系统的用户相关信息。

(2) 基本格式:last[选项][终端机编号...]

(3) 常用选项:last 命令常用的选项如表 5-16 所示。

单独执行 last 命令,它会读取位于/var/log 目录下、名称为 wtmp 的文件,并把该文件记录的登录系统的用户名单全部显示出来。

表 5-16　last 命令常用的选项

选项	说　明
-a	把从何处登录系统的主机名称或 IP 地址,显示在最后一行
-d	将 IP 地址转换成主机名称
-f	指定记录文件
-n	设置列出名单的显示列数
-R	不显示登录系统的主机名称或 IP 地址
-x	显示系统关机,重新开机,以及执行等级的改变等信息

5.6.2　用户对话

1. talk

(1) 功能:与其他用户交谈。

(2) 基本格式:talk[用户名称][终端机编号]

通过 talk 命令,用户可以和另一个用户进行交谈。关于 talk 命令,分下面两个主题介绍。

(1) 若在使用 talk 命令时出现以下错误:

```
error read from talk daemon
```

修改方法:把配置文件的/etc/xinetd.d 里的 ktalk 的 disable=yes 修改为 no,然后重启。在终端运行以下命令:

```
[root@Linux ~]#/sbin/service xinetd restart
```

然后在 tty1 下以 root 登录,在 tty2 下以 student 登录。

在 tty1 下:

```
[root@Linux ~]# talk student
```

在 tty2 下：

```
[student@Linux ~]$ talk root
```

然后 student 用户和 root 用户就可以进行对话。

（2）关于 Linux 中 talk 命令参数

Linux 中 talk 命令参数程序用于 Internet 上两个用户之间进行"交谈"：通过键盘输入"说话"，通过看终端屏幕"聆听"。Linux 中 talk 命令参数程序的使用很简单，只要知道交谈对象的地址，就可以邀请对方交谈，例如登录在主机 rs6000.cic.tsinghua.edu.cn 上的用户 student 希望和登录在主机 tirc.cs.tsinghua.edu.cn 上的用户 tom 进行交谈，则可以输入下面的命令：

```
[student @Linux ~]$ talk tom@tirc.cs.tsinghua.edu.cn
```

Internet 上的相关程序（Talk Daemon）就会传送一条信息邀请 tom 来交谈，这时用户 tom 的屏幕上就会出现如下信息，并响铃提示：

Message from Talk_Daemon@tirc.cs.tsinghua.edu.cn at 21：44 …

talk：connection requested by student@rs6000.cic.tsinghua.edu.cn

talk：respond with：talk student@rs6000.cic.tsinghua.edu.cn

这时，用户 tom 应该做的工作就是按照上面的信息提示，即在 Linux 中输入 talk 命令：

```
[tom@Linux ~]$ talk student @rs6000.cic.tsinghua.edu.cn
```

之后，连接建立成功，两个用户就可以进行交谈了。这时，双方的终端屏幕上都将显示信息[Connection established]并响铃，同时屏幕被 Linux 中 talk 命令程序以一条水平线分隔为上下两部分，上半部分用来显示用户自己输入的内容，下半部分用来显示对方输入的内容。两个用户可以同时输入，他们输入的内容将会立即显示在双方的屏幕上。在用户进行输入时，可按"Backspace"键来更正前一个字符，也可按"Ctrl＋W"键来删除一个完整的单词，或者用"Ctrl＋U"键删除一整行，另外，用户还可以通过"Ctrl＋L"键来刷新屏幕。如果要结束交谈，可由任何一方按下"Ctrl＋C"键来中断连接，但在结束对话前最好道声"再见"，并等待对方回应。Linux 中 talk 命令程序结束时，在屏幕上将显示一条信息：

```
[Connection closing. Exiting]
```

并非每次要求对方交谈都能成功，有时对方没有登录，则 Linux 中 talk 命令程序提示以下信息，并退出。

```
[Your party is not logged on]
```

如果对方已登录，但因某种原因（如不是正在使用机器）没有响应，那么 Linux 中 talk 命令程序将会每隔 10 秒钟给他发一条邀请信息，同时在自己的屏幕上显示：

```
[Ringing your party again]
```

如果用户不愿等待，则可以按"Ctrl＋C"键终止 Linux 中 talk 命令程序。还有的时候系统可能出现下面的信息：

```
[Checking for invitation on caller's machine]
```

这说明双方的 Linux 中 talk 命令程序不兼容,这时可以试试 ntalk 和 ytalk 命令,如果没有,就只能找系统管理员了。

如果用户在做某些紧急工作(如编辑邮件)时不希望被 Linux 中 talk 命令的邀请打扰,他可以使用命令:

```
[student @Linux ～]$ mesg n
```

来暂时拒绝交谈,这时如果有用户邀请他交谈,只能得到提示信息:

```
[Your party is refusing messages]
```

不过要注意的是,一旦完成紧急工作,最好立即打开信息接收开关(用命令 mesg y),否则将会失去很多信息交流的机会。

2. mesg

(1) 功能:允许或拒绝写消息。

(2) 基本格式:mesg [n| y]

(3) 常用选项:mesg 命令常用的选项如表 5-17 所示。

mesg 命令控制系统中的其他用户是否能够用 write 命令或 talk 命令向用户发送消息。不带参数调用的情况下,mesg 命令显示当前工作站消息许可设置。在默认情况下,Shell 启动处理许可的消息。通过在 $HOME/. profile 文件中包含 mesg n 行来重设此默认操作。具有 root 用户权限的用户能够发送写信息到任何工作站,不论它们的消息许可如何设置。消息许可对通过电子邮件系统(sendmail)传送的消息无效。

如果将 mesg y 添加到 $HOME/. profile 中,那么能够通过 write 命令或 talk 命令从其他用户接收消息。如果将 mesg n 添加到 $HOME/. profile 中,那么就不能通过 write 命令或 talk 命令从其他用户接收消息。

表 5-17　mesg 命令常用的选项

选项	说　明
n	只允许 root 用户发送消息到用户的工作站。使用命令的这种形式可以避免新进的消息占满屏幕
y	允许本地网络上的所有工作站发送消息到用户的工作站

 实例 5-33　mesg 命令的使用

只允许 root 用户发送消息到用户的工作站,请输入:

```
[root@localhost ～]#mesg  n
```

要允许任何人发送消息到用户的工作站,请输入:

```
[root@localhost ～]#mesg  y
```

要显示当前的消息许可设置,请输入:

```
[root@localhost ～]#mesg
```

显示与以下内容相似的信息：

```
is y
```

在上面的示例中，当前的消息许可设置是 y（允许本地网络上的所有用户发送消息到用户的主机上）。如果将消息许可设置更改为 n（只允许 root 用户发送消息到用户的主机上），则显示与以下内容相似的信息：

```
is n
```

3. wall

（1）功能：传送信息。

（2）基本格式：wall［公告信息］

（3）常用选项：无。

通过 wall 命令可将信息发送给每位同意接收公众信息的用户，若不给予其信息内容，则 wall 命令会从标准输入设备读取数据，然后再把所得到的数据传送给所有用户。

 实例 5-34 wall 命令的使用

在系统中广播消息，这样会在当前的用户终端显示下面的信息。

```
[root@localhost ~]# wall "I like Linux！" 或 wall I like Linux！
Broadcast message from root (pts/4)(Thu May 27 16:41:09 2010):
I like Linux！
```

5.6.3 用户邮件

（1）功能：E-mail 管理程序。

（2）基本格式：mail［选项］［收信人地址］

（3）常用选项：E-mail 管理程序常用的选项如表 5-18 所示。

mail 是一个文字模式的邮件管理程序，操作的界面不像 elm 或 pine 那么容易使用，但功能尚完整。

表 5-18　E-mail 管理程序常用的选项

选项	说明	选项	说明
-b	指定密件副本的收信人地址	-n	程序使用时，不使用 mail.rc 文件中的设置
-c	指定副本的收信人地址	-N	阅读邮件时，不显示邮件的标题
-f	读取指定邮件文件中的邮件	-s	指定邮件的主题
-i	不显示终端发出的信息	-u	读取指定用户的邮件
-I	使用互动模式	-v	执行时，显示详细的信息

系统收到邮件会保存在"/var/spool/mail/［用户名］"文件中。

在 Linux 中输入 mail，就进入了收件箱，并显示 20 封邮件列表。此时命令提示符为"&"，这时光标会一直闪烁，等待用户输入信息。用户可输入的命令参数如表 5-19 所示。

表 5-19　　E-mail 管理程序用户可输入的命令参数

选项	说　明
unread	标记为未读邮件
h|headers	显示当前的邮件列表
l|list	显示当前支持的命令列表
?　|help	显示多个查看邮件列表的命令参数用法
d	删除当前邮件,指针并下移。d 1-100 删除第 1 到 100 封邮件
d 1-100	删除第 1 到 100 封邮件
f|from	只显示当前邮件的简易信息
f|num	显示某一个邮件的简易信息
f|from num	指针移动到某一封邮件
z	显示刚进行收件箱时的后面 20 封邮件列表
more|p|page	阅读当前指针所在的邮件内容 阅读时,按空格键就是翻页,按回车键就是下移一行
t|type|more|p|page num	阅读某一封邮件
n|next|{不填} num	阅读当前指针所在的下一封邮件内容阅读时,按空格键就是翻页,按回车键就是下移一行
v|visual	当前邮件进入纯文本编辑模式
top	显示当前指针所在的邮件的邮件头
file|folder	显示系统邮件所在的文件,以及邮件总数等信息
x	退出 mail 命令平台,并不保存之前的操作,例如删除邮件
q	退出 mail 命令平台,保存之前的操作,例如删除已用 d 删除的邮件,已阅读邮件会转存到当前用户主目录下的 mbox 文件中。如果在 mbox 中删除文件才会彻底删除。在 Linux 文本命令平台输入 mail -f mbox,就可以看到当前目录下的 mbox 中的邮件了

写信时,连按两次"Ctrl+C"组合键则中断工作,不送此信件。读信时,按一次"Ctrl+C"组合键,退出阅读状态。

 实例 5-35　将文件当做电子邮件的内容送出

语法:mail -s ;"主题"用户名@地址< 文件

> [root@Linux ~]#mail -s"program" student < a.c

这样 a.c 文件就当做邮件内容送至 student,主题为 program,可以到/var/spool/mail/student 的文件查看。这里 a.c 文件不加路径,则默认是在当前用户(root)的主目录/root,此目录必须有该文件。

 实例 5-36　传送电子邮件给本系统用户

语法:mail 用户名

```
[root@localhost ~]#mail student
Subject: Happy Day            //这是邮件的主题,之后按 Enter 键
To my best wish for you!       //从这里开始便是邮件的内容
Happy everyday!               //邮件内容到此结束,如果邮件内容写完并且想发送邮件
可以按下"Ctrl + D"组合键,如果不想发送邮件可以连按两次"Ctrl + C"组合键中断工
作,不送此信件
Cc: student1                  //按下组合键后会出现 Cc:提示符,是指复制一份正文,
给其他的收信人,如果系统有其他用户,而又想将此邮件复制一份转发给其他用户,可
以在这里直接输入用户姓名,如不想发送给其他人,可以直接按 Enter 键
```

上述邮件到此就发送完了,但是邮件有没有发送成功呢?接下来检查所传送的电子邮件是否送出。

```
[root@localhost ~]#/usr/lib/sendmail -bp
```

若屏幕显示为"Mail queue is empty"的信息,表示邮件已送出。

若为其他错误信息,表示电子邮件因故尚未送出。

邮件若发送成功,到/var/spool/mail/student 文件查看相关信息,其内容大致如下:

```
From root@localhost.localdomain Thu Sep 30 08:24:18 2010
Return-Path: <root@localhost.localdomain>
Received: from localhost.localdomain (localhost.localdomain [127.0.0.1])
          by localhost.localdomain (8.13.8/8.13.8) with ESMTP id
o8U0OHnY004932;
        Thu, 30 Sep 2010 08:24:17 + 0800
Received: (from root@localhost)
          by localhost.localdomain (8.13.8/8.13.8/Submit) id
o8U0OHIv004931;
        Thu, 30 Sep 2010 08:24:17 + 0800
Date: Thu, 30 Sep 2010 08:24:17 + 0800
From: root <root@localhost.localdomain>
Message-Id: <201009300024.o8U0OHIv004931@localhost.localdomain>
To:student@localhost.localdomain
Subject: Happy Day
Cc: student1@localhost.localdomain
    //以下是正文部分
To my best wish for you!
Happy everyday!
```

实例 5-37 在 Linux 命令行下发送带附件的邮件

格式：mutt -a ＜附件＞ -s ＜主题＞

1. 首先现在当前目录下创建 a.c 文件，里面写一些内容。

2. ［root@localhost ～］# mutt -a a.c -s Happy 按 Enter 键，若/root/mail 不存在，它会提示用户要不要创建，我们选择 Yes，之后就会出现以下情况：

To：＜＝请输入收件人地址（用户名），按 Enter 键会出现 Subject：Happy，这只是确认邮件主题，没错的话就可以直接按 Enter 键了。

3. 这之后终端自行启动 vi，按 i 键写信。

4. 写完信保存退出:wq，会出现图 5-1 的"选择文本"对话框。

图 5-1 "选择文本"对话框

5. 然后 y 发信。

到此操作已完成，到/var/spool/mail/student 文件查看相关信息，其内容大致如下所示：

From root@localhost.localdomain Thu Sep 30 09:24:46 2010

Return-Path：＜root@localhost.localdomain＞

Received：from localhost.localdomain (localhost.localdomain [127.0.0.1])

　　　　by localhost.localdomain (8.13.8/8.13.8) with ESMTP id o8U1Okig006855

　　　　for ＜student@localhost.localdomain＞；Thu, 30 Sep 2010 09:24:46 ＋0800

Received：(from root@localhost)

　　　　by localhost.localdomain (8.13.8/8.13.8/Submit) id o8U1Okr5006854

　　　　for student@localhost.localdomain；Thu, 30 Sep 2010 09:24:46 ＋0800

Date：Thu, 30 Sep 2010 09:24:44 ＋0800

```
From: root <root@localhost.localdomain>
To: student@localhost.localdomain
Subject: Happy
Message-ID: <20100930012444.GA6336@localhost.localdomain>
Mime-Version: 1.0
Content-Type: multipart/mixed; boundary = "RnlQjJOd97Da + TV1"
Content-Disposition: inline
User-Agent: Mutt/1.4.2.2i

--RnlQjJOd97Da + TV1
Content-Type: text/plain; charset = us-ascii
Content-Disposition: inline
//正文部分
MY LINUX !

--RnlQjJOd97Da + TV1
Content-Type: text/plain; charset = us-ascii
Content-Disposition: attachment; filename = "a.c"
    //附件正文部分
I love you

--RnlQjJOd97Da + TV1--
```

5.7 本章小结

本章主要介绍了 Linux 用户和组的管理,读者应重点掌握。为了更好地学习 Linux 下的用户和组管理,首先介绍了有关用户和组的概念,再进一步介绍有关用户和组的文件,这样使读者能够快速地掌握 Linux 下用户和用户组。讲解完用户和组的管理后,又介绍几个有关用户的功能,例如用户切换、用户对话和用户邮件。

本章最后安排了一个实训,通过实训对本章的内容进行系统的回顾,希望读者能够认真动手实践,切实掌握本章的内容。

课 后 习 题

1. 选择题

(1) 改变文件所有者的命令为(   )。

A. chmod   B. chown   C. touch   D. cat

(2) Linux 系统通过(   )命令给其他用户发消息。

A. less   B. send   C. mesg   D. write

（3）如果忘记了管理员密码,则需要进入(　　　)模式用(　　　)命令进行修改。

A. 单用户 passwd　B. 多用户 pwd　　　C. 多用户 passwd　D. 单用户 pwd

（4）On a system using shadowed passwords, the correct permissions for /etc/passwd are _____- and the correct permission for /etc/shadow are _____.

A. -rw-r----- -r--------

B. -rw-r--r-- -r--r--r--

C. -rw-r--r-- -r--------

D. -rw-r--rw- -r----r--

E. -rw------- -r------

（5）添加一个用户并设置密码:先用(　　　)添加用户,再用(　　　)命令设置该用户的密码。

A. useradd,pwd

B. passwd, useradd

C. adduser,pass

D. useradd,passwd

（6）要把 abc 文件设为所有用户均有权执行的可执行文件要使用命令(　　　)。

A. chmod ＋x abc

B. chmod -x abc

C. chgrp ＋x abc

D. chown a＋x abc

（7）Where are the default settings for the useradd command kept? (　　　)

A. /etc/default/useradd

B. /etc/sysconfig/useradd. cfg

C. /etc/. useradd

D. /etc/defaults/useradd

E. /etc/login. defs

（8）下列各项中添加一个组的操作是(　　　)

A. groupadd

B. groupadd -g 666 work

C. groupdel work

D. who group

（9）系统账户管理文件 passwd 的每一行由 7 个字段数据组成,字段之间用“:”分隔,其格式字段为(　　　)。

A. 账户名称:密码:UID:GID:个人资料:主目录:Shell

B. 账户名称:UID:密码:GID:个人资料:主目录:Shell

C. 账户名称:个人资料:UID:GID:密码:主目录:Shell

D. UID:密码:Shell:GID:个人资料:主目录:账户名称

（10）Which of the following files has the correct permissions? (　　　)

A. -rw--w--w- 1 root root 369 Dec 22 22:38 /etc/shadow

B. -rwxrw-rw- 1 root root 369 Dec 22 22:38 /etc/shadow

C. -rw-r--r-- 1 root root 369 Dec 22 22:38 /etc/shadow

D. -r-------- 1 root root 369 Dec 22 22:38 /ect/shadow

（11）对名为 fido 的文件用 chmod 551 fido 进行了修改,则它的许可权是(　　　)。

A. -rwxr-xr-x　　　B. -rwxr--r--　　　C. -r--r--r--　　　D. -r-xr-x—x

（12）You have the following file:

-rwxrwxr-x 1 foo root 0 Feb 23 07:48 /bin/foo

Which of the following commands will change the owner of the file /bin/foo from the foo user to the bar user without affecting group ownership? (　　　)

A. chown /bin/foo bar

B. chown bar /bin/foo

C. chown bar. foo /bin/foo

D. chown. foo. bar /bin/foo

（13）系统中有用户 user1 和 user2,同属于 users 组。在 user1 用户目录下有一文件 file1,它拥有 644 的权限,如果 user2 用户想修改 user1 用户目录下的 file1 文件,应拥有(　　　)权限。

A. 744 B. 664 C. 646 D. 746

（14）在 Linux 操作系统下，文件的权限包括（   ）。

A. 可执行 B. 可写 C. 隐藏 D. 可读

（15）在 Linux 系统中，账户管理信息存放在（   ），组用户存放在（   ）。

A. /dev/hda B. /etc/group C. /etc/passwd D. /etc/shadow

（16）文件 exer1 的访问权限为 rw-r--r--，现要增加所有用户的执行权限和同组用户的写权限，下列命令正确的是（   ）。

A. chmod a＋x g＋w exer1 B. chmod 765 exer1

C. chmod o＋x exer1 D. chmod g＋w exer1

（17）There are seven fields in the /etc/passwd file. Which of the following lists all the fields in the correct order?（   ）

A. username，UID，password，GID，home directory，command，comment

B. username，password，UID，GID，comment，home directory，command

C. UID，username，GID，home directory，password，comment，command

D. username，password，UID，group name，GID，home directory，comment

（18）哪些命令组合起来能统计多少用户登录系统？（   ）

A. who｜wc-w B. who｜wc-l C. who｜wc-c D. who｜wc

（19）当登录 Linux 时，一个具有唯一进程 ID 号的 Shell 将被调用，这个 ID 是什么？（   ）

A. NID B. PID C. UID D. CID

（20）哪个目录存放用户密码信息？（   ）

A. /boot B. /etc C. /var D. /dev

（21）哪个命令可以将普通用户转换成超级用户？（   ）

A. super B. passwd C. tar D. su

（22）显示用户的主目录的命令是（   ）。

A. echo ＄HOME B. echo ＄USERDIR

C. echo ＄ENV D. echo ＄ECHO

（23）Linux 文件权限一共 10 位长度，分成四段，第三段表示的内容是（   ）。

A. 文件类型 B. 文件所有者的权限

C. 文件所有者所在组的权限 D. 其他用户的权限

（24）You have a user whose account you want to disable but not remove. What should you do?（   ）

A. Edit /etc/gshadow and just remove his name.

B. Edit /etc/passwd and change all numbers to 0.

C. Edit /etc/shadow file and remove the last field.

D. Edit /etc/passwd and insert an ＊ after the first ：.

E. Edit /etc/group file and put a ＃ sign in front of his name.

（25）某文件的组外成员的权限为只读；所有者有全部权限；组内的权限为读与写，则该文件的权限为（   ）。

A. 467 B. 674 C. 476 D. 764

（26）qmail 是（   ）。

A. 收取邮件的协议 B. 邮件服务器的一种

C. 发送邮件的协议　　　　　　　　　　　D. 邮件队列

（27）使用命令 chmod 的数字设置，可以改变（　　　）。

A. 文件的访问特权　　　　　　　　　　B. 目录的访问特权

C. 文件/目录的访问特权　　　　　　　D. 文件/目录所有者

（28）All groups are defined in the /etc/group file. Each entry contains four fields in the following order.（　　　）

A. groupname，password，GID，member list

B. GID，groupname，password，member list

C. groupname，GID，password，member list

D. GID，member list，groupname，password

（29）文件权限读、写、执行的三种标志符号依次是（　　　）。

A. rwx　　　　　　　B. xrw　　　　　　　C. rdx　　　　　　　D. srw

（30）用"useradd jerry"命令添加一个用户，这个用户的主目录是什么？（　　　）

A. /etc/jerry　　　B. /var/jerry　　　C. /home/jerry　　　D. /bin/jerry

（31）以下哪条命令在创建一个 xp 用户的时候将用户加入到 root 组中？（　　　）

A. useradd -g xp root　　　　　　　　B. useradd -r root xp

C. useradd -g root xp　　　　　　　　D. useradd root xp

（32）哪条 Linux 命令可用来创建新用户？（　　　）

A. adduser　　　　B. useradd　　　　C. newuser　　　　D. mkuser

（33）在 Linux 系统中执行的命令及结果如下：

Is-I myfile

-rwxrw-r-- 1 root root 0 Mar 29 20:21 myfile

用户 teacher 不是 root 组的用户，请问他对文件 myfile 具有（　　　）权限。

A. 只读　　　　　　B. 读写　　　　　　C. 执行　　　　　　D. 读写和执行

（34）Linux 系统通过（　　　）命令给其他用户发消息。

A. less　　　　　　B. mesg y　　　　　C. write　　　　　　D. echo to

（35）通过修改哪个文件可以在创建用户的时候改变用户主目录的路径（　　　）。

A. /etc/default/passwd　　　　　　　B. /etc/default/useradd

C. /etc/profile　　　　　　　　　　　　D. /etc/fstab

（36）以下命令中可以进行消息广播的有（　　　）。

A. wall　　　　　　B. mesg　　　　　　C. talk　　　　　　D. E-mail

（37）To create a user account，keep in mind that the username is at most（　　　）characters long.

A. 6　　　　　　　　B. 8　　　　　　　　C. 12　　　　　　　　D. 18

（38）关于建立系统用户的正确描述是（　　　）。

A. 在 Linux 系统下建立用户使用 adduser 命令

B. 每个系统用户分别在/etc/passwd 和/etc/shadow 文件中有一条记录

C. 访问每个用户的工作目录使用命令"cd /用户名"

D. 每个系统用户在默认状态下的工作目录在/home/用户名

E. 每个系统用户在/etc/fstab 文件中有一条记录

2. 填空题

（1）如果 LINUX 系统上只有一个普通用户，这个用户的 ID 是_____。

（2）如果要查看正在登录到 Linux 主机上的用户，应输入命令＿＿＿＿＿＿。

（3）chmod 命令的功能是＿＿＿＿＿＿；chown 命令的功能是　＿＿＿＿。

（4）查看到目前为止登入系统的用户相关信息的命令是＿＿＿＿＿＿＿＿＿＿。

（5）用户和用户组的对应关系有＿＿＿＿＿＿＿＿＿＿＿＿＿。

（6）某文件的权限为：drw-r--r--，用数值形式表示该权限，则该八进制数为＿＿＿＿＿＿，该文件属性是目录＿＿＿＿＿＿。

（7）若用户 std1 已登入到系统，则另一用户 std2 与其进行交谈的命令是＿＿＿＿＿＿＿＿＿＿。

（8）唯一标识每一个用户的是用户＿＿＿＿＿＿和＿＿＿＿＿＿。

3. 简答题

（1）如何理解单用户多任务和多用户多任务？

（2）su、su ＋ 命令及 sudo 有何异同？

（3）文件 test 的权限字符串为-rw-r--r-x，据此计算出该文件的权限数字串。

（4）一个 Linux 文件的权限数字串是 724，它的权限字符串是什么？

（5）What is the difference between home directory and working directory?

（6）建立以下用户、组属性及口令文件。

A. 建立用户 smith　　B. 建立组名 sysadm　　C. smith 具有口令 654321

课 程 实 训

实训内容：创建用户 tom、jerry 和用户组 Linux，将这两个用户添加到该用户组里面。添加成功后查看相关文件的信息。最后将 tom 用户从这个 Linux 组中移除，jerry 用户改变其所属组，新组为系统的 users 组。

实验步骤：

//添加第一个用户

```
[root@localhost ～]＃ useradd tom
[root@localhost ～]＃ passwd tom
Changing password for user tom.
New UNIX password：
Retype new UNIX password：
passwd：all authentication tokens updated successfully.
```

//添加第二个用户

```
[root@localhost ～]＃ useradd jerry
[root@localhost ～]＃ passwd jerry
Changing password for user jerry.
New UNIX password：
Retype new UNIX password：
passwd：all authentication tokens updated successfully.
```

//添加用户组

```
[root@localhost ~]# groupadd Linux
```

//查看信息

```
[root@localhost ~]# vi /etc/passwd
tom:x:503:503::/home/tom:/bin/Bash
jerry:x:504:504::/home/jerry:/bin/Bash
[root@localhost ~]# vi /etc/shadow
tom:$1$nBKlYdsx$kHr0/pMW5tzMZDfD9kWNo/:14884:0:99999:7:::
jerry:$1$py/hkBEv$nJ/B97Q.4.w0mjcIbr/EO0:14884:0:99999:7:::
[root@localhost ~]# vi /etc/group
tom:x:503:
jerry:x:504:
Linux:x:505:
[root@localhost ~]# vi /etc/gshadow
tom:!::
jerry:!::
Linux:!::
```

//移除组成员

```
[root@localhost ~]# gpasswd -d tom users
```

//更改用户到组

```
[root@localhost ~]# gpasswd -a jerry users 注 jerry 既属于 Linux 组,有属于
users 组
```

项 目 实 践

陈飞在完成上次的简单任务后,又迎来了进入公司的第二个任务。这次又要做什么呢?公司要开发一个项目,需要创建一个项目组(FringeGroup),并将几个开发人员加入到该组中,而且指定用户 Andrew 为该组的管理员,并且需要将该项目的信息以邮件的形式发给每个人员。有一天一位员工 Jason 辞职了,需要将该员工从该项目组中删除。这次这个任务好像有点难度,我们看陈飞怎么完成。

第6章 Linux 文件系统及权限

本章内容

☞ Linux 下文件系统的选择与安全

☞ Linux 的目录文件

☞ 改变属性和权限位

☞ Umask

☞ 符号链接 ln

☞ 课程实验和项目实践

6.1 Linux 的文件系统

学习目标

- 了解什么是文件系统
- 了解文件系统类型
- 了解文件与目录创建过程
- 挂载文件系统
- 了解文件系统的体系结构

6.1.1 文件系统与 Linux 文件系统

操作系统中负责管理和存储文件信息的软件机构称为文件管理系统,简称文件系统。文件系统由三部分组成:与文件管理有关的软件、被管理的文件以及实施文件管理所需的数据结构。从系统角度来看,文件系统是对文件存储器空间进行组织和分配,负责文件的存储并对存入的文件进行保护和检索的系统。具体地说,它负责为用户建立文件,存入、读出、修改、转储文件,控制文件的存取,当用户不再使用时撤销文件等。

Linux 文件系统是 Linux 系统的心脏部分,提供了层次结构的目录和文件。文件系统将磁盘空间划分为每 1024 个字节一组,称为块(也有用 512 字节为一块的)。编号从 0 到整个磁盘的最大块数。

全部块可划分为四个部分,块 0 称为引导块,文件系统不用该块;块 1 称为专用块,专用块含有许多信息,其中有磁盘大小和全部块的其他两部分的大小。从块 2 开始是 i 节点表,i 节点表中含有 i 节点,表的块数是可变的,后面将做讨论。i 节点表之后是空闲存储块(数据存储块),可用于存放文件内容。

文件的逻辑结构和物理结构是十分不同的,逻辑结构是用户敲入 cat 命令后所看到的文件,用户可得到表示文件内容的字符流。物理结构是文件实际上如何存放在磁盘上的存储格式。用户认为自己的文件是字符流,但实际上文件可能并不是以字符流的方式存放在磁盘上的,大于一块的文件通常分散地存放在盘上。然而当用户存取文件时,Linux 文件系统将以正确的顺序取出各块,给用户提供文件的逻辑结构。

当然,在 Linux 系统的某处一定会有一个表,告诉文件系统如何将物理结构转换为逻辑结构。这就涉及到 i 节点了。i 节点是一个 64 字节长的表,含有有关一个文件的信息,其中有文件大小、文件所有者、文件存取许可方式,以及文件为普通文件、目录文件还是特别文件等。在 i 节点中最重要的一项是磁盘地址表。

该表中有 13 个块号。前 10 个块号是文件前 10 块的存放地址。这 10 个块号能给出一个最多 10 块长的文件的逻辑结构,文件将以块号在磁盘地址表中出现的顺序依次取得相应的块。当文件大于 10 个块时又怎样呢?磁盘地址表中的第 11 项给出一个块号,这个块号指出的块中含有 256 个块号,至此,这种方法满足了最多大于 266 块的文件(272 384 字节)。如果文件大于 266 块,磁盘地址表的第 12 项给出一个块号,这个块号指出的块中含有 256 个块号,这 256 个块号的每一个块号又指出一块,块中含 256 个块号,这些块号才用于存取文件的内容。磁盘地址中和第 13 项索引寻址方式与第 12 项类似,只是多一级间接索引。

这样,在 Linux 系统中,文件的最大长度是 16 842 762 块,即 17 246 988 288 字节,有幸的是 Linux 系统对文件的最大长度(一般为 1~2M 字节)加了更实际的限制,使用户不会无意中建立一个用完整个磁盘区所有块的文件。

文件系统将文件名转换为 i 节点的方法实际上相当简单。一个目录实际上是一个含有目录表的文件:对于目录中的每个文件,在目录表中有一个入口项,入口项中含有文件名和与文件相应的 i 节点号。当用户敲入 cat filename 时,文件系统就在当前目录表中查找名为 filename 的入口项,得到与文件 filename 相应的 i 节点号,然后开始取含有文件 filename 的内容的块。

 小知识

另一种看待文件系统的方式是把它看作一个协议。网络协议(例如 IP)规定了互联网上传输的数据流的意义。同样,文件系统会给出特定存储媒体上数据的意义。

6.1.2 Linux 文件系统的分类

1. ext2 文件系统

ext2 文件系统应该说是 Linux 正宗的文件系统,早期的 Linux 都是用 ext2,但随着技术的发展,大多数 Linux 的发行版本目前并不用这个文件系统了。例如 Redhat 和 Fedora 大多都建议用 ext3 文件系统,ext3 文件系统是由 ext2 发展而来的。对于新学习 Linux 的用户来说,建议还是不要用 ext2 文件系统。

2. ext3 文件系统

ext3 文件系统是由 ext2 文件系统发展而来的，ext3 是一个用于 Linux 的日志文件系统。ext3 支持大文件，但不支持反删除操作。Redhat 和 Fedora 都支持使用 ext3 文件系统。ext3 文件系统有更多的特性。

3. ext4 文件系统

Linux kernel 自 2.6.28 开始正式支持新的文件系统 ext4。ext4 是 ext3 的改进版，修改了 ext3 中部分重要的数据结构，而不仅仅像 ext3 对 ext2 那样，只是增加了一个日志功能而已。ext4 可以提供更佳的性能和可靠性，还有更为丰富的功能：与 ext3 兼容、更大的文件系统和更大的文件、无限数量的子目录、extents、多块分配、延迟分配、快速 fsck、日志校验、"无日志"(No Journaling)模式、在线碎片整理、inode 相关特性、持久预分配和默认启用 barrier 等这十三种功能。虽然说 ext4 是最新版的文件系统，但早期的 ext4 文件系统在技术上还是有一点的欠缺，因此并不推荐大家使用它。

4. reiserfs 文件系统

reiserfs 文件系统是一款优秀的文件系统，支持大文件，支持反删除（undelete）操作。在测试 ext2、reiserfs 反删除文件功能的过程中，发现 reiserfs 文件系统的表现最为优秀，几乎能恢复 90% 以上的数据，有时能恢复到 100%。

5. swap 文件系统

该文件系统在 Linux 中是作为交换分区使用的。在安装 Linux 时，交换分区是必须建立的，并且它所采用的文件系统类型必须是 swap 而没有其他的选择。

 小知识

通常情况下，swap 空间应大于或等于物理内存的大小，最小不应小于 64 MB，通常 swap 空间的大小应是物理内存的 2~2.5 倍。但根据不同的应用，应有不同的配置：如果是小的桌面系统，则只需要较小的 swap 空间，而大的服务器系统则视情况不同需要不同大小的 swap 空间。特别是数据库服务器和 Web 服务器，随着访问量的增加，对 swap 空间的要求也会增加，具体配置参见各服务器产品的说明。

swap 分区的数量对性能也有很大的影响。因为 swap 交换的操作是磁盘 IO 的操作，如果有多个 swap 交换区，swap 空间的分配会以轮流的方式操作于所有的 swap，这样会大大均衡 IO 的负载，加快 swap 交换的速度。如果只有一个交换区，所有的交换操作会使交换区变得很忙，使系统大多数时间处于等待状态，效率很低。用性能监视工具就会发现，此时的 CPU 并不很忙，而系统却慢。这说明，瓶颈在 IO 上，依靠提高 CPU 的速度是解决不了问题的。

6. NFS 文件系统

NFS 文件系统是指网络文件系统，由 Sun 公司推出。这种文件系统也是 Linux 的独到之处。它可以很方便地在局域网内实现文件共享，并且使用多台主机共享同一主机上的文件系统。而且 NFS 文件系统访问速度快、稳定性高，已经得到了广泛的应用。尤其在嵌入式领域，使用 NFS 文件系统可以很方便地实现修改本地文件，而免去了一次次读写 Flash 的麻烦。

7. ISO9660 文件系统

ISO9660 是光盘所使用的标准文件系统，通用的 Rock Ridge 增强系统。在 Linux 中对光盘已有了很好的支持,它不仅可以提供对光盘的读写,还可以实现对光盘的刻录。

ISO9660 文件系统的成功是因为它能够和不同的系统兼容,这种兼容性是通过使用所有目标系统共有功能来实现的。

因此 ISO9660 要求以下几条限制:

- 目录树不可超过 8 级,即子目录名和子目录深度最多 8 级。
- 文件名加上扩展名必须少于 30 个字符,且目录不能使用扩展名。
- 文件名可以使用字母、数字和符号(:!"&'(＊＋,-。/;＜＝＞? _),但英文字母只能使用大写字母,不允许一些特殊字符,例如％或@符号。

 小知识

Linux 系统内核还可以支持其他的文件系统包括:ReiserFS、XFSJFS、JFS、XFS、VAT、NTFS、HPFS、SMB、PTOC、MSDOS、UMSDOS、Minx、SYSV 等。

6.1.3 Linux 文件系统的安全性

ext2、ext3 及 reiserfs 都能自动修复损坏的文件系统,也都是在开机时进行。

从表现来看 reiserfs 更胜一筹。ext2 和 ext3 文件系统在默认的情况下是"This filesystem will be automatically checked every 21 mounts or 180 days, whichever comes first",也就是每间隔 21 次挂载文件系统或每 180 天就要自动检测一次。通过实践来看,ext2 和 ext3 在自动检测上存在风险,有时文件系统开机后就进入单用户模式,并且把整个系统"扔"进 lost＋found 目录,如果要恢复系统,就得用 fsck 来进行修复。当然 fsck 也同样存在风险。毕竟修复已经损坏的 ext2 和 ext3 文件系统是有困难的。

另外 ext2 和 ext3 文件系统对于意外关机和断电,也可能导致文件系统的损坏。所以在使用过程中,必须是合法关机。例如执行 power off 命令来关掉机器。reiserfs 文件系统也能自动修复,它在自动检测和修复上具有很强的功能,几乎很少出现 ext2 和 ext3 的情况,另外从速度来说它也比 ext2、ext3 文件系统的速度要快。reiserfs 文件系统从未出现像 ext2 和 ext3 那样用手动方式来进行修复的情况。从这方面来说 reiserfs 还是极为安全的。

从文件系统的反删除来看,ext2 和 reiserfs 都支持反删除,对于一般使用者来说应该是安全的,但对于涉及机密的信息来说可能意味着不安全。Windows 中引入了文件粉碎机这个工具,目的就是不让恢复已删除的文件。如果是从事比较机密信息的用户,用 ext3 比较好,因为 ext3 一旦删除文件,是不可恢复的。

 小知识　如何修复损坏的文件系统

当 Linux 文件系统由于人为因素或是系统本身的原因(例如用户不小心冷启动系统、磁盘关键磁道出错或机器关闭前没有来得及把 cache 中的数据写入磁盘等)而受到损坏时,都会影响到文件系统的完整性和正确性。这时,就需要系统管理员进行维护。

对 Linux 系统中常用文件系统的检查是通过 fsck 工具来完成的。fsck 命令的一般格式如下:

fsck [options] file_system

在通常情况下,可以不为 fsck 指定任何选项。

例如,要检查/dev/hda1 分区上的文件系统,可以用以下命令:

```
[root@localhost /]# fsck /dev/hda1
```

应该在没有 mount 该文件系统时才使用 fsck 命令检查文件系统,这样能保证在检查时该文件系统上没有文件被使用。如果需要检查根文件系统,应该利用启动软盘引导,而且运行 fsck 时应指定根文件系统所对应的设备文件名。对于普通用户来说,为了安全起见,不要使用 fsck 来检查除 ext 系列之外的文件系统。

fsck 在发现文件系统有错误时可以修复它。如果需要 fsck 修复文件系统,必须在命令行中使用选项-A 和-P。当修复文件系统后,应该重新启动计算机,以便系统读取正确的文件系统信息。

fsck 对文件系统的检查顺序是从超级块开始,然后是已经分配的磁盘块、目录结构、链接数,以及空闲块链接表和文件的 i 节点等。用户一般不需要手工运行 fsck,因为引导 Linux 系统时,如果发现需要安装的文件系统有错,会自动调用 fsck。

6.1.4 文件系统的创建

1. 创建一个文件的过程

文件的内容和属性是分开存放的,那么又是如何管理它们的呢。现在以创建一个文件为例来讲解。

 实例 6-1　创建一个文件

在终端的提示符下输入下面的命令。

```
[root@localhost /]# who > userlist
```

当完成这个命令时,文件系统中增加了一个存放命令 who 输出内容的新文件。文件有属性和内容,内核将文件内容存放在数据区,文件属性存放在 i 节点,文件名存放在目录。假设这个新文件要 3 个存储块来存放内容。那么内核创建一个文件的过程如图 6-1 所示。

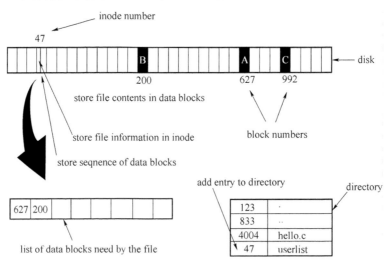

图 6-1　内核创建文件的过程

创建的步骤如下：

（1）存储属性也就是文件属性的存储，内核先找到一块空的 i 节点。图 6-1 中，内核找到 i 节点号 47。内核把文件的信息记录其中。例如文件的大小、文件所有者和创建时间等。

（2）存储数据即文件内容的存储，由于该文件需要 3 个数据块。因此内核从自由块的列表中找到 3 个自由块。图 6-1 中分别为 627、200、992，内核缓冲区的第一块数据复制到块 627，第二块和第三块分别复制到块 200 和块 992。

（3）记录分配情况，数据保存到了 3 个数据块中。所以必须要记录起来，以后再找到正确的数据。分配情况记录在文件的 i 节点中的磁盘序号列表里。这 3 个编号分别放在最开始的 3 个位置。

（4）添加文件名到目录。新文件的名字是 userlist，内核将文件的入口（47，userlist）添加到目录文件里。文件名和 i 节点号之间的对应关系将文件名和文件的内容属性连接起来，找到文件名就找到文件的 i 节点号，通过 i 节点号就能找到文件的属性和内容。

2. 创建一个目录的过程

前面介绍了一个文件创建的大概过程，那么一个目录该怎么创建？我们知道，目录其实也是文件，只是它的内容比较特殊：包含文件名字列表。列表一般包含两个部分：i 节点号和文件名。所以它的创建过程和文件创建过程一样，只是第二步写的内容不同，大家感兴趣的话。可自己查找资料了解一下，这里将不再详细介绍。

6.1.5　挂载 Linux 文件系统

1. 手动挂载

Linux 系统中每个分区都是一个文件系统，都有自己的目录层次结构。Linux 会将这些分属不同分区的、单独的文件系统按一定的方式形成一个系统的总目录层次结构。这里所说的"按一定方式"就是指的挂载。将一个文件系统的顶层目录挂到另一个文件系统的子目录上，使它们成为一个整体，称为挂载。把该子目录称为挂载点。

 实例 6-2　Linux 系统的根分区

Linux 系统的根分区如图 6-2 所示。

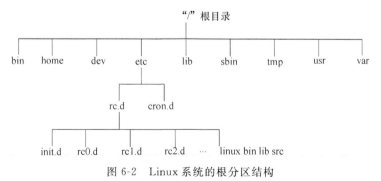

图 6-2　Linux 系统的根分区结构

/usr 分区如图 6-3 所示。

图 6-3　/usr 分区结构

Linux 系统中挂载文件系统时使用 mount 命令，该命令的格式为：

```
mount [-参数][设备名称][挂载点]
```

其中常用的参数有：

（1）-t 指定设备的文件系统类型。

常见的文件系统类型如表 6-1 所示。

（2）-o 指定挂载文件系统时的选项。

常用的挂载选项如表 6-2 所示。

表 6-1　常见的文件系统

minix	Linux 最早使用的文件系统	ISO9660	CD-ROM 光盘标准文件系统
ext2	Linux 目前常用的文件系统	ntfs	Windows NT 2000 的文件系统
msdos	MS-DOS 的 fat，就是 fat16	hpfs	OS/2 文件系统
vfat	Windows98 常用的 fat32	auto	自动检测文件系统
nfs	网络文件系统		

表 6-2　常用的选项

codepage＝XXX	代码页	rw	以读写方式挂载
iocharset＝XXX	字符集	nouser	使一般用户无法挂载
ro	以只读方式挂载	user	可以让一般用户挂载设备

 实例 6-3　在 Linux 系统下挂载 Windows 分区和光驱

Windows 系统的 C 盘装在 hda1 分区，同时计算机上还有光驱需要挂载。

```
[root@localhost ~]# mkdir /mnt/winc
[root@localhost ~]# mkdir /mnt/cdrom
[root@localhost ~]# mount -t vfat /dev/hda1 /mnt/winc
[root@localhost ~]# mount -t iso9660 /dev/cdrom /mnt/cdrom
```

当挂载的文件系统 Linux 不支持时，mount 给出报错信息，例如 Windows 2000 的 NTFS 文件系统。这个时候可以重新编译 Linux 内核以获得对该文件系统的支持。

 注　意

（1）挂载点必须是一个目录。

（2）一个分区挂载在一个已存在的目录上，这个目录可以不为空，但挂载后这个目录下以前的内容将不可用。对于其他操作系统建立的文件系统的挂载也是这样。但是需要理解的是：光盘、软盘、其他操作系统使用的文件系统的格式与 Linux 使用的文件系统格式是不一样的。光盘是 ISO9660；软盘是 FAT16 或 ext2；Windows NT 是 FAT16、NTFS；Windows98 是 FAT16、FAT32；Windows2000 和 Windows XP 是 FAT16、FAT32、NTFS。所以挂载前要了解 Linux 是否支持所要挂载的文件系统格式。

2. 自动挂载

每次开机访问 Windows 分区时都要运行 mount 命令显然太烦琐，为什么访问其他的

Linux 分区不用使用 mount 命令呢？其实，每次开机时 Linux 自动将需要挂载的 Linux 分区挂载上了。那么是不是也可以设置让 Linux 在启动的时候也挂载我们希望挂载的分区，例如 Windows 分区，以实现文件系统的自动挂载呢？

 实例 6-4 Linux 文件系统的自动挂载文件 fstab 解析

在/etc 目录下有个 fstab 文件，它里面列出了 Linux 开机时自动挂载的文件系统的列表。每次系统启动时，都会自动挂载文件里的系统。/etc/fstab 文件的内容如图 6-4 所示。

```
fstab ✕

#
# /etc/fstab
# Created by anaconda on Tue Dec 29 00:06:28 2009
#
# Accessible filesystems, by reference, are maintained under '/dev/disk'
# See man pages fstab(5), findfs(8), mount(8) and/or blkid(8) for more info
#
/dev/mapper/vg_huanghe-lv_root /                       ext4    defaults        1 1
UUID=b3756ea8-f5dc-4341-b6cf-11546aee44cf /boot        ext4    defaults
1 2
/dev/mapper/vg_huanghe-lv_swap swap                    swap    defaults        0 0
tmpfs                          /dev/shm               tmpfs   defaults        0 0
devpts                         /dev/pts               devpts  gid=5,mode=620  0 0
sysfs                          /sys                   sysfs   defaults        0 0
proc                           /proc                  proc    defaults        0 0
/dev/hda1                      /mnt/winc              vfat
```

图 6-4 /etc/fstab 文件的内容

在/etc/fstab 文件中：
- 第一列是挂载的文件系统的磁盘设备号或该设备的卷标设备名。
- 第二列是挂载点。挂载点就是挂载目录。
- 第三列是挂载的文件系统类型。指文件是以什么方式来进行载入的，例如 ext3、ext4、ISO9660、VFAT 等。
- 第四列是挂载的选项参数。选项间用逗号分隔。每个文件系统还可以加入很多参数，例如中文编码 iocharset＝big5,codepage＝950 等。
选项参数的具体说明如表 6-3 所示。

表 6-3 选项参数

async/sync	是否允许磁盘与内存中的数据以同步写入？使用 async 的方式会比较快速一些
auto/noauto	在开机的时候是否自动挂载该扇区？建议启动的时候自动载入
rw/ro	让该区以可写或是只读方式载入
exec/noexec	限制在此文件系统内是否可以进行"执行"操作？
user/nouser	是否允许使用者使用 mount 命令来挂载呢？一般而言，我们不希望一般身份的人能使用 mount，因为太不安全了，因此这里应该设置为 nouser
suid/nosuid	具有 suid/没有 suid 该文件系统是否允许 SUID 的存在。一般而言，如果不是 Linux 系统的扇区，而是一般数据的分区，那么设置为 nosuid 比较安全
usrquota	启动使用者磁盘配额模式支持
grpquota	启动用户组磁盘配额模式支持
defaults	同时具有 rw、suid、dev、exec、auto、nouser、async 这些功能，所以默认情况中，使用这个即可

- 第五列是 dump 备份命令。在 Linux 中，可以使用 dump 命令来进行系统备份。dump 命令则会针对/etc/fstab 的设置值，去选择是否要将该分区进行备份。0 表示不要做

dump 备份,1 表示要进行 dump 备份。2 表示要做 dump 备份。不过,该分区的重要性比 1 小。

- 第六列是是否以 fsck 检验分区:启动过程中,系统默认以 fsck 检验分区内的文件系统是否完整。不过有些文件系统是不需要检验的,例如 swap 或者是特殊文件系统。所以,在这个字段中,可以设置是否要以 fsck 检验该文件系统。0 是不要检验,1 是要检验,2 是要检验但会比 1 迟检验。一般来说,根目录设置为 1,其他要检验的文件系统都设置为 2 就可以了。

在这个文件中,把想要自动挂载的文件系统信息添加进去就可以了,如图 6-4 显示的文件的最后一行,把 Windows 的 C 盘自动挂载到 Linux 下的/mnt/winc 目录下。当系统启动时,会自动把文件系统挂载在指定的目录,用 cd 命令进去就可以访问该文件系统了。

注 意

在 Linux 下挂载 Windows 分区,例如 C 盘,只有计算机上安装了两个操作系统时才有意义,并且其中的一个系统是 Linux。

注 意

在编辑了/etc/fstab 后,为了避免可能的错误,通常会使用 mount -a 命令来测试。

6.2 Linux 的目录文件

学习目标

- 了解 Linux 目录的基本结构
- 了解 Linux 文件和文件名的基本含义
- 了解 Linux 文件的类型
- 掌握 Linux 文件的属性
- 了解 Linux 文件的重要性

6.2.1 Linux 的目录结构

大部分文件系统都采用流行的树型目录结构组织文件。这种树型结构存在一个文件系统的"根"(root),然后在根上分出"杈"(directory),可以由杈再次分杈,杈上生出"叶子"。在 Linux 系统中,不同的文件系统通过 VFS 界面,统一的树型目录结构管理系统内部所有文件。"根"和"树杈"在 Linux 系统中被称为"目录"或者"文件夹"。"叶子"则是文件。以"根"目录为起点,所有其他的目录都是由根目录派生出来的。

最简单、最原始的结构是单级目录如图 6-5(a)所示。这种结构实现简单,可以实现文件系统空间的自动管理。但是,这样的结构中,用户必须保证每一个文件的名称在整个系统中唯一。系统要访问某一个文件,必须在整张目录表中搜索,效率也较低。一个直观的扩展方式是采用两级目录结构,根目录下面可以存放文件,也可以存放下一级目录(称为子目录),子目录下面存放文件,如图 6-5(b)所示。

进一步推广这种层次关系,就形成了多级目录结构,每一级目录中都存放所属文件和下一级目录的信息,整个目录层次结构形成一个完整的目录树,如图 6-5(c)所示。

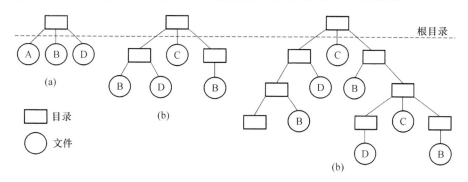

图 6-5　文件目录结构类型

树形的多级目录结构,可以更好地解决文件命名冲突问题。同时,文件系统用一个树状结构表示,根据文件不同的类型、不同的拥有者以及不同的保护要求,可以划分为不同子树,方便地实现文件的管理,在这种树形层次结构中,文件的搜索速度也更快。几乎所有的操作系统都采用树形的多级目录结构。Linux 系统的目录结构见表 6-4。

表 6-4　Linux 根目录及子目录介绍

目录	说　明
/bin	是 binary 的缩写,这个目录下主要存放用户经常使用的命令
/boot	这个目录主要存放着系统的内核以及启动时所需要的文件,例如 Linux 内核文件 vmlinuz 和核心解压缩所需的 RAM Disk 文件 initrd 都在这里,如果安装了 grub,这里还会有 grub 目录
/dev	是 device 的缩写,这个目录下存放设备文件,例如/dev/hda 代表第一块 IDE 硬盘。正常情况下,每种设备有一个独立的子目录,其中存放这些设备的内容
/etc	这个目录下主要存放系统管理所需的配置文件和子目录
/home	用户主目录,用户的个人数据存放在主目录中,例如有个用户 ztg,他的主目录就是/home/ztg
/lib	这个目录下主要存放系统最基本的函数库,几乎所有的应用程序都要用到这些函数库
/lost＋found	这个目录平时是空的,当系统不正常关机后,这里保存一些文件的片段
/media	用途同 mnt,例如挂载 U 盘等
/misc	存放不好归类的东西
/mnt	可以将别的文件系统临时挂载到这里,例如挂载 Windows 硬盘分区
/net	这个目录下主要存放和网络相关的文件
/opt	这个目录用来安装可选的应用程序
/proc	是一个虚拟的目录,由系统运行时产生,是系统内存的映射,可以通过直接访问这个目录来获取系统信息。注意:这个目录的内容不在硬盘上而是在内存中
/root	超级用户(也叫系统管理员或根用户)的主目录
/sbin	s 就是 Super User 的意思,这个目录下主要存放系统管理员使用的管理程序,其他的还有/usr/sbin、/usr/local/sbin
/seLinux	全称是 Security Enhanced Linux,使用 seLinux 的 Linux,其安全级别可以达到 B1 级

目录	说　明
/srv	存放一些服务启动之后需要服务的文件
/sys	系统的核心文件,这个目录是 2.6 内核的一个很大的变化,该目录下安装了 2.6 内核中新出现的一个系统文件 Sysfs,Sysfs 文件系统集成了下面三种文件系统信息:针对进程信息的 proc 文件系统、针对设备的 devfs 文件系统、针对伪终端的 devpts 文件系统
/tmp	存放临时文件,需要经常清理,这是除了/usr/local 目录以外一般用户可以使用的一个目录,启动时系统并不自动删除这里的文件,所以需要经常清理这里的无用文件
/usr	是很重要、很庞大的目录,包含系统的主要程序、用户自行安装的程序、图形界面需要的文件、共享的目录与文件、命令程序文件、程序库、手册和其他文件等,这些文件一般不需要修改
/var	包含系统执行过程中的经常变化的文件,例如打印机、邮件、新闻等目录、日志文件、格式化后的手册页以及一些应用程序的数据文件等。建议单独地放在一个分区

一些重要的子目录如表 6-5 所示。

表 6-5　Linux 系统中一些重要的子目录

目录	说　明
/etc/init。d	这个目录是用来存放系统或服务器以 System V 模式启动的脚本
/etc/X11	这是 X-Window 相关的配置文件存放地
/usr/bin	这个目录是可执行程序的目录,普通用户就有权限执行;当我们从系统自带的软件包安装一个程序时,它的可执行文件大多会放在这个目录
/usr/sbin	这个目录也是可执行程序的目录,但大多存放设计系统管理的命令,只有 root 权限才能执行
/usr/local	这个目录一般是用来存放用户自编译安装软件的存放目录;一般是通过源码包安装的软件,如果没有特别指定安装目录的话,一般是安装在这个目录中
/usr/share	系统共用的东西存放地
/usr/src	内核源码存放的目录

在系统默认的目录中,最值得注意的是 dev 设备子目录和 proc 系统进程子目录。

1. /dev 子目录

系统所有的设备文件都存放在 dev 设备子目录下。每一个设备文件也使用唯一的 i 节点来标识,设备文件 i 节点不指向文件系统中的任何实际的物理块,不占用数据空间,通过这个 i 节点可以访问相应的设备驱动,对设备文件的操作就是直接对设备本身进行相应的操作。Linux 系统中有两种类型的设备文件:字符设备文件和块设备文件,分别对应于系统的字符设备和块设备。每一个设备文件的文件名由该设备的名称以及它的从设备号来描述。例如在系统中第一个 IDE 控制器上的主硬盘的设备名称号为 hda,它上面的第一个分区的从设备号为 1,所以这个分区对应的文件名就是/dev/hda1。

 实例 6-5　查看 Linux 系统的设备文件

使用命令 ls -l /dev/ * 就可以看到第一个硬盘包含的全部设备文件。

```
[root@localhost ~]# ls -l /dev/ *
brw-rw----. 1 root   disk      8,    0 09-30 15:56 dev/sda
brw-rw----. 1 root   disk      8,    1 09-30 15:56 dev/sda1
brw-rw----. 1 root   disk      8,    2 09-30 15:56 dev/sda2
brw-rw----. 1 root   disk      8,    5 09-30 15:56 dev/sda5
brw-rw----. 1 root   disk      8,    6 09-30 15:56 dev/sda6
brw-rw----. 1 root   disk      8,    7 09-30 15:56 dev/sda7
brw-rw----. 1 root   disk      8,   16 09-30 16:03 dev/sdb
```

其中第一个字符都是 b,表明是块设备文件,接下来的 9 个字符控制设备文件的访问权限,表示只有设备所有者 root 和所属 disk 组成员可以读写,所有设备的主设备号都是 8,从设备号依次为 0 到 16,最后给出的是设备文件名。

2. /proc 子目录

在 proc 子目录下存放的是关于当前运行系统的动态资料。这个目录及其所包含的文件属于一个称为 proc 的逻辑文件系统。和其他文件系统不同的是,proc 文件系统是一个并不真正存在于系统磁盘上的文件系统,这个目录下的文件也并没有存放在设备中。在系统的初始化过程中,proc 文件系统注册并建立该目录下所有的 i 节点,而只有当访问到其中的目录或文件时,Linux 虚拟文件系统才利用内核信息实时地建立这些文件和目录的内容。proc 目录为用户提供了几乎全部系统运行的动态资料,CPU、内存、系统各种外部设备、中断等计算机硬件和设备控制信息,以及内存资源和外部设备的使用情况,系统中所有当前进程的工作情况等。每一个当前存在于系统中的进程都在 proc 目录下有一个子目录,进程号是该目录的名称,如果用户希望了解 1 号进程的当前情况,使用命令 ls -l /proc/1,就可以看到该进程的相关内容,如实例 6-6 所示。

 实例 6-6　查看 Linux 系统的进程目录

使用命令 ls -l /proc/1 查看系统中的 1 号进程。

```
[root@localhost ~]# ls -l /proc/1
总计 0
dr-xr-xr-x. 2 root root 0 09-30 16:28 attr
lrwxrwxrwx. 1 root root 0 09-30 16:28 cwd -> /
-r--------. 1 root root 0 09-30 16:28 environ
Lrwxrwxrwx. 1 root root 0 09-30 15:56 exe -> /sbin/init
-rw-------. 1 root root 0 09-30 16:28 mem
Lrwxrwxrwx. 1 root root 0 09-30 16:28 root -> /
-r--------. 1 root root 0 09-30 16:28 stack
-r--r--r--. 1 root root 0 09-30 15:56 stat
-r--r--r--. 1 root root 0 09-30 16:28 statm
-r--r--r--. 1 root root 0 09-30 16:28 status
-r--------. 1 root root 0 09-30 16:28 syscall
dr-xr-xr-x. 3 root root 0 09-30 16:28 task
-r--r--r--. 1 root root 0 09-30 16:28 wchan
```

从上面的内容可以看到,这个进程对应的应用程序是/sbin/init,建立这些文件和目录的时间就是运行 ls 命令的当前时间,同时每一个文件的大小都是 0,即没有使用任何磁盘空间。可以通过这个目录下的 stat、statm 和 status 文件进一步了解进程的执行状态。

 实例 6-7 查看当前进程的执行状态

使用命令 cat /proc/1/status 来显示 init 进程的当前情况。

```
[root@localhost ~]# cat /proc/1/status
Name:     init
State:    S(sleeping)
Tgid:     1
Pid:1
PPid:     0
TracerPid: 0
Uid:0     0   0   0
Gid:0     0   0   0
Utrace:   0
FDSize:   32
Groups:
```

进程的名称、进程号以及所处状态等基本信息,用户号、用户组号等信息,以及内存空间,信号状态等各种更为详细的资料都一览无余。

因此,proc 目录可以看做是一个观察系统内核内部工作情况的途径和窗口,通过这个目录下的内容,用户可以动态地了解计算机的软、硬件运行情况,可以用于实时监测,进行系统故障诊断。

 注 意

"/"根目录下的子目录根据不同的 Linux 发行版会有所区别。普通用户最好将自己的文件存放在/home/user_name 目录及其子目录下。大多数工具和应用程序安装在/bin、/sbin、/usr/bin、/usr/sbin、/usr/X11/bin、/usr/local/bin 等目录下。在不清楚的情况下,不要修改"/"根目录下的内容。

6.2.2　Linux 文件和文件名的基本含义

在多数操作系统中都有文件的概念。文件是 Linux 用来存储信息的基本结构,它是被命名(称为文件名)存储在某种介质(如磁盘、光盘和磁带等)上的一组信息的集合。Linux 文件是无结构的字符流。文件名是文件的标识,它由字母、数字、下画线和圆点组成的字符串构成。用户应该选择有意义的文件名。Linux 文件名的长度限制是 255 个字符。

为了便于管理和识别,用户可以把扩展名作为文件名的一部分。圆点用于区分文件名和扩展名。扩展名对于文件分类十分有用。用户可能对某些大众已接纳的标准扩展名比较熟悉。例如 C 语言编写的源代码文件扩展名总是 C。用户可以根据自己的需要,随意加入自己的文件扩展名。以下例子都是有效的 Linux 文件名。

- Preface
- chapter1. txt
- xu. c
- xu. bak

 注 意

在 Linux 中,带有扩展名的文件,只能代表程序的关联,并不能说明文件可以执行,从这方面来说,Linux 的扩展名没有太大的意义。

6.2.3 Linux 文件类型

Linux 系统中有三种基本的文件类型:普通文件、目录文件和设备文件。

1. 普通文件

普通文件是用户最经常面对的文件。它又分为文本文件和二进制文件。

- 文本文件:这类文件以文本的 ASCII 码形式存储在计算机中。它是以"行"为基本结构的一种信息组织和存储方式。
- 二进制文件:这类文件以文本的二进制形式存储在计算机中,用户一般不能直接读懂它们,只有通过相应的软件才能将其显示出来。二进制文件一般是可执行程序、图形、图像、声音等。

 实例 6-8 Linux 的普通文件

用 ls -lh 来查看某个文件的属性。

```
[root@localhost ~]# ls-lh install.log
-rw-r--r-- 1 root root 53K 03-16 08:54 install.log
```

从上面可以看到类似 -rw-r--r— 这样的内容。值得注意的是第一个符号是 -,这表示该文件是 Linux 的普通文件。这些文件一般是用一些相关的应用程序创建,例如图像工具、文档工具、归档工具等。这类文件的删除方式是用 rm 命令来删除。

2. 目录文件

设计目录文件的主要目的是用于管理和组织系统中的大量文件。它存储一组相关文件的位置、大小等与文件有关的信息。目录文件往往简称为目录。

 实例 6-9 Linux 的目录

使用 ls -lh 命令查看当前 Linux 的目录。

```
[root@localhost ~]# ls - lh
总计 14M
-rw-r--r-- 1 root root 2 03-27 02:00 fonts.scale
-rw-r--r-- 1 root root 53K 03-16 08:54 install.log
```

```
-rw-r--r-- 1 root root 14M 03-16 07:53 kernel-2.6.15-1.2025_FC5.i686.rpm
drwxr-xr-x 2 1000 users 4.0K 04-04 23:30 mkuml-2004.07.17
drwxr-xr-x 2 root root 4.0K 04-19 10:53 mydir
drwxr-xr-x 2 root root 4.0K 03-17 04:25 Public
```

从上面可以看到类似 drwxr-xr-x 这样的内容。值得注意的是第一个字符 d。这表示该文件就是目录,目录在 Linux 中是一个比较特殊的文件。创建目录的命令可以用 mkdir 命令,或 cp 命令。cp 命令可以把一个目录复制为另一个目录。删除用 rm 或 rmdir 命令。

3. 设备文件

设备文件是 Linux 系统很重要的一个特色。Linux 系统把每一个 I/O 设备映射成一个文件,可以像普通文件一样处理,这就使得文件与设备的操作尽可能统一。从用户的角度来看,对 I/O 设备的使用和一般文件的使用一样,不必了解 I/O 设备的细节。设备文件可以细分为块设备文件和字符设备文件。前者的存取是以一个个字符块为单位的,后者则是以单个字符为单位的。

 实例 6-10　Linux 的设备文件

使用 ls -la 命令查看目录/dev 的文件,会看到下面的信息。

```
[root@localhost ~]# ls -la /dev/tty
crw-rw-rw- 1 root tty 5, 0 04-19 08:29 /dev/tty
[root@localhost ~]# ls -la /dev/hda1
brw-r----- 1 root disk 3, 1 2006-04-19 /dev/hda1
```

/dev/tty 的属性是 crw-rw-rw- ,注意前面第一个字符是 c ,这表示该文件是字符设备文件。例如 Modem。

/dev/hda1 的属性是 brw-r----- ,注意前面的第一个字符是 b,这表示该文件是块设备文件,例如硬盘、光驱等设备。

这个种类的文件,是用 mknode 命令来创建,用 rm 命令来删除。目前在最新的 Linux 发行版本中,一般不用自己来创建设备文件。因为这些文件是和内核相关联的。

4. 套接口文件

启动 MySQL 服务器时,会产生一个 mysql.sock 的文件。

```
[root@localhost ~]# ls -lh /var/lib/mysql/mysql.sock
srwxrwxrwx 1 mysql mysql 0 04-19 11:12 /var/lib/mysql/mysql.sock
```

注意这个文件的属性的第一个字符是 s。这表示该文件是套接口文件。

5. 符号链接文件

```
[root@localhost ~]# ls -lh setup.log
lrwxrwxrwx 1 root root 11 04-19 11:18 setup.log -> install.log
```

查看文件属性时,会看到有类似 lrwxrwxrwx,注意第一个字符是 l,这表示该文件是链接文件。

6.2.4　Linux 文件属性

1. Linux 文件属性

Linux 文件或目录的属性主要包括：文件或目录的节点、种类、权限模式、链接数量、所归属的用户和用户组、最近访问或修改的时间等内容。

 实例 6-11　Linux 文件属性

在以 root 的身份登录 Linux 系统之后，在终端提示符下输入"ls -al"命令，会看到下面的内容：

```
[root@localhost ~]# ls - al
total 248
drwxr-x---    9   root   root   4096   Jul 11 14:58   .
drwxr-xr-x   24   root   root   4096   Jul  9 17:25   ..
-rw-------    1   root   root   1491   Jun 25 08:53   anaconda-ks.cfg
-rw-------    1   root   root  13823   Jul 10 23:12   .Bash_history
-rw-r--r--    1   root   root     24   Dec  4 2004    .Bash_logout
-rw-r--r--    1   root   root    191   Dec  4 2004    .Bash_profile
-rw-r--r--    1   root   root    395   Jul  4 11:45   .Bashrc
-rw-r--r--    1   root   root    100   Dec  4 2004    .cshrc
drwx------    3   root   root   4096   Jun 25 08:35   .ssh
-rw-r--r--    1   root   root  68495   Jun 25 08:53   install.Log
-rw-r--r--    1   root   root   5976   Jun 25 08:53   install.log.syslog
```

如上所示，在第一次以 root 身份登录 Linux 时，如果输入命令后，应该有上面的内容，先解释一下上面 7 个字段的意思，如图 6-6 所示。

图 6-6　Linux 文件的属性

（1）第一列表示这个文件的属性。这个地方最需要注意。仔细看的话，应该可以发现这一列其实共有 10 个属性，如图 6-7 所示。

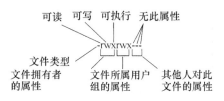

图 6-7　文件的 10 个属性内容

第一个属性表示这个文件是"目录、文件或连接文件等",在 6.2.2 节有详细的介绍。接下来的属性中,3 个为一组,且均为"rwx"的 3 个字符的组合。其中,[r] 表示可读(read),[w] 表示可写(write),[x] 表示可执行(excute)。第一组为"文件所有者的权限"。第二组为"用户所属组的权限"。第三组为"系统其他人的权限"。

例如,若有一个文件的属性为"-rwxr-xr--",上面的属性情况表示这个文件拥有者的权限为可读、可写、可执行,同组的用户仅可读与执行,系统当中其他用户的权限仅可读。

除此之外,需要特别注意的是 x。若文件名为一个目录的时候,例如,ssh 目录:

```
drwx------   3   root   root   4096   Jun 25 08:35   .ssh
```

可以看到这是一个目录,而且只有 root 可以读写与执行。但是,若为下面的样式时,请问非 root 的其他用户是否可以进入该目录?

```
drwxr--r--   3   root   root   4096   Jun 25 08:35   .ssh
```

似乎是可以。因为有可读属性 [r] 存在。答案是否定的,非 root 账号的其他用户均不可进入 .ssh 目录,为什么呢? 因为 x 与目录的关系相当重要,如果在该目录下不能执行任何命令的话,那么自然也就无法进入了。因此,需要特别注意,如果想要开放某个目录让一些用户进来的话,请记住要开放该目录的 x 属性。至于目录的权限相关说明,会在下面继续介绍。

! 注意

在 Windows 下面,一个文件是否具有执行的能力是通过"扩展名"来判断的,例如,.exe、.bat、.com 等,但在 Linux 中,文件是否执行,则是通过是否具有 x 属性来决定的。所以,与文件名没有绝对的关系。

(2) 第 2 列表示连接占用的节点(inode)。这个与连接文件(link file)有关,如果是目录的话,那么就与该目录下还有多少目录有关。

(3) 第 3 列表示这个文件(或目录)的"拥有者"。

(4) 第 4 列表示拥有者的用户组。

(5) 第 5 列为这个文件的容量大小。

(6) 第 6 列为这个文件的创建日期或者是最近的修改日期,分别为月份、日期及时间。

! 注意

如果是以中文来安装 Linux,那么默认的语言可能会被改为中文。而由于中文无法显示在命令行类型的终端上,所以这一列会成为乱码,这个时候修改一下 /etc/sysconfig/i18n 文件,将里面的"LC_TIME"修改为:"C_TIME＝en",然后重新登录系统,就可以得到英文字符形显示的日期了。

(7) 第 7 列为这个文件的文件名,如果文件名之前多一个".",则表示这个文件为"隐藏文件",例如第 6 行的".Bashrc_history"文件名即是隐藏文件,由于有下一个参数为 ls -al,所以连隐藏文件都列出来,如果只输入 ls,则文件名加"."的文件就不会显示出来。这 7 个字段的意义是很重要的。务必清楚地知道各个字段表示的意义。尤其是第一个字段的 10 个权限,那是整个 Linux 文件权限的重点之一。下面来做几个简单的练习。

 实例 6-12 Linux 文件的权限

假设 a1、a2、a3 同属于 testgroup 这个用户组。如果有下面的两个文件,请说明两个文件的拥有者与其相关的权限是什么?

```
-rw-r--r--  1 root    root      238 Jun 18 17:22 test.txt
-rwxr-xr--  1 a1      testgroup 5238 Jun 19 10:25 ping.tsai
```

文件"test.txt"的拥有者为 root,用户组为 root。至于权限方面,只有 root 这个账号可以存取此文件,其他人则仅能读此文件。另一个文件"ping.tsai"的拥有者为 a1,而用户组为 testgroup。其中,a1 可以针对此文件具有可读、可写、可执行的权力,而同用户组的 a2、a3 两个人与 a1 同样是 testgroup 的用户组账号,则仅可读、可执行,但不能写(即不能修改),至于非 testgroup 用户组的人则仅可以读,不能写,也不能执行。

如果目录为下面的样式,请问 testgroup 用户组的成员与其他人(others)是否可以进入本目录?

```
drwxr-xr--  1 a1      testgroup 5238 Jun 19 10:25 groups/
```

文件拥有者 a1 可以在本目录中进行任何工作。testgroup 用户组的用户,例如 a2、a3 也可以进入本目录进行工作,但不能在本目录下写入。other 的权限中虽然有 r,但由于没有 x 的权限,因此 others 的用户不能进入此目录。

2. Linux 文件属性的重要性

与 Windows 系统不一样的是,在 Linux 系统(或者说类 UNIX 系统)中,每一个文件都加了很多属性,尤其是用户组的概念,这有什么用途呢? 基本上最大的用途是"安全性"。举个简单的例子,在系统中,关于系统服务的文件,通常只有 root 才能读写,或者是执行,例如 /etc/shadow 这个账号管理的文件,由于该文件记录了系统中所有账号的数据,因此是很重要的信息文件,当然不能让任何人读取,只有 root 才能读取。所以该文件的属性就会成为 -rw-------。

那么,如果有一个开发团队,在团队中,如果希望每个人都可以使用某些目录下的文件,而非团队的其他人则不予以开放。用上面的例子来说,testgroup 的团队共有 3 个人,分别是 a1、a2、a3。那么就可以将 a1 的文件属性设置为 -rwxrwx---,提供给 testgroup 的工作团队使用。

再如,如果目录权限没有做好,可能造成其他人都可以在系统上操作。例如本来只有 root 才能做的开关机、新增或删除用户等操作,若被改成任何人都可以执行的话。那么,如果用户不小心重新开机,系统就会常常莫名其妙地死机。而且万一用户密码被其他不明身份的人获取,只要他登录你的系统,就可以轻而易举地执行一些 root 的工作。因此,在修改 Linux 文件与目录的属性之前,一定要清楚什么权限可以放开、什么权限不能放开。

6.3 改变属性和权限位

 学习目标

- 掌握更改所属用户组 chgrp 的方法
- 掌握更改文件拥有者 chown

- 学会更改 9 个属性 chmod
- 掌握 suid/guid 的意义并设置其权限位

6.3.1 更改文件或目录所属组：chgrp

（1）功能：变更文件或目录的所属群组。

（2）基本格式：chgrp[-cfhRv][--help][--version][所属群组][文件或目录]

或 chgrp[-cfhRv][--help][--reference＝＜参考文件或目录＞][--version][文件或目录]

（3）常用选项：chgrp 命令常用选项的含义如表 6-6 所示。

在 Linux 系统中，文件或目录权限的设置以拥有者及所属群组来管理。可以使用 chgrp 命令变更文件与目录的所属群组。

表 6-6　chgrp 命令常用选项

选项	说　明
-c	效果类似"-v"参数，但仅回报更改的部分
-f	不显示错误信息
-h	只对符号连接的文件做修改，而不改动其他任何相关文件
-R	递归处理，将指定目录下的所有文件及子目录一并处理
-v	显示命令执行过程
--reference	把指定文件或目录的所属组，全部设成和参考文件或目录的所属组相同

 实例 6-13　更改 file 文件的所属组为 cirgroup

```
[root@localhost ~]#ls - al file
-rwxr-xr-x  1 root    root          238 Jun 18 17:22 file
//注意此时文件的所属组是 root
[root@localhost ~]#chgrp cirgroup file
-rwxr-xr-x  1 root    cirgroup          238 Jun 18 17:22 file
//这时 file 文件的所属组已经变成 cirgroup
```

 实例 6-14　把/user/local 目录下所有文件和子目录的所有组，都设为 cirgroup，并显示执行的过程

```
[root@localhost ~]#chgrp -R cirgroup /user/local
```

 实例 6-15　文件 one，two，three，four 分别隶属于不同的组，现将 two，three 及 four 文件的所属组改成与 one 文件一致

```
[root@localhost ~]#chgrp -reference＝one two three four
```

以文件 one 作为标准，将其余文件的所属组设成与它相同。

6.3.2 更改文件或目录的拥有者：chown

（1）功能：变更文件或目录的拥有者或所属群组。

（2）基本格式：

chown［-cfhRv］［--dereference］［--help］［--version］［拥有者.＜所属群组＞］［文件或目录］或 chown［-chfRv］［--dereference］［--help］［--version］［.所属群组］［文件或目录］或 chown［-cfhRv］［--dereference］［--help］［--reference＝＜参考文件或目录＞］［--version］［文件或目录］

（3）常用选项：chown 命令常用选项的含义如表 6-7 所示。

在 Linux 系统中，文件或目录权限的设置以拥有者及所属群组来管理。可以使用 chown 命令变更文件与目录的拥有者或所属群组。

表 6-7　chown 命令常用选项

选项	说　明
-c 或 --changes	效果类似"-v"参数，但仅回报更改的部分
-f 或 --quite 或 --silent	不显示错误信息
-h 或 --no-dereference	只对符号连接的文件做修改，而不更动其他任何相关文件
-R 或 --recursive	递归处理，将指定目录下的所有文件及子目录一并处理
--dereference	效果和"-h"参数相同
--reference＝＜参考文件或目录＞	把指定文件或目录的拥有者与所属群组全部设成和参考文件或目录的拥有者与所属群组相同

 实例 6-16　更改 file 文件的拥有者为 cirgroup

```
[root@localhost ~]#ls -al file
-rwxr-xr-x  1 root      cirgroup        238 Jun 18 18:22 file
//注意此时文件的拥有者是 root
[root@localhost ~]#chown cirgroup file
-rwxr-xr-x  1 cirgroup  cirgroup        238 Jun 18 18:22 file
//这时 file 文件的拥有者已经变成 cirgroup
```

 实例 6-17　更改 file 文件的所属组为 cirgroup1

```
[root@localhost ~]#ls -al file
-rwxr-xr-x  1 cirgroup    cirgroup       238 Jun 18 18:28 file
//注意此时文件的所属组是 cirgroup
[root@localhost ~]#chown .cirgroup1 file   //注意要在指定的组名前加上点号
-rwxr-xr-x  1 cirgroup    cirgroup1      238 Jun 18 18:28 file
//这时 file 文件的所属组已经变成 cirgroup1
```

 实例 6-18　更改 file 文件的拥有者为 cirgroup1，及所属组为 cirgroup2

```
[root@localhost ~]#chown cirgroup1.cirgroup2 file //注意格式。如果知道要
指定的拥有者和所属组的 ID 号，上述也可以写成：
[root@localhost ~]#chown 502.506 file              //502 为 UID,506 为 GID
```

6.3.3　更改文件或目录的 9 个属性:chmod

(1) 功能:变更文件或目录的权限。

(2) 基本格式:chmod[-cfRv][--help][--version][＜权限范围＞＋/-/＝＜权限设置＞][文件或目录]

或 chmod[-cfRv][--help][--version][数字代号][文件或目录]

或 chmod[-cfRv][--help][--reference＝＜参考文件或目录＞][--version][文件或目录…]

(3) 常用选项:chmod 命令常用选项的含义如表 6-8 所示。

在 Linux 系统里,文件或目录权限的控制分别以读取、写入、执行 3 种一般权限来区分,另有 3 种特殊权限可供运用,再搭配拥有者与所属群组管理权限范围。可以使用 chmod 命令去变更文件与目录的权限,设置方式采用文字或数字代号皆可。符号连接的权限无法变更,如果对符号连接修改权限,其改变会作用在被连接的原始文件。权限范围的表示法如下:

- u:User,即文件或目录的拥有者。
- g:Group,即文件或目录的所属群组。
- o:Other,除了文件或目录拥有者或所属群组之外,其他用户皆属于这个范围。
- a:All,即全部的用户,包含拥有者,所属群组以及其他用户。

有关权限代号的部分,列表于下:

- r:读取权限,数字代号为"4"。
- w:写入权限,数字代号为"2"。
- x:执行或切换权限,数字代号为"1"。
- -:不具任何权限,数字代号为"0"。
- s:特殊功能:变更文件或目录的权限。

表 6-8　chmod 命令常用选项

选项	说　　明
-c 或--changes	效果类似"-v"参数,但仅回报更改的部分
-f 或--quiet 或--silent	不显示错误信息
-R 或--recursive	递归处理,将指定目录下的所有文件及子目录一并处理
-v 或--verbose	显示命令执行过程
--reference＝＜参考文件或目录＞	把指定文件或目录的权限全部设成和参考文件或目录的权限相同

对于属于自己的文件,可以按照自己的需要改变其权限位的设置。在改变文件权限位设置之前,要仔细地想一想有哪些用户需要访问自己的文件(包括目录)。可以使用 chmod 命令来改变文件权限位的设置。这一命令有比较短的绝对模式和长一些的符号模式。先来看一看符号模式。

1. 符号模式

符号模式的 chmod 命令一般格式为:

chmod [who] operator [permission] filename

who 的含义是:

- u:文件属主权限。
- g:同组用户权限。
- 其他用户权限。
- a:所有用户（文件属主、同组用户及其他用户）。

operator 的含义：
- ＋:增加权限。
  -:取消权限。
- ＝:设定权限。

permission 的含义：
- r:读权限。
- w:写权限。
- x:执行权限。
- s:文件属主和组 set-ID。
- t:黏性位 * 。
- l:给文件加锁,使其他用户无法访问。
- u,g,o:针对文件属主、同组用户及其他用户的操作。
- ＊:在列文件或目录时,有时会遇到“t”位。“t”代表了黏性位。如果在一个目录上出现“t”位,这就意味着该目录中的文件只有其属主才可以删除,即使某个同组用户具有和属主同等的权限。不过有的系统在这一规则上并不十分严格。

2. 绝对模式

绝对模式的 chmod 命令一般形式为:

chmod［mode］file

其中 mode 是一个八进制数。在绝对模式中,权限部分有着不同的含义。每一个权限位用一个八进制数来代表,如图 6-8 所示。

八进制数	含义	八进制数	含义
0400	文件属主可读	0010	同组用户可执行
0200	文件属主可写	0004	其他用户可读
0100	文件属主可执行	0002	其他用户可写
0040	同组用户可读	0001	其他用户可执行
0020	同组用户可写		

图 6-8　权限的八进制数表示

在设定权限的时候,只需查出与文件所有者、同组用户和其他用户所具有的权限相对应的数字,并把它们加起来,就是相应的权限表示。

! 注 意

chmod 命令不进行必要的完整性检查,可以给某一个没用的文件赋予任何权限,但chmod 命令并不会对所设置的权限组合做检查。因此,不要看到一个文件具有执行权限,就认为它一定是一个程序或脚本。

6.4 umask

学习目标

- 什么是 umask 命令
- 掌握如何计算 umask 的值

6.4.1 什么是 umask 命令

最初登录到系统中时，umask 命令确定了创建文件的默认权限模式。这一命令实际上和 chmod 命令正好相反。系统管理员必须要为用户设置一个合理的 umask 值，以确保用户创建的文件具有所希望的默认权限，防止其他非同组用户对用户的文件具有写权限。

在已经登录之后，可以按照个人的偏好使用 umask 命令来改变文件创建的默认权限。相应的改变直到退出该 Shell 或使用另外的 umask 命令之前一直有效。一般来说，umask 命令是在 /etc/profile 文件中设置的，每个用户在登录时都会引用这个文件，所以如果希望改变所有用户的 umask，可以在该文件中加入相应的条目。如果希望永久性地设置自己的 umask 值，那么就把它放在自己 ＄HOME 目录下的 .profile 或.Bash_profile 文件中。

6.4.2 如何计算 umask 的值

umask 命令允许你设定文件创建时的默认模式，对应每一类用户（文件属主、同组用户、其他用户）存在一个相应的 umask 值中的数字。对于文件来说，这一数字的最大值分别是 6。系统不允许用户在创建一个文本文件时就赋予它执行权限，必须在创建后用 chmod 命令增加这一权限。目录则允许设置执行权限，这样针对目录来说，umask 中各个数字最大可以到 7。

该命令的一般形式为：

```
umask nnn
```

其中 nnn 为 umask 置 000-777。让我们来看一些例子，计算出 umask 值：

可以有几种计算 umask 值的方法，通过设置 umask 值，可以为新创建的文件和目录设置默认权限。图 6-9 列出了与权限位相对应的 umask 值。在计算 umask 值时，可以针对各类用户分别在这张表中按照所需要的文件／目录创建默认权限查找对应的 umask 值。

umask	文件	目录
0	6	7
1	6	6
2	4	5
3	4	4
4	2	3
5	2	2
6	0	1
7	0	0

图 6-9　与权限位相对应的 umask 值

例如,umask 值 002 所对应的文件和目录创建默认权限分别为 664 和 775。还有另外一种计算 umask 值的方法。只要记住 umask 是从权限中"拿走"相应的位即可。

例如,对于 umask 值 002,相应的文件和目录默认创建权限是什么呢?

第一步,首先写下具有全部权限的模式,即 777(所有用户都具有读、写和执行权限)。

第二步,在下面一行按照 umask 值写下相应的位,在本例中是 002。

第三步,在接下来的一行中记下上面两行中没有匹配的位。这就是目录的默认创建权限。稍加练习就能够记住这种方法。

第四步,对于文件来说,在创建时不能具有文件权限,只要拿掉相应的执行权限比特即可。这就是上面的例子,其中 umask 值为 002。

6.4.3 常用的 umask 的值

图 6-10 列出了一些 umask 值及它们所对应的目录和文件权限。

umask值	目录	文件
022	755	644
027	750	640
002	775	664
006	771	660
007	770	660

图 6-10　umask 值及对应的目录和文件权限

如果想知道当前的 umask 值,可以使用 umask 命令:

```
[root@localhost ~]#umask
022
```

如果想要改变 umask 值,只要使用 umask 命令设置一个新的值即可:

```
[root@localhost ~]#umask 002
```

确认一下系统是否已经接受了新的 umask 值:

```
[root@localhost ~]#umask
002
```

在使用 umask 命令之前一定要弄清楚到底希望具有什么样的文件/目录创建默认权限。否则可能会得到一些非常奇怪的结果。例如,如果将 umask 值设置为 600,那么所创建的文件 /目录的默认权限就是 066,这表示文件的所有者没有任何权限,反而其他人却有读和写的权限。

6.5　符号链接

学习目标

- 什么是符号链接
- 掌握符号的软链接

6.5.1　使用软连接来保存文件的多个映像

下面解释一下符号链接。例如在 /usr/local/admin/sales 目录下有一个含有销售信息的文件,销售部门的每一个人都想看这份文件。可以在每一位用户的 ＄HOME 目录下建立一个指向该文件的链接,而不是在每个目录下复制一份。这样当需要更改这一文件时,只需改变一个源文件即可。每个销售 ＄HOME 目录中的链接可以起任何名字,不必和源文件一致。

如果有很多子目录,而进入这些目录很费时间,在这种情况下链接也非常有用。可以针对 ＄HOME 目录下的一个很深的子目录创建一个链接。还有,例如在安装一个应用程序时,它的日志被保存到 /usr/opt/app/log 目录下,如果想把它保存在另外一个更方便的目录下,可以建立一个指向该目录的链接。

该命令的一般形式为:

```
ln [-s] source_path target_path
```

其中的路径可以是目录也可以是文件。

6.5.2　符号链接举例

 实例 6-19　符号链接例一

假如系统中有 40 个销售和管理用户,销售用户使用一个销售应用程序,而管理用户使用一个管理应用程序。作为系统管理员该怎么做呢? 首先删除它们各自 ＄HOME 目录下的所有. profile 文件。然后在 /usr/local/menus/目录下创建两个 profile 文件,一个是 sales. profile,另一个是 admin. profile,它们分别为销售和管理人员提供了所需的环境,并引导他们进入相应的应用程序。现在在所有销售人员的 ＄HOME 目录下分别创建一个指向 sales. profile 的链接,在所有管理人员的 ＄HOME 目录下分别创建一个指向 admin. profile 文件的链接。注意,不必在上面命令格式中的 target_path 端创建相应文件,如果不存在这样一个文件,ln 命令会自动创建该文件。下面就是对销售人员 matty 所做的操作。

```
[root@localhost ~]#cd /home/sales/matty
[root@localhost ~]#rm.profile
[root@localhost ~]#ln - s /usr/local/menus/sales.profile.profile
[root@localhost ~]#ls - al .profile
Lrwx rwx rwx 1 sales admin 5567 Oct 3 05:40 . profile ->/usr/local/menus/sales.
profile
```

这就是我们所要做的全部工作。对于管理人员也是如此。而且如果需要作任何修改的话,只要改变销售和管理人员的 profile 文件即可,而不必对 40 个用户逐一进行修改。

 实例 6-20　符号链接例二

假设所管理的系统中有一个网络监视器,它将日志写在/usr/opt/ monitor/regstar 目录下,但其他所有的日志都保存在 /var/adm/logs 目录下,这样只需在该目录下建立一个指向原

有文件的链接就可以在一个地方看所有的日志了,而不必花费很多时间分别进入各个相应的目录。下面就是所用的链接命令:

```
[root@localhost ~]♯ln -s /usr/opt/monitor/regstar/reg.log /var/adm/logs/
monitor.log
```

如果链接太多的话,可以删掉一些,不过切记不要删除源文件。

不管是否在同一个文件系统中,都可以创建链接。在创建链接的时候,不要忘记在原有目录设置执行权限。链接一旦创建,链接目录将具有权限 777 或 rwx rwx rwx ,但是实际的原有文件的权限并未改变。

在新安装的系统上,通常要进行这样的操作,在 /var 目录中创建一个指向 /tmp 目录的链接,因为有些应用程序认为存在 /var/tmp 目录(然而它实际上并不存在),有些应用程序在该目录中保存一些临时文件。为了使所有的临时文件都放在一个地方,可以使用 ln 命令在 /var 目录下建立一个指向 /tmp 目录的链接。

```
[root@localhost ~]♯pwd /var
[root@localhost ~]♯ln - s /tmp /var/tmp
```

现在如果在 /var 目录中列文件,就能够看到刚才建立的链接:

```
[root@localhost ~]♯ls -l
Lrwx rwx rwx 1 root root 5576 Sep 9 10:40 tmp ->/tmp
```

6.6 本章小结

本章介绍了一些有关文件系统的基本知识。首先,要掌握什么是文件系统,对 Linux 的文件系统要有较深的了解。其次,需要掌握有关文件的属性的一些知识,要清楚 Linux 下文件的属性的含义,最后,要学会相关的命令,这些命令在管理 Linux 系统时是会经常用到的。

课 后 习 题

1. 选择题

(1) 下面出现的(   )情况,不会导致 mount 命令出错。

A. 指定的是一个不正确的设备名　　　　B. 设备不可读

C. 试图在一个不存在的安装点安装设备　D. 文件系统存在碎片

(2) 用于文件系统挂载和卸载的时候要用到(   )。

A. fdisk 和 umount　　　　　　　　　B. mount 和 fdisk -l

C. mount 和 umount　　　　　　　　　D. fdisk 和 mount

(3) 下面关于 Linux 文件的描述,不正确的是(   )。

A. Linux 文件命名中不能含有空格字符

B. Linux 文件类型不由扩展名决定,而由文件属性决定

C. Linux 文件名区分大小写,且最多可有 256 个字符

D. 若要将文件暂时隐藏起来,可通过设置文件的相关属性来实现

(4) 默认情况下,Linux 能支持的文件系统包括( )。

A. reiserfs   B. vfat 与 ext   C. iso9660 与 udf   D. ntfs

(5) What is the usual mode for the /tmp directory? ( )

A. 0777   B. 0755   C. 7777   D. 1777   E. 0222

(6) 文件系统 VFAT 具体主要是指( )两种文件系统。

A. FAT16   B. MSDOS   C. EXT   D. FAT32

(7) 下面属于块设备的是( )。

A. 移动硬盘   B. U 盘   C. MP4   D. 手机

(8) 用 ls -al 命令列出下面的文件列表,哪一个文件是符号连接文件? ( )

A. lrwxr--r-- 1 hel users 2024 Sep 12 08:12 cheng

B. drwxr-xr-x 3 yhf other 512 Sep 12 08:12 home

C. -rwxrwxrwx 2 hel-s users 56 Sep 09 11:05 goodbey

D. -rw-rw-rw- 2 hel-s users 56 Sep 09 11:05 hello

(9) 用命令 ls -al 显示出文件 ff 的描述如下所示:

-rwxr-xr-- 1 root root 599 Cec 10 17:12 ff 9]+ m4 [8 A1 s8 z´ M) H8 g

由此可知文件 ff 的类型为( )。

A. 普通文件   B. 硬连接文件   C. 符号连接文件   D. 目录

(10) Linux 文件名的长度不得超过( )个字符。

A. 64   B. 128   C. 256   D. 512

(11) Your unmask is set to 002. If you create a new file, what will the permission of the new file be? ( )

A. - rw-rw-r--   B. rwxrwx-w-   C. ------w-   D. rwxrwxr-x

(12) 若一台计算机的内存为 128 MB,则交换分区的大小是_____。

A. 64 MB   B. 128 MB   C. 256 MB   D. 512 MB

(13) 所有的 Linux 文件和目录都具有拥有权和许可权,现在有一名为 fido 的文件,并用 chmod 551 fido 对其进行了许可权的修改,用 ls -al 查看到如下的几个文件许可权信息,问哪一个文件的许可权是 fido 文件的? ( )

A. -rwxr-xr-x   B. -rwxr--r--   C. -r--r--r--   D. -r-xr-x--x

(14) i 节点表是一个( )字节长的表,在该表中包含了文件的相关信息。

A. 128   B. 64   C. 32   D. 256

(15) 在 i 节点表中的磁盘地址表有 13 个块号,前 10 个块号给出了 10 块长的文件逻辑结构,后 3 个块号是用于扩展。当文件长于 10 块时,则由第 11、12、13 块号给出扩展块的个数……若一个文件的长度是从磁盘地址表的第 1 块到第 11 块,问该文件共占有( )块号。(一个块号占一个字节)

A. 256   B. 266   C. 11   D. 256×10

(16) Linux 文件系统的目录结构是一棵倒挂的树,文件都按其作用分门别类地放在相关的目录中。现有一个外部设备文件,应该将其放在( )目录中。

A. /bin   B. /etc   C. /dev   D. lib

(17) 系统的配置文件在( )目录下。

A. /home   B. /dev   C. /etc   D. /usr

(18) i 节点是一个( )长的表,表中包含了文件的相关信息。

A. 8 字节   B. 16 字节   C. 32 字节   D. 64 字节

(19) 将光盘 CD-ROM(hdc)安装到文件系统的/mnt/cdrom 目录下的命令是( )。

A. mount /mnt/cdrom   B. mount /mnt/cdrom /dev/hdc

C. mount /dev/hdc /mnt/cdrom   D. mount /dev/hdc

(20) 将光盘/dev/hdc 卸载的命令是( )。

A. umount /dev/hdc   B. unmount /dev/hdc

C. umount /mnt/cdrom /dev/hdc D. unmount /mnt/cdrom /dev/hdc

(21) 下面关于 i 节点描述错误的是( )。

A. i 节点和文件是一一对应的

B. i 节点能描述文件占用的块数

C. i 节点描述了文件大小和指向数据块的指针

D. 通过 i 节点实现文件的逻辑结构和物理结构的转换

(22) 下列关于链接描述,错误的是( )。

A. 硬链接就是让链接文件的 i 节点号指向被链接文件的 i 节点

B. 硬链接和符号连接都是产生一个新的 i 节点

C. 链接分为硬链接和符号链接

D. 硬连接不能链接目录文件

(23) Where can lilo place boot code? ( )

A. The boot ROM   B. The boot RAM

C. The /boot partition   D. The MBR on a hard drive

(24) 在 i 节点表中的磁盘地址表中,若一个文件的长度是从磁盘地址表的第 1 块到第 11 块,则该文件共占有( )块号。

A. 256   B. 266   C. 11   D. 256×10

(25) Linux 文件系统的文件都按其作用分门别类地放在相关的目录中,对于外部设备文件,一般应将其放在( )目录中。

A. /bin   B. /etc   C. /dev   D. /lib

(26) 当使用 mount 进行设备或者文件系统挂载的时候,需要用到的设备名称位于( )。

A. /home   B. /bin   C. /etc   D. /dev

(27) 下列关于/etc/fstab 文件描述,正确的是( )。

A. fstab 文件只能描述属于 Linux 的文件系统

B. CD_ROM 和软盘必须是自动加载的

C. fstab 文件中描述的文件系统不能被卸载

D. 启动时按 fstab 文件描述内容加载文件系统

(28) 关于 i 节点和超级块,下列论述不正确的是( )。

A. i 节点是一个长度固定的表

B. 超级块在文件系统的个数是唯一的

C. i 节点包含了描述一个文件所必需的全部信息

D. 超级块记录了 i 节点表和空闲块表信息在磁盘中存放的位置

(29) 如果想加载一个/dev/hdb1 的 windows95 分区到/mnt/win95 目录,需要运行哪个命令? ( )

A. mount -t hpfs /dev/hdb1 /mnt/win95

B. mount -t hpfs /mnt/win95 /dev/hdb1

C. mount -t vfat /dev/hdb1 /mnt/win95

D. mount -t vfat /mnt/win95 /dev/hdb1

（30）关于硬链接的描述正确的（　　　）。

A. 跨文件系统　　　　　　　　　　B. 不可以跨文件系统

C. 为链接文件创建新的 i 节点　　　　D. 可以做目录的连接

E. 链接文件的 i 节点同被链接文件的 i 节点

2. 填空题

（1）设置 Linux 文件系统自动挂载的配置工作可以在＿＿＿＿＿中完成。

（2）系统交换分区是作为系统＿＿＿＿＿的一块区域。

（3）在 Linux 系统中所有内容都被表示为文件，而组织文件的各种方法便称为不同的

＿＿＿＿＿。

（4）在 Linux 系统中，以＿＿＿＿＿方式访问设备。

（5）Linux 内核引导时，从文件＿＿＿＿＿中读取要加载的文件系统。

（6）Linux 文件系统中每个文件用＿＿＿＿＿来标识。

（7）全部磁盘块由四个部分组成，分别为＿＿＿＿＿、＿＿＿＿＿、＿＿＿＿＿和＿＿＿＿＿。

（8）链接分为＿＿＿＿＿和＿＿＿＿＿。

（9）超级块包含了＿＿＿＿＿和＿＿＿＿＿等重要的文件系统信息。

（10）CD-ROM 标准的文件系统类型是＿＿＿＿＿。

（11）当 lilo.conf 配置完毕后，使之生效，应运行的命令及参数是＿＿＿＿＿。

（12）在 Linux 系统中，用来存放系统所需要的配置文件和子目录的目录是＿＿＿＿＿，
＿＿＿＿＿目录用来存放系统管理员使用的管理程序。

（13）硬连接只能建立对＿＿＿＿＿链接。符号链接可以跨不同文件系统创建。

（14）套接字文件的属性位是＿＿＿＿＿，管道文件的属性位是＿＿＿＿＿。

（15）检查已安装的文件系统/dev/had5 是否正常，若检查有错，则自动修复，其命令及参
数是＿＿＿＿＿。

（16）＿＿＿＿＿目录用来存放系统管理员使用的管理程序。

3. 简答题

（1）硬盘名称为 hda，挂载该硬盘中 windows 分区的 C:盘到 Linux 系统中，并能正确显示
中文。

（2）在/etc/fstab 文件中每条记录中的各字段的作用是什么？

（3）当文件系统受到破坏时，如何检查和修复系统？

（4）什么是符号链接？什么是硬链接？符号链接与硬链接的区别是什么？

（5）某/etc/fstab 文件中的某行如下：/dev/had5 /mnt/dosdata msdos defaults,usrquota
1 2，请解释其含义。

课 程 实 训

实训内容：在 root 的主目录下创建一个文件 test，查看其属性，改变文件的拥有者为 tom
以及文件的所属组为 users，除了 users 用户对其有可读写可执行的权限，同组用户对其有可

读可写可执行的权限,其他用户对其只有可读可执行的操作。

实训步骤:

```
[root@localhost ~]# touch test
[root@localhost ~]# ls -al test
-rw-r--r-- 1 root root 0 10-02 17:41 test


[root@localhost ~]# chown tom.users test
[root@localhost ~]# ls -al test
-rw-r--r-- 1 tom users 0 10-02 17:41 test


[root@localhost ~]# chmod 775 test
[root@localhost ~]# ls -al test
-rwxrwxr-x 1 tom users 0 10-02 17:41 test
```

项 目 实 践

公司的资料分为内部资料和外部资料,内部资料供公司职员看的,放在 owner 文件夹下。外部资料是供客户看的,放在 custom 文件夹下面。现在要让 FringeGroup 组的成员对这两个文件夹下的文件都有可读可写的操作。而客户只对 custom 文件夹有可读可写的操作。公司准备让王工程师做这个任务,但王工程师出差还没有回来。于是,公司就让陈飞去试一下。陈飞听了之后,很高兴,终于可以挑战高难度的任务了。陈飞加油!

第7章　Linux 编辑器的使用

本章内容

☞ vi / vim 编辑器的介绍

☞ vi / vim 的使用

7.1　vi / vim 编辑器的介绍

学习目标

- 了解 vi / vim 编辑器的发展
- 了解编辑器的类型

7.1.1　vi /vim 编辑器的发展

vi 是 Bill Joy 所写,当时他还在 Berkeley。Ken Thompson 去 Berkeley 的时候带去了他那不完整的 Pascal 系统,而 Bill Joy 恰好在暑假就接到了修复它的工作,他对修复代码时使用的编辑器 ed 很不满意。正好,他们从 George Coulouris 处拿到了 em 的代码,em 比 ed 要好用。他们就修改了 em,发明了 en,而最终又变成了 ex。后来他又花费了几个月的时间写出了 vi。

Bram Moolenaar 在 20 世纪 80 年代末购入 Amiga 计算机时,Amiga 上还没有最常用的编辑器 vi。Bram 从一个开源的 vi 复制 Stevie 开始,开发了 vim 的 1.0 版本。最初的目标只是完全复制 vi 的功能,那个时候的 vim 是 Vi IMitation(模拟)的简称。1991 年 vim1.14 版被"Fred Fish Disk"这个 Amiga 用的免费软件所收录了。1992 年 1.22 版本的 vim 被移植到了 UNIX 和 MS-DOS 上。从那个时候开始,vim 的全名就变成 Vi IMproved(改进)了。

在这之后,vim 加入了不计其数的新功能。作为第一个里程碑的是 1994 年的 3.0 版本加入了多视窗编辑模式。从那之后,同一屏幕可以显示的 vim 编辑文件数可以不止一个了。1996 年发布的 vim 4.0 是第一个利用图型接口(GUI)的版本。1998 年 5.0 版本的 vim 加入了 highlight(语法高亮)功能。2001 年的 vim 6.0 版本加入了代码折叠、插件、多国语言支持、垂直分隔视窗等功能。2006 年 5 月发布的 vim 7.0 版更加入了拼字检查、上下文相关补全、标签页编辑等新功能。2008 年 8 月发布的 vim 7.2,合并了 vim 7.1 以来的所有修正补丁,并且加入了脚本的浮点数支持。现在最新的版本是 2010 年 8 月发布的 vim 7.3,这个版本除了包含最新修正的补丁之外,还加入了"永久撤销"、"Blowfish 算法加密"、"文本隐藏"和"Lua 以及 Python3 的接口"等新功能。

目前，vim 是按照 GPL 协议发布的开源软件。它的协议中包含一些慈善条款，建议用户向荷兰 ICCF 捐款，用于帮助乌干达的艾滋病患者。vim 启动时会显示"Help poor children in Uganda!"的字样。

7.1.2　Linux 下的编辑器介绍

1. sed 编辑器简介

sed 是一种在线编辑器，它一次处理一行内容。处理时，把当前处理的行存储在临时缓冲区中，称为"模式空间"(pattern space)，接着用 sed 命令处理缓冲区中的内容，处理完成后，把缓冲区的内容送往屏幕。接着处理下一行，这样不断重复，直到文件末尾。文件内容并没有改变，除非使用重定向存储输出。sed 主要用来自动编辑一个或多个文件，简化对文件的反复操作，编写转换程序等。

2. emacs 编辑器简介

emacs 编辑器是一款自由软件产品，在 Linux 系统中比较流行。emacs 的含义是宏编辑器(macro editor)。emacs 最开始是由 richard stallman 编写的，他的初衷是将 emacs 设计成一个 Linux 的 Shell，同时还增加了一些现代操作系统应支持的用户环境(例如，邮件的收发、web 的查询、新闻阅读、日志功能等)。另外，在 emacs 中还包括了 list 语言的解释执行功能。emacs 的一个缺点是它占用的磁盘空间比较大，因此为了支持用户的使用，emacs 提供多种模式以适用于不同的用户需求。进行安装时，可根据选项设置指定的模式，以减少磁盘的使用量。

3. KDE 与 GNOME 中的文本编辑器

所有的 KDE 编辑器都提供了全面的鼠标支持，实现了标准的 GUI 操作，例如剪切和粘贴操作等，即 KEdit、KWrite 和 KWord 等。所有的 GNOME 编辑器也提供了全面的鼠标支持，并实现了标准的 GUI 操作，在此简要介绍一个常用的文本编辑器，即 gedit。gedit 是一个简单的文本编辑器，用户可以用它完成大多数的文本编辑任务，例如修改配置文件等。在 Linux 系统中，依次选择应用程序→附件→文本编辑器来打开 gedit 编辑器。

在 Linux 中，除了上面介绍的 KDE 与 GNOME 中各种编辑器以外，还有一个功能强大的字处理软件，即 OpenOffice. org Writer，它提供了许多十分强大的工具来帮助用户方便的建立各种文档。

7.1.3　vi 编辑器介绍

vi 编辑器是 Linux 和 UNIX 上最基本的文本编辑器，工作在字符模式下。由于不需要图形界面，使它成了效率很高的文本编辑器。尽管在 Linux 上也有很多图形界面的编辑器可用，但 vi 在系统和服务器管理中的功能是那些图形编辑器所无法比拟的。

vi 编辑器是 Visual interface 的简称，通常称之为 vi。它在 Linux 上的地位就像 Edit 程序在 DOS 上一样。它可以执行输出、删除、查找、替换、块操作等众多文本操作，而且用户可以根据自己的需要对其进行定制，这是其他编辑程序所没有的。

vi 编辑器并不是一个排版程序，它不像 Word 或 WPS 那样可以对字体、格式、段落等其他属性进行编排，它只是一个文本编辑程序。没有菜单，只有命令，且命令繁多。vi 有 3 种基本工作模式：命令行模式、文本输入模式和命令行模式。vim 是 vi 的加强版，比 vi 更容易使用。

vi 的命令几乎全部都可以在 vim 上使用。

 小知识

1．如果从 Linux 发行版直接安装 vim，默认情况下系统并不一定安装了一个完整的 vim，例如在 Fedora Core 中，vim 被拆成 4 个包：VIM-common（公用部分）、VIM-Minimal（最小安装）、VIM-enhanced（完整安装）和 VIM-X11（包括图形界面支持）。最小安装的 vim 缺少很多重要的特性和文档，可能会没有关于 mode 的帮助文档。可以在 vim 通过命令 ":version"查看当前的 vim 支持的全部特性。

2．vi 和 vim 都是多模式编辑器，不同的是 vim 是 vi 的升级版本，它不仅兼容 vi 的所有指令，而且还有一些新的特性在里面。

vim 的这些优势主要体现在以下几个方面：

（1）多级撤销。我们知道在 vi 中，按 u 只能撤销上次命令，而在 vim 里可以无限制的撤销。

（2）易用。vi 只能运行于 UNIX 中，而 vim 可以运行于 UNIX、Windows、Mac 等多操作平台。

（3）语法加亮。vim 可以用不同的颜色来加亮用户的代码。

（4）可视化操作。就是说 vim 不仅可以在终端运行，也可以运行于 X-Window、macos、Windows。

（5）对 vi 的完全兼容。某些情况下，可以把 vim 当成 vi 来使用。

7.2　vi／vim 编辑器的使用

7.2.1　vi 编辑器的 3 种模式

- 一般模式：以 vi 处理文件时，一进入该文件就是一般模式。在这个模式中，可以使用上下左右按键来移动光标可以使用"删除字符"或"删除整行"来处理文件内容，也可以使用"复制"、"粘贴"来处理文件数据。
- 编辑模式：在一般模式下可以处理删除、复制、粘贴等动作，但是却无法编辑。按下 i、I、o、O、a、A、r、R 等字母之后才会进入编辑模式。注意，通常在 Linux 中，按下上述字母后，在画面的左下方会出现 INSERT 或 TEPLACE 的字样，这才可以输入任何字符写入文件中，如果要回到一般模式，必须按下 Esc 键，才可以退出编辑模式。
- 命令行模式：在一般模式中，输入"："或"/"就可以将光标移动到最后一行。在这个模式中，可以搜寻数据，读取、存盘、大量字符替换、退出 vi、显示行号等动作也是在此模式中完成的。

7.2.2　用 vi 打开文件

输入 vi 命令后，便进入全屏幕编辑环境，此时的状态为命令模式。在终端提示下，可以输入如下的 vi 命令打开 vi 编辑器。

- vi：进入 vi 的一个临时缓冲区，光标定位在该缓冲区第 1 行第 1 列的位置上。
- vi file：如果 file1 文件不存在，将建立此文件；若该文件存在，则将其复制到一个临时缓冲区。光标定位在该缓冲区第 1 行第 1 列的位置上。
- vi＋file1：如果 file1 文件不存在，将建立此文件；如该文件存在，则将其复制到一个临时缓冲区。光标定位在文件最后 1 行第 1 列的位置上。
- vi＋Nfile1（N 为数字）：如果 file1 文件不存在，将建立此文件；如该文件存在，则将其复制到一个临时缓冲区。光标定位在文件第 N 行第 1 列的位置上。
- vi＋/string file1：如果 file1 文件不存在将建立此文件；如该文件存在则将其复制到一个临时缓冲区。光标定位在文件中第一次出现字符串 string 的行首位置。

7.2.3　vi 编辑器的一般模式

一般模式是用户进入 vi 后的初始状态，在此模式中，可以输入 vi 命令，让 vi 完成不同的工作。例如，光标移动、删除字符和单词等。也可以对选定内容进行复制。从命令模式可以切换到其他两种模式。也可以从其他两种模式返回到命令模式。在输入模式下按 Esc 键，或者在命令行模式输入了错误命令，都会回到一般模式。vi 编辑器中按键的含义如表 7-1 所示，查找与替换的命令如表 7-2 所示，删除与复制的命令如表 7-3 所示。

表 7-1　vi 编辑器的按键

输入	说　明
h 或向左方向键	光标向左移动一个字符
j 或向下方向键	光标向下移动一个字符
k 或向上方向键	光标向上移动一个字符
l 或向右方向键	光标向右移动一个字符
Ctrl ＋ f	屏幕向前翻动一页（常用）
Ctrl ＋ b	屏幕向后翻动一页（常用）
Ctrl ＋ d	屏幕向前翻动半页
Ctrl ＋ u	屏幕向后翻动半页
＋	光标移动到非空格符的下一列
－	光标移动到非空格符的上一列
n＜space＞	按下数字后再按空格键，光标会向右移动这一行的 n 个字符。例如 20＜space＞，则光标会向右移动 20 个字符
0	（这是数字 0）移动到这一行的第一个字符处
$	移动到这一行的最后一个字符处
H	光标移动到这个屏幕最上方的那一行
M	光标移动到这个屏幕中央的那一行
L	光标移动到这个屏幕最下方的那一行
G	移动到这个文件的最后一行
nG	移动到这个文件的第 n 行
n＜Enter＞	光标向下移动 n 行

表 7-2　查找与替换

输入	说　明
/word	在光标之后查找一个名为 word 的字符串
? word	在光标之前查找一个名为 word 的字符串
:n1,n2/word1/word2/g	在第 n1 与 n2 行之间查找 word1 这个字符串,并将该字符串替换为 word2(常用)
:1,$ s/word1/word2/g	从第一行到最后一行之间查找 word1 这个字符串,并将该字符串替换为 word2(常用)
:1,$ s/word1/word2/gc	从第一行到最后一行之间查找 word1 这个字符串,并将该字符串替换为 word2,并在替换前显示提示符让用户确认(confirm)

表 7-3　删除、复制和粘贴

输入	说　明
x,X	x 为向后删除一个字符,X 向前删除一个字符(常用)
nx	向后删除 n 个字符
dd	删除光标所在的那一整列(常用)
ndd	删除光标所在列的向下 n 列,例如,20dd 则是删除 20 列(常用)
d1G	删除光标所在行到第一行的所有数据
dG	删除光标所在行到最后一行的所有数据
yy	复制光标所在行(常用)
nyy	复制光标所在列的向下 n 列,例如,21yy 则是复制 20 列(常用)
y1G	复制光标所在列到第一列的所有数据
yG	复制光标所在列到最后一列的所有数据
p,P	p 为复制的数据粘贴在光标下一行,P 则为粘贴在光标上一行(常用)
J	将光标所在列与下一列的数据结合成一列
u	恢复前一列动作(常用)

进入该模式后的状态如图 7-1 所示。只有在这个模式下,用户才可以进行光标移动、删除字符和单词等。

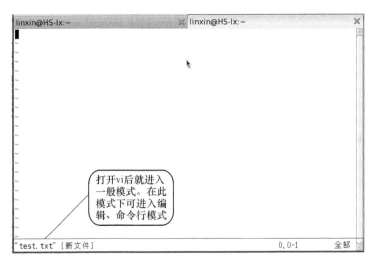

图 7-1　vi 编辑器的一般模式

7.2.4 vi 编辑器的编辑模式

在命令模式中通过 a、i、A、I、o、O 等命令即可进入该模式，这些命令的含义如表 7-4 所示。在编辑模式下，可以对编辑的文件添加新的内容，这就是该模式的唯一功能，即文本的输入。

表 7-4 vi 输入模式命令

输入	说明	输入	说明
a	从光标所在位置的后面开始插入新内容	o	在光标所在行的下面新增一行
A	从光标所在行的最后面插入新内容	O	在光标所在行的上面新增一行
i	从光标所在位置的前面开始插入新内容	Esc	退出编辑模式，回到一般模式（常用）
I	从光标所在行的第一个非空白字符前面开始插入新内容		

进入该模式后的状态如图 7-2 所示。只有在这个模式下，用户才可以进行文字的输入和修改。按下 Esc 键回到命令模式或按"Ctrl＋O"组合键临时进入命令模式。

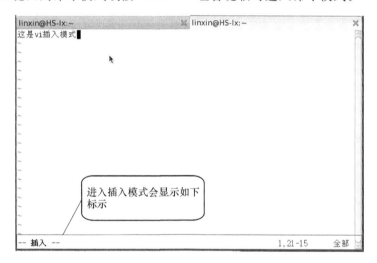

图 7-2 vi 编辑器的编辑模式

7.2.5 vi 编辑器的命令模式

主要用来进行一些文字编辑辅助功能，比如字串查找、替代和保存文件等，在命令模式中输入"："（一般命令）、"/"（正向搜索）、"?"（反向搜索）等字符，就可以进入命令行模式，在该模式下，若完成了输入的命令或命令出错，就会退出 vim 或返回命令模式。表 7-5 介绍了一些常用的命令及其说明。可以按 Esc 键返回命令模式。

表 7-5 命令行模式命令

输入	说　明
:w	将编辑的数据写入硬盘文件中
:w[filename]	将编辑的数据保存为另一个文件（类似另存为）
:w!	若文件属性为自读，强制写入该文件
:q	结束 vim 程序，如果文件有过修改，则必须先存储文件

输入	说 明
:q!	若曾修改过文件,又不想保存,使用! 为强制退出不保存
:wq	保存后退出,若为:wq!,则为强制保存退出
:r[filename]	在编辑的数据中,读入另一个文件的数据,亦即将 filename 这个文件内容加到光标所在行的后面
:set nu	显示行号,设定之后,会在每一行的前面显示改行的行号
:set nonu	与 set nu 相反,为取消行号
:n1,n2 w[filename]	将 n1 到 n2 的内容保存为 filename 文件
:e	添加文件,可赋值文件名称
:n	加载赋值的文件

进入该模式后的状态如图 7-3 所示。只有在这个模式下,用户才可以对一些文字进行编辑辅助功能。

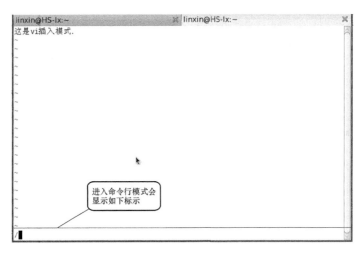

图 7-3　vi 编辑器的命令模式

vi 的用法非常丰富,也非常复杂,所以上面仅介绍一些常用的初级命令,还有一些命令将在后面的实例中给出说明。其他未介绍到的命令,可以在命令行模式下键入 h,或者直接按 F1 键查询在线说明文件。

7.2.6　保存/离开文件

建议在退出 vi 前,先按 Esc 键,以确保当前 vi 的状态为命令方式,然后再键入":"(冒号),输入下列命令,退出 vi。

(1) :w 将编辑缓冲区的内容写入文件,则新的内容就替代了原始文件。这时并没有退出 vi,必须进一步输入下述命令才能退出 vi:

```
:w filename(存入指定文件)
:q
```

(2) :wq 即将上面的两步操作可以合成一步来完成,先执行 w,后执行 q。

(3) :x 和 zz(注意:zz 前面没有":") 功能与(2)等价。

（4）:q!（或:quit）强行退出 vi,使被更新的内容不写回文件中。仅键入命令:q 时,如 vi 发现文本内容已被更改,将提示用户使用":quit"命令退出。

⚠️ **注意** vim 的注意事项

由于 Linux 系统的 vim 编辑器是从 UNIX 下的 vi 发展而来的,而 UNIX 下的 vi 编辑器是从行编辑器 ed 发展而来的。因此一些人学习时可能会感到有一些不便和困惑。针对这类问题,这里列出了使用 vim 中应注意的一些事项。当然要熟练使用 vim,还需要平时操作中不断地提高和积累。

- 插入编辑方式和命令方式切换时出现混乱

这种情况产生的原因通常是:还未输入插入命令便开始进行文本输入,从而无法在正确位置输入文本;另外,当插入信息后,还未按 Esc 键结束插入方式,就又输入其他的命令信息,从而使命令无法执行。当出现这种情况时,首先要确定自己所处的操作方式,然后再确定下一步做什么工作。若不易搞清楚当前所处的状态,还可以使用 Esc 键退回到命令模式重新进行输入。

- 在进行文档编辑时,vim 编辑器会产生混乱

这种状态的产生往往是由于屏幕刷新有误,此时可以使用 Ctrl+l 键对屏幕进行刷新,如果是在终端,可以用 Ctrl+r 进行屏幕刷新。

- 对屏幕中显示的信息进行操作时,系统没有反应

出现这种情况可能是由于屏幕的多个进程被挂起(例如不慎用了 Ctrl+s 键等),此时可用 Ctrl+q 进行解脱,然后重新进行输入。

- 当编辑完成后,不能正确退出 vim

出现这种情况的原因可能是系统出现了意外情况。例如,文件属性为只读、用户对编辑的文件没有写的权限。如果强行执行退出命令":w!"仍无法退出,可以用":w newfile"命令将文件重新存盘后再退出,以减少工作中的损失,这个新文件 newfile 应是用户有写权限的文件。如果暂时没有可以使用的文件,可以借用/tmp 目录建一个新的文件。因为 Linux 系统中的/tmp 是一个临时目录,系统启动时总要刷新该目录,因此操作系统一般情况下不对此目录下进行保护。但当处理完成后,切记应将新文件进行转储,否则依然会造成信息损失。

- 在使用 vim 时,万一发生了系统掉电或者突然当机的情况怎么办

工作时发生了掉电和死机,对正做的工作无疑是一种损失,但是 vim 程序可使损失降到最小。因为,对 vim 的操作实际上是对编辑缓冲区的数据操作,而系统经常会将缓冲区的内容自动进行保存。因此,死机后用户可以在下次登录系统后使用-r 选项进入 vi,将系统中最后保存的内容恢复出来。例如,在编辑 cd 文件的时候突然断电或者系统崩溃后的恢复命令为:

［root@localhost ～］# vi cd -r

vim 的学习应侧重于实际的应用,在了解 vim 的使用规则后应该多上机操作,不断积累经验,逐步地使自己成为 vi 编辑能手。

7.3 本章小结

本章主要介绍了 vi 编辑器的使用,重点要掌握 vi 的两种操作模式:输入模式和命令模式,并熟练掌握命令模式下的插入、修改、删除、复制、粘贴,以及查找和替换命令。

课后习题

1. 选择题

(1) vi 的工作模式包括命令模式、(   )模式和(   )模式,从命令模式进入编辑模式按(   )键。

A. 末行,编辑,i
B. 编辑,文本,Esc
C. 图形,末行,Insert
D. 编辑,图形,A

(2) Linux 下的文本编辑器有(   )。

A. vi(vim)
B. emacs
C. edit
D. gedit

(3) 用 vi 打开一个文件,如何用字母"new"来代替字母"old"(   )。

A. :s/old/new/g
B. :s/old/new
C. :1, $ s/old/new/g
D. :r/old/new

(4) 下面哪个命令可以显示文本文件的内容?(   )

A. more
B. vi
C. man
D. type

(5) 下面哪个命令是全屏文本编辑器?(   )

A. cw
B. v
C. pri
D. ed

(6) 用下面哪个命令可以不用退出 vi 编辑器来切换文件?(   )

A. :n
B. set command
C. map command
D. export command

(7) 在 vi 模式下,哪个命令用来删除光标处的字符?(   )

A. xd
B. x
C. dd
D. d

(8) 在 vi 编辑器里,命令"dd"用来删除当前的(   )。

A. 行
B. 变量
C. 字
D. 字符

(9) 在 vi 编辑器里,哪个命令能将光标移到第 200 行?(   )

A. g200
B. G200
C. :200
D. 200g

(10) 以只读方式打开一个文件并进入 vi 编辑器的命令是(   )。

A. view -r filename
B. view filename
C. vi filename
D. vi -r filename

(11) vi 的哪种模式可以执行 Shell 命令?(   )

A. 编辑模式
B. 命令模式
C. ex 模式
D. 以上都不对

(12) 以下哪个命令是将缓存中的内容粘贴到光标之前?(   )

A. a
B. i
C. P
D. p

(13) 以下哪条 vi 命令能将文档 5-20 行间出现的 abc 替换成为 cba?(   )

A. :1, $ s/abc/cba/g
B. :5,20/abc/cba/g
C. :5-20s/abc/cba/g
D. :5,20s/abc/cba/g

(14) vi 中哪条命令是不保存强制退出?(   )

A. :wq   B. :wq!   C. :q!   D. :quit

(15) 在 vi 中通过哪条命令可以将 ps 命令执行的结果插入到文档中？（   ）

A. :r! ps   B. :! ps   C. :! rps   D. :w! ps

(16) 以下哪个 vi 命令可以在当前位置插入/etc/passwd 文本文件？（   ）

A. :r /etc/passwd   B. :i /etc/passwd

C. :w /etc/passwd   D. :s /etc/passwd

(17) vi 中复制整行的命令是（   ）。

A. y1   B. yy   C. ss   D. dd

(18) 在 RHEL4 系统中使用 vi 编辑文件时,要将某文本文件第 1 行到第 5 行的内容复制到文件中的指定位置,以下（   ）操作能实现该功能。

A. 将光标移到第 1 行,在 vi 命令模式下输入 yy5,然后将光标移到指定位置,按 P 键

B. 将光标移到第 1 行,在 vi 命令模式下输入 5yy,然后将光标移到指定位置,按 P 键

C. 使用末行命令 1,5yy,然后将光标移到指定位置,按 P 键

D. 使用末行命令 1,5y,然后将光标移到指定位置,按 P 键

(19) 以下哪个 vi 命令可以给文档的每行加上一个编号？（   ）

A. :e number   B. :set number   C. :r! date   D. :200g

(20) 在 vi 编辑器中的命令模式下,键入（   ）可在光标当前所在行下添加一新行。

A. ＜a＞;   B. ＜o＞;   C. ＜I＞;   D. A

(21) 在 vi 编辑器中的命令模式下,删除当前光标处的字符使用（   ）命令。

A. ＜x＞;   B. ＜d＞;＜w＞;   C. ＜D＞;   D. ＜d＞;＜d＞;

(22) 在 vi 编辑器中的命令模式下,重复上一次对编辑的文本进行的操作,可使用（   ）命令。

A. 上箭头   B. 下箭头   C. ＜.＞;   D. ＜*＞;

(23) 有一台系统为 Linux 的计算机,在其当前目录下有一个名为 test 的文本文件,管理员小张要用 vi 编辑器打开该文档以查看其中的内容,应使用（   ）命令。

A. open test   B. vi read test   C. vi test   D. open vi

(24) 使用 vi 编辑某文件时,要将第 7 到 10 行的内容一次性删除,可以在命令模式下先将光标移到第 7 行,再使用（   ）命令。

A. dd   B. 4dd   C. de   D. 4de

(25) 在 Fedora 12 系统中,在 vi 编辑器环境中的任意时刻,选择 Esc 键后,编辑器将进入（   ）。

A. 命令   B. 输入   C. 末行   D. 文本

(26)（   ）命令是在 vi 编辑器中执行存盘退出。

A. :q   B. ZZ   C. :q!   D. :WQ

2. 填空题

(1) vi 编辑器具有 3 种工作模式_____、_____和_____。

(2) 在用 vi 编辑文件时,将文件内容存入 test. txt 文件中,应在命令模式下键入_____。

(3) 在 vi 编辑环境下,使用_____键进行模式转换。

3. 简答题

(1) 进入和退出 vi 的方法有哪些？

(2) 对于文本编辑器软件,打开文件、输入文本、保存(另存为)文件、剪切复制文本内容以及关闭文件,这些都是最基本的功能;请说明在 vi 编辑器中这些功能操作是如何实现的？

课　程　实　训

实训内容：使用 vim 编辑文件

实训步骤：下面介绍使用 vim 编辑文件的过程。

第 1 步：执行命令 ♯ vim ztg.txt

在终端窗口中执行命令 ♯ vim ztg.txt，如图 7-4 所示，用 vim 编辑器来编辑 ztg.txt 文件。

刚进入 vim 之后，即进入命令模式，此时输入的每一个字符，皆被视为一条命令，有效的命令会被接受，若是无效的命令，会产生响声，以示警告。如果想输入新的内容，只要按一个字符键(a/A 键、i/I 键或 o/O 键)即可切换到输入模式，如图 7-5 所示。

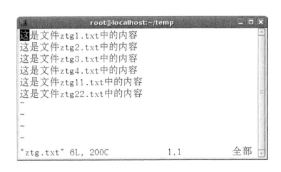

图 7-4　打开 vim 编辑器　　　　　　图 7-5　输入模式下编辑文件

第 2 步：在输入模式下

在图 7-5 中，即在输入模式下，就可以输入文件内容了，可以移动光标，移动命令见表 7-6。编辑好文件后，按 Esc 键，返回命令模式，如图 7-6 所示。

表 7-6　vim 命令模式的移动命令

操作	移动方向	操作	移动方向
h 或 Backspace 或方向键	左	l 或 Backspace 或方向键	右
j 或 Enter	下	Ctrl＋f 即 PageDown	向下翻页
k 或方向键	上	Crtl＋b 即 PageUp	向上翻页

第 3 步：在命令模式下

在图 7-7 中，即在命令模式下，可以删除文件内容，删除命令见表 7-7。

在命令模式下，可以使用复制和粘贴命令，复制和粘贴命令见表 7-8。

然后按 Shift 和 : 键，进入末行模式，如图 7-7 所示。

表 7-7　vim 命令模式的删除命令

操作	说明	操作	说明
d0	删至行首，或 d`(不含光标所在处字符)	D	删除至行尾，或 d$(含光标所在处字符)
dd	删除一整行	x	删除光标所在处的字符，也可用 Del 键
dG	删除至文件尾	X	删除光标前的字符。不可使用 Backspace 键
d1G	删除至文件首	u	可以撤销误删除操作
dw	删除一个字		

表 7-8 vim 命令模式的复制和粘贴命令

操作	说 明
yy 或大写 Y	复制光标所在的整行
2yy 或 y2y	复制两行。可以举一反三,如 5yy
yˆ 或 y0	复制至行首,或 y0。不含光标所在处的字符
y$	复制至行尾。含光标所在处字符
yw	复制一个 Word
y2w	复制两个字
yG	复制至文件尾
y1G	复制至文件首
p 小写	粘贴到光标的后(下)面,如果复制的是整行,则粘贴到光标所在行的下一行
P 大写	粘贴到光标的前(上)面,如果复制的是整行,则粘贴到光标所在行的上一行

图 7-6　命令模式

图 7-7　末行模式下执行替换命令

第 4 步:在命令行模式下

① 替换

在图 7-6 中,即在命令行模式下,执行替换命令,替换结果如图 7-7 所示。

替换命令的格式为:[range]s/pattern/string/[c,e,g,i]

range:指的是范围,1,8 指从第 1 行至第 8 行,1,$ 指从第一行至最后一行,也就是整篇文章,也可以％代表,％是目前编辑的文件。

s(search):表示搜索。

pattern:就是要被替换的字串。

string:将替换 pattern。

c(confirm):每次替换前会询问。

e(error):不显示 error。

g(globe):不询问,将做整行替换。

i(ignore):不分大小写。

g 是要加的,否则只会替换每一行的第一个符合字串。可以合起来用,例如 cgi,表示不分大小写,整行替换,替换前要询问是否替换。

② 查找

在命令模式下,按/键,即进行末行模式,可以使用查找功能,在/后输入要查找的内容,然后按 Enter 键,如图 7-8 所示。查找命令见表 7-9。

表 7-9　vim 命令模式的查找命令

操作	说　明
/	在命令模式,按/键就会在左下角出现一个"/",然后键入要查找的字串,按 Enter 键就会开始查找
?	和/键相同,只是/键是向前(下)查找,?键则是向后(上)查找
n	继续查找
N	继续查找(反向)

③ 保存退出

在命令模式下,按 Shift 键和:键,进行命令行模式,输入如图 7-8 所示的替换命令,按 Enter键,替换结果。

如果对文件编辑好后,进入命令行模式(按 Shift 键和:键),执行命令"wq",即保存退出,如图 7-9 所示。

如果没有保存该文件而强行关闭 vim 编辑器,下次再用 vim 打开此文件时会出现"异常情况"界面。读者可以阅读提示信息,然后选择一种操作即可。

图 7-8　命令行模式下执行查找命令

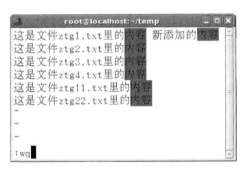

图 7-9　命令模式下删除字符

项 目 实 践

王工程师出差回来了,他检查了陈飞上一次的任务,认为符合公司的要求,陈飞感到很高兴,证明自己有进步了。王工程师又问陈飞最近在学习什么,陈飞说,还是在学习命令。王工程师笑着说,Linux 命令那么多,你学得过来吗? 现在你应该学习 Linux 的 vi 编辑器了,以后要用啊。陈飞听了后,感觉 Linux 博大精深,要学的东西实在太多了。王工程师临走时,让陈飞找一篇文章,练习 vi 编辑器的使用,要把 vi 的 3 种模式都熟练掌握。

第8章 Linux 系统文件查找与压缩

本章内容

☞ 文件的查找命令

☞ 不同文件的查找方法

☞ 压缩文件的用途和技术

☞ 文件的压缩命令

8.1 文件的查找

学习目标

* 了解 which 命令
* 了解 whereis 命令
* 重点掌握 find 的使用

8.1.1 Linux 的文件搜索命令

Linux 的文件搜索命令有 which、whereis、locate、find、grep。which 及 where 仅能查找环境变量＄PATH 路径下的文件,也就是平时可以执行命令的位置。locate 查找文件很快,但是文件信息每一天才能更新一次,无法查出刚刚添加的文件。find 是最兢兢业业的查找命令,功能非常强大,但是速度很慢。grep 命令将第 9 章中讲解,可以搜索包含某些关键词的文件。

8.1.2 可执行文件搜索命令

1. which

(1) 功能:which 用于显示查找可执行文件的完全路径。

(2) 基本格式:which［选项］文件

(3) 常用选项:which 命令的常用选项如表 8-1 所示。

which 指令会在环境变量＄PATH 设置的目录里查找符合条件的文件。

表 8-1　which 命令的常用选项

选项	含　义
-n＜文件名长度＞	指定文件名长度,指定的长度必须大于或等于所有文件中最长的文件名
-p＜文件名长度＞	与-n 参数相同,但此处的＜文件名长度＞包括了文件的路径
-w	指定输出时栏位的宽度
-v	显示版本信息

 实例 8-1　which 命令的使用

```
[root@localhost ～]♯which ls
  alias      ls == ´ls  --color = tty´
  /bin/ls
```

！ 注　意

which 首先查找系统中别名记录(alias),然后查找系统路径($PATH)。一般不把当前目录“.”加入系统路径,所以当前路径中的文件命令不在显示中。

2. whereis

(1)功能:whereis 命令可以迅速找到文件,并且提供这个文件的二进制可执行文件、源代码文件和使用手册页存放的位置。主要显示查找文件的路径、该文件的帮助文件路径、该文件的相关源程序的路径。

(2)基本格式:whereis [选项] 文件

(3)常用选项:whereis 命令的常用选项如表 8-2 所示。

whereis 命令会在特定目录中查找符合条件的文件。这些文件的属性应属于原始代码,二进制文件或是帮助文件。

表 8-2　whereis 命令的常用选项

选项	含义	选项	含义
-b	只查找二进制文件	-M＜目录＞	只在设置的目录下查找说明文件
-B＜目录＞	只在设置的目录下查找二进制文件	-s	只查找原始代码文件
-f	不显示文件名前的路径名称	-S＜目录＞	只在设置的目录下查找原始代码文件
-m	只查找说明文件	-u	查找不包含指定类型的文件

 实例 8-2　whereis 命令的使用

```
[root@localhost ～]♯whereis mkdir
 mkdir:/bin/mkdir
 /usr/share/man/man1/mkdir.1.gz
 /usr/share/man/man2/mkdir.2.gz
```

```
[root@localhost ~]#whereis fstab
fstab:/etc/fstab
/etc/fstab.REVOKE
/usr/include/fstab.sh
/usr/share/man/man5/fstab.5.gz
/usr/share/man/man5/fstab.5.az
```

3. find

(1) 功能：find 是最常用的文件查找工具。

(2) 基本格式：find［路径］［参数］［表达式］

(3) 常用选项：find 命令的常用选项如表 8-3 所示。

表 8-3　find 命令的常用选项

选项	含　义
-user	根据文件拥有者寻找文件
-group	根据文件所属组寻找文件
-name	根据文件名寻找文件
-perm	根据文件权限寻找文件
-size	根据文件大小寻找文件
-type	根据文件类型寻找文件,参数对应 c、b、l、f、d
-mmin＜分钟＞	查找在指定时间曾变动过的文件或目录,单位以分钟计算。例如设定成 10,find 命令会寻找刚好在 10 分钟之前变动过的文件或目录;设定为＋10,表示超过 10 分钟以前所有变动过的文件或目录;设定为-10,则表示 10 分钟内所有变动过的文件或目录
-mtime＜24 小时数＞	查找在指定时间曾变动过的文件或目录,单位以 24 小时计算。例如设定成 2,find 命令会寻找刚好在 48 小时之前变动过的文件或目录;设定为＋2,表示超过 48 小时以前所有变动过的文件或目录;设定为-2,则表示 48 小时内所有变动过的文件或目录

⚠ **注　意**

find 的表达式使用通配符时需要使用"＃"把通配符括起来。例如：

`[root@localhost ~]#find . -name ˝＊.html˝`

⚠ **注　意**

当指定参数时,可在参数之前加上"1",表示查找不符合此参数的文件或目录。也可将两个参数用"-o"连接,表示只要符合其中一个参数的条件即可。

(4) find 和 exec 指令的组合使用。

格式：find［路径］［参数］［表达式］exec 指令{}\;

说明：

• -{}代表 find 找到的文件。

- 表示本行指令结束。

当使用-exec指令时,{}\;必须一同添加。

 实例8-3 find 和 exec 指令的组合使用之一

```
[root@localhost /]#find . exec ls {}\;
```

当操作指令需要征询用户意见,可以添加参数-ok,表示确定。回答'是'。

 实例8-4 find 和 exec 指令的组合使用之二

```
[root@localhost /]#find . -ok rm{}\;
```

 小知识

find 命令,配合-exec 参数,可以对查询的文件进行进一步的操作,可以得到很多有用的功能,比如说文件包含特定字符串的查询等,要了解这个功能,最简单直接的就是看 find 命令帮助。特别强调对于不同的系统,直接使用分号可能会有不同的意义,使用转义符"\"在分号前明确说明,对于前面遇到的问题,主要就是这个原因引起的。

8.2 文件压缩的用途和技术

 学习目标

- 了解压缩文件的用途
- 了解压缩文件压缩技术

很多人都有这样一种情况——文件太大,无法将它复制到一张软盘中。另一种情况就是一个软件里有好多文件,这些文件要复制与携带都很不方便。还有一种情况,要备份某些重要的数据时,偏偏这些数据量太大了,耗费了很多硬盘与磁盘空间。这样的话就可以使用文件压缩技术了。因为这些比较大型的文件通过文件压缩以后,可以降低磁盘的使用量,同时减少文件的大小。有些压缩程序还可以进行容量限制,使一个大型文件可以分割成为数个小文件,以便携带。

但什么是文件压缩呢?其实就是文件里面有相当多的"空间"存在,实际上它并不是完全填满的,而"压缩"技术就是将这些"空间"填满,以让整个文件占用的容量下降。这就是文件压缩。不过,这些"压缩过的文件"无法直接被操作系统所使用,因此,若要使用这些被压缩过的

文件数据,则必须将它"还原"回未压缩前的样子,那就是"解压缩"。

　　"压缩"与"解压缩"最大的好处在于压缩过的文件容量变小了,因此硬盘就可以容纳更多的数据,并且在一些网络数据的传输中,也会由于数据量的降低,让网络带宽可以做更多的工作,而不是"卡"在一些大型的文件上。目前有很多 Web 网站也是利用文件压缩技术来进行数据传送,以提高网站的可利用率。

 小知识

　　文件压缩技术使网站上"看得到的数据"在经过网络传输时,使用的是"压缩过的数据",等到这些压缩过的数据到达用户的计算机主机时,再进行解压缩。由于目前的计算机运算速度相当快,因此,在网页浏览的时候,时间都是花在"数据的传输"上,而不是 CPU 的运算上。如此一来,由于压缩过的数据量降低了,自然传送的速度就会增加不少。

8.3　文件的压缩

 学习目标

- 常见的压缩命令
- 掌握 gzip、bzip
- 掌握 tar 命令
- 了解 cpio 命令
- 了解 dd 命令

8.3.1　常见的压缩命令

　　如果经常在网络上查找 Linux 的数据来使用的话,大概都会知道,这些下载的文件通常都是"压缩"过的。其实跟我们平常下载一些其他类型的资料是一样的。前面已经提到过,压缩过的文件具有节省带宽、节省磁盘空间等优点,并且还便于携带。这些压缩过的文件,通常扩展名都是 *.tar、*.tar.gz、*.tgz.gz、*.bz2、*.Z 等。

　　其实 Linux 压缩命令相当多,并且这些压缩命令可能无法解开每种压缩文件,目前的压缩技术很多,每种压缩的计算方法并不完全相同。当找到某个压缩文件时,需要知道压缩它的是哪个命令,以便对照解压缩。虽然 Linux 文件属性与文件名基本上没有绝对关系,是否能执行,与它的文件属性有关,而与文件名的关系很小。但是,为了帮助识别,适当的使用文件扩展名还是很有必要的。

　　目前有一些常见的压缩文件的扩展名,列出几个,以供参考。

- *.Z：compress 程序压缩的文件；
- *.bz2：bzip2 程序压缩的文件；
- *.gz：gzip 程序压缩的文件；
- *.tar：tar 程序打包的数据,并没有压缩过；
- *.tar.gz：tar 程序打包的文件,并且经过 gzip 的压缩。

目前常见的压缩程序主要就是上述扩展名对应的命令。最早的是 compress，不过这个命令目前已经不再是默认的压缩软件了。后来的 GNU 计划开发出新一代的压缩命令 gzip（GNU zip），用来取代 compress 压缩命令，gzip 是 Linux 系统中标准压缩工具，对于文本文件能够达到很高的压缩率。而 bzip2 是新版 Linux 压缩工具，比 gzip 拥有更高的压缩率。

8.3.2　gzip 与 zcat 命令

（1）功能：gzip 命令对文件进行压缩。zcat 命令允许用户扩展并查看压缩文件而不用将该文件解压。

（2）基本格式：gzip［选项］文件名　　zcat 文件名.gz

（3）常用选项：gzip 命令的常用选项如表 8-4 所示。

gzip 是用来压缩与解压缩扩展名为 ∗.gz 的文件的命令，所以在看到 ∗.gz 的文件时，就应该知道它是通过 gzip 程序压缩的。另外，gzip 也提供压缩比功能，表 8-4 中的选项-9 虽然可以达到较佳的压缩比，也就是说经过压缩之后，文件更小一些，却会损失一些速度。

而 zcat 是用来读取压缩文件数据内容的命令。当读取文本文件时，用的是 cat，而读取压缩文件则用的是 zcat。由于 gzip 主要用来取代 compress，所以 compress 的压缩文件也可以用 gzip 来解压。zcat 命令可以同时读取这两个压缩命令压缩的文件的信息。

表 8-4　gzip 命令的常用选项

选项	说　　明
-c	将压缩的数据输出到屏幕上，可通过数据流重导向来处理
-d	解压缩的参数
-t	可以用来检验一个压缩文件的一致性，看文件有无错误
-#	压缩等级，-1 最快，但是压缩比最差，-9 最慢，但压缩比最好。默认是-6

　实例 8-5　将/etc/man.config 复制到/tmp，并加以 gzip 压缩

```
［root@localhost ～］＃cd /tmp
［root@localhost tmp］＃cp /etc/man.config ./
［root@localhost tmp］＃gzip man.config
```

此时 man.config 文件会变成 man.config.gz 文件。

　实例 8-6　将上面实例的文件内容读出来

```
［root@localhost tmp］＃zcat man.config.gz
```

此时屏幕上会显示 man.config.gz 解压缩之后的文件内容。

　实例 8-7　将实例 8-5 的压缩文件解压缩

```
［root@localhost tmp］＃gzip -d man.config.gz
```

实例 8-8 将实例 8-7 解开的 man.config 文件用最佳的压缩比压缩,并保留原文件

```
[root@localhost tmp]♯gzip -9 -c man.config > man.config.gz
```

8.3.3 bzip2 与 bzcat 命令

(1) 功能:bzip2 命令对文件进行压缩。bzcat 命令允许用户扩展并查看压缩文件而不用将该文件解压。

(2) 基本格式:bzip2 [参数] 文件名

　　　　　　 bzcat 文件名.bz2

(3) 常用选项:bzip2 命令的常用选项如表 8-5 所示。

表 8-5　bzip2 命令的常用选项

选项	说明	选项	说明
-c	将压缩的数据输出到屏幕上	-z	压缩的参数
-d	解压缩的参数	-♯	与 gzip 相同

 实例 8-9 将刚才的/tmp/man.config 文件用 bzip2 命令压缩

```
[root@localhost tmp]♯bzip2 -z man.config
```

此时 man.config 会变成 man.config.bz2

 实例 8-10 将实例 8-9 的文件内容读出来

```
[root@localhost tmp]♯bzcat man.config.bz2
```

此时屏幕上会显示 man.config.bz2 解压缩之后的文件内容。

 实例 8-11 将实例 8-9 的文件解压缩

```
[root@localhost tmp]♯bzip2 -d man.config.bz2
```

此时会在目录下看到 man.config 文件。

 实例 8-12 将 man.config 文件用最佳的压缩比压缩,并保留原文件

```
[root@localhost tmp]♯bzip2 -9 -c man.config > man.config.bz2
```

 注　意

bzip2 -d 相当于 bunzip。bzip2 是自动将扩展名设置为.bz2。当使用具有压缩功能的 bzip2 -z 时,上面的文件名 man.config 会自动变成 man.config.bz2。

8.3.4 目录或文件的压缩命令——tar

（1）功能：tar可以为文件和目录创建打包文件。利用tar，用户可以为某一特定文件创建备份文件，也可以在打包文件中改变文件，或者向打包文件中加入新的文件。tar最初被用来在磁带上创建打包文件，现在，用户可以在任何设备上创建打包文件，例如软盘。利用tar命令，可以把一大堆的文件和目录全部打包成一个文件。这对于备份文件或将几个文件组合成为一个文件以便于网络传输是非常有用的。

（2）基本格式：tar［主选项＋辅选项］文件或者目录

！注 意

使用该命令时，主选项是必须要有的。它告诉tar要做什么事情，辅选项是辅助使用的，可以选用。

（3）常用选项：tar命令的常用的主选项如表8-6所示，辅助选项如表8-7所示。

tar是一个多用途的压缩命令。它可以将一个目录或者是指定的文件都压缩成一个文件。tar也是很重要的备份命令。由于整合过后的文件通常会取名为＊.tar，如果还含有gzip的压缩属性，那么就取名为＊.tar.gz。

表8-6 tar命令的主选项

选项	说　明
-c	创建新的档案文件。如果用户想备份一个目录或是一些文件，就要选择这个选项
-r	把要存档的文件追加到档案文件的末尾。例如用户已经做好备份文件，又发现还有个目录或是一些文件忘记备份了，这时可以使用该选项，将忘记的目录或文件追加到备份文件中
-t	列出档案文件的内容，查看已经备份了哪些文件
-u	更新文件。就是说，用新增的文件取代原备份文件，如果在备份文件中找不到要更新的文件，则把它追加到备份文件的最后
-x	从档案文件中释放文件
-N＜日期时间＞	只将指定日期更新的文件存储到备份文件里

表8-7 tar命令的辅助选项

选项	说　明
b	该选项是为磁带机设定的，其后跟一数字，用来说明区块的大小，系统预设值为20(20×512 Byte)
f	使用档案文件或设备，这个选项通常是必选的
k	保存已经存在的文件。例如把某个文件还原，在还原的过程中，遇到相同的文件，不会进行覆盖
m	在还原文件时，把所有文件的修改时间设定为现在
M	创建多卷的档案文件，以便在几个磁盘中存放
v	详细报告tar处理的文件信息。如无此选项，tar不报告文件信息
w	每一步都要求确认
z	用gzip来压缩/解压缩文件。加上该选项后可以将档案文件进行压缩，但还原时也一定要使用该选项进行解压缩

实例 8-13 把/home 目录下包括它的子目录全部做备份文件,备份文件名为 usr.tar

```
[root@localhost ~]#tar cvf usr.tar /home
```

 实例 8-14 把/home 目录下包括它的子目录全部做备份文件,并进行压缩,备份文件名为 usr.tar.gz

```
[root@localhost ~]#tar czvf usr.tar.gz /home
```

 实例 8-15 把 usr.tar.gz 这个备份文件还原并解压缩

```
[root@localhost ~]#tar xzvf usr.tar.gz
```

 实例 8-16 查看 usr.tar 备份文件的内容,并以分屏方式显示在显示器上

```
[root@localhost ~]#tar tvf usr.tar | more
```

 实例 8-17 将文件备份到一个特定的设备

要将文件备份到一个特定的设备上,只需把设备名作为备份文件名。如果用户备份的文件大小超过设备可用的存储空间,例如软盘,可以创建一个多卷的 tar 备份文件。M 选项指示 tar 命令提示使用一个新的存储设备,当使用 M 选项向一个软驱进行存档时,tar 命令在一张软盘已满的时候会提醒再放入一张新的软盘。这样就可以把 tar 档案存入几张磁盘中。

```
[root@localhost ~]#tar cMf /dev/fd0 /home
```

 实例 8-18 将备份到特定设备上的文件恢复

要恢复几张盘中的备份文件,只要将第一张放入软驱,然后输入有 x 和 M 选项的 tar 命令。在必要时会提醒放入另外一张软盘。

```
[root@localhost ~]tar xMf /dev/fd0
```

 实例 8-19 备份当前目录下所有文件和子目录,并指定备份文件名为 backup.tar

```
[root@localhost ~]#tar - c - f backup.tar // -c 选项表示建立新的备份文件,
-f 选项指定备份文件的文件名
```

(4) 文件的更新日期。

这里还有一个值得注意的参数。那就是在备份的情况下常用的-N 参数,也就是日期问题。在备份情况下,有了这个参数,可以看到备份的文件是最新的。

（5）tarfile 和 tarball。

tar 的功能相当多，由于它是通过"打包"之后再处理的一个过程，所以常常会听到 tarball 的文件。tarball 是通过 tar 打包再压缩的文件。但若是仅仅打包而没有压缩的话，就称之为 tarfile。tar 也可以用在备份的存储媒体上，最常见的就是磁带机。

 小知识

在压缩命令中存在 z 系列指令、z 系列文件，可以在不经解压的情况下，直接操作 gzip 压缩文件。例如，zcat 表示直接显示压缩文件的内容，zless 表示直接逐行显示压缩文件的内容，zdiff 表示直接报告压缩文件的差异内容，zcmp 则表示报告压缩文件的差异处。

8.3.5　cpio（备份文件）

（1）功能：备份文件。

（2）基本格式：cpio［选项］［文件］

（3）常用选项：cpio 命令的常用的选项如表 8-8 所示。

cpio 这个命令是通过数据流重导向的方法将文件进行输出/输入的一种方式。因为还没学到数据流重导向，所以先略过这个练习，等后面章节学完，再来看这节。

表 8-8　cpio 命令的常用的选项

选项	说　明
-o	执行 copy-out 模式，建立备份文件，也就是将数据复制输出到文件或设备
-d	如有需要，cpio 会自行建立目录
-i	还原备份文件，将数据从文件或设备复制到系统中
-t	查看 cpio 建立的文件或设备的内容
-B	将输入/输出的块大小改成 5 120 字节，默认值是 512 字节
-v	使存储过程中文件名称可以在屏幕上显示
-c	一种较新的可移植格式的存储
-u	自动将较新的文件覆盖较旧的文件

 实例 8-20　cpio 命令的使用

［root@localhost ～］＃cpio -o -o backupfile

前一个-o 是执行 copy-out 模式，后一个-o 是指定备份文件名称。

 实例 8-21　检查磁带机上有什么文件

［root@localhost ～］＃cpio -icdvt ＜ /dev/st0
［root@localhost ～］＃cpio -icdvt ＜ /dev/st0 ＞ /tmp/content

第一个操作中，会在屏幕上显示磁带机内的文件名，可以通过第二个操作，将所有文件名都记录到/tmp/content 文件中。

实例 8-22 将/etc 中的所有"文件"都备份到/root/etc. cpio 中

[root@localhost ~]#find /etc -type f | cpio -o ＞ /root/etc.cpio

这样就能够备份了,也可以通过 cpio -i ＜ /root/etc. cpio 找到数据。

（4）说明:cpio 是用来建立、还原备份文件的工具程序,它可以加入、解开 cpio 或 tar 备份文件内的文件。备份的文件可存放在硬盘中、软盘中或是磁带机中。cpio 有 3 种模式,分别是 copy-out、copy-in 和 copy-pass。

 注 意

由于在 cpio 命令的用法中,cpio 无法直接读取文件,而需要"每一个文件或目录的路径连同文件名一起"才可以记录下来,因此,cpio 常与 find 命令一起使用。

8.3.6 dd

（1）功能:读取、转换并输出数据。

（2）基本格式:dd [bs ＝＜字节数＞] [cbs ＝＜字节数＞] [conv ＝＜关键字＞] [count ＝ ＜块数＞] [ibs ＝＜字节数＞] [if ＝＜文件＞] [obs ＝＜字节数＞] [of ＝＜文件＞] [seek ＝＜块数＞] [skip ＝＜块数＞] [--help] [--version]

（3）常用选项:dd 命令的常用选项如表 8-9 所示。

dd 的用途很多,这个命令可以用来制作一个文件,而其最大的作用应该是用于"备份"。因为 dd 可以读取设备的内容,然后将整个设备备份成一个文件。

表 8-9　dd 命令的常用选项

选项	说　明
if	从文件读取。若未指定此参数,则从标准输入设备读取数据
of	输出至文件。若未指定此参数,则输出至屏幕
count	仅读取指定的块数
seek	一开始输出时,跳过指定的块数。块与 obs 的大小相同
skip	一开始读取时,跳过指定的块数。块与 ibs 的大小相同
obs	每次输出的字节数
ibs	每次读取的字节数
cbs	将 ibs(输入)与 obs(输出)设成指定的字节数
bs	每次只转换指定的字节数

 实例 8-23 将/etc/passwd 备份到/tmp/passwd. back 中

[root@localhost ~]#dd if ＝ /etc/passwd of ＝ /tmp/passwd.back

（4）说明:dd 可从标准输入或文件读取数据,根据指定的格式来转换数据,再输出到文件、设备或标准输出。

注 意

> tar 可以用来备份关键数据,而 dd 则可以用来备份整个分区或整个磁盘。但是如果要将数据填回到文件系统中,需要考虑到原来的文件系统才能成功。

8.4 本章小结

本章主要介绍了文件的查找命令 which、whereis 等,并且着重讲解了 find 的使用方法。后面的小节重点介绍文件的压缩。让读者了解了文件压缩和文件压缩技术。通过学习读者可以熟练地利用不同的压缩命令,压缩不同的文件。还有 tar 的使用也很重要。最后两小节是让读者了解 cpio 命令和 dd 命令。

课 后 习 题

1. 选择题

(1) 现有 httpd-2.0.50.tar.bz2 软件包,要将其释放到/usr/local/src 目录中,以下释放方法中,正确的是(   )。

A. tar zxvf httpd-2.0.50.tar.bz2

B. tar -zxvf httpd-2.0.50.tar.bz2

C. tar -jxvf httpd-2.0.50.tar.bz2

D. tar jxvf httpd-2.0.50.tar.bz2 -C /usr/local/src

(2) Which of the following commands can be used to extract a tar file? (   )

A. tar -vf   B. tar -xvf   C. tar -e   D. tar -v

(3) Fedora 12 所提供的安装软件包,默认的打包格式为(   )。

A. .tar   B. .tar.gz   C. .rpm   D. .zip

(4) 在下面的命令中,哪一个可以在 Linux 的安全系统中完成文件向磁带备份的工作?(   )

A. cp   B. tr   C. dir   D. cpio

(5) 哪一个命令能用来删除当前目录及其子目录下名为'core'的文件?(   )

A. find . -name core -exec rm {} \ ;   B. find . -name core -exec rm ;

C. find . -name core -exec rm {} ;   D. find . -name core -exec rm {} -;

(6) 一个文件名字为 rr.Z,可以用来解压缩的命令是(   )。

A. tar   B. gzip   C. compress   D. uncompress

(7) 在给定文件中查找与设定条件相符字符串的命令为(   )。

A. grep   B. gzip   C. find   D. sort

(8) 有关归档和压缩命令,下面描述正确的是(   )。

A. 用 uncompress 命令解压缩由 compress 命令生成的后缀为 .zip 的压缩文件

B. unzip 命令和 gzip 命令可以解压缩相同类型的文件

C. tar 归档且压缩的文件可以由 gzip 命令解压缩

D. tar 命令归档后的文件也是一种压缩文件

（9）Linux 系统中提供了强大的文件搜索功能，通过使用 find 命令可以按照文件的多种属性进行文件搜索，以下命令中可以在当前目录及子目录下搜索文件名以"abc"开始的所有文件的是（　　）。

A. find / abc　　　　　　　　　　B. find . abc

C. find . -name abc　　　　　　　D. find . -name abc *

2. 填空题

（1）使用 tar 命令时，应该记住的两选项组合是_____和_____，它们的功能分别是_____和_____。

（2）在 Linux 系统中，压缩文件后生成后缀为 .gz 文件的命令是_____。

（3）将 /home/stud1/wang 目录做归档压缩，压缩后生成 wang.tar.gz 文件，并将此文件保存到 /home 目录下，实现此任务的 tar 命令格式_____。

（4）将本地的 /dev/hdx 整盘备份到 /dev/hdy 的命令格式是_____。

3. 简答题

（1）用命令安装输入法软件包 fcitx-3.4.tar.gz。

（2）请解释 which、whereis 和 find 之间的异同点，并举例说明。

课 程 实 训

实训内容一：文件的查找的使用。查找系统目录中的文件的情况。练习所学的查找命令。

实训步骤：

（1）使用 whereis 找出 /home 目录下的所有文件的说明文件。

```
[root@localhost ~]#cd /home
[root@localhost home]#whereis -m /home/ *
```

（2）查看 /home 目录下的所有子目录及文件的名称。

```
[root@localhost home]#find
```

（3）列出在 /home 目录下最近两天之内有变动的文件。

```
[root@localhost home]#find /home -mtime -2
```

（4）有的读者两天内可能没变动过，那就列出 /home 目录下最近 60 分钟之前有变动的文件。

```
[root@localhost home]#find /home -mmin +60
```

（5）接下来就列出 /home 目录下文件或目录所属的用户，其用户识别码大于 501 的文件或目录。

```
[root@localhost home]#find /home -uid +501
```

（6）列出 /home 目录下大于 5120KB 的文件。

```
[root@localhost home]#find /home -size +5120k
```

实训内容二：压缩命令的使用。将整个 /etc 目录下的文件压缩解压缩，并且备份。

实训步骤：

（1）将整个/etc目录下的文件全部打包成为/tmp/etc.tar

```
[root@localhost ~]#tar -cvf /tmp/etc.tar.gz /etc      //仅打包，不压缩
[root@localhost ~]#tar -zcvf /tmp/etc.tar.gz /etc     //打包后，以gzip压缩
[root@localhost ~]#tar -jcvf /tmp/etc.tar.bz2 /etc    //打包后，以bzip2压缩
```

⚠ 注 意

参数f之后的文件名是自己取的，但是经常用.tar来标识。如果加z参数，则以.tar.gz或.tgz来代表gzip压缩过的tar文件。如果加j参数，则以.tar.bz2来作为扩展名。上述命令在执行的时候，可能会显示一个警告信息："tar：Removing leading'/'from membernames"那是关于绝对路径的特殊设置。

（2）查看上述/tmp/etc.tar.gz文件内有哪些文件。

```
[root@localhost ~]# tar -ztvf /tmp/etc.tar.gz
```

⚠ 注 意

由于使用gzip压缩，所以要查看该tar file内的文件时，就要加上z参数。

（3）将/tmp/etc.tar.gz文件解压缩到/usr/local/src中。

```
[root@localhost ~]# cd /usr/local/src
[root@localhost ~]# tar -zxvf /tmp/etc.tar.gz
```

⚠ 注 意

在默认情况下，可以将压缩文件在任何地方解开。这个步骤是先将工作目录变换到/usr/local/src，并且对/tmp/etc.tar.gz解压缩。解开的目录会在/usr/local/src/etc中。另外，如果进入/usr/local/src/etc，则会发现该目录下的文件属性与/etc/可能会有所不同。

（4）在/tmp中，将/tmp/etc.tar.gz内的etc/passwd解开。

```
[root@localhost ~]#cd /tmp
[root@localhost ~]#tar -zxvf /tmp/etc.tar.gz etc/passwd
```

⚠ 注 意

可以通过tar -ztvf来查看tarfile内的文件名，如果只要一个文件，就可以通过这个方式来执行。注意一点，etc.tar.gz内的根目录 / 被去掉了。因为在tar中的文件，如果具有绝对路径，那么解开的文件将会在该路径下，也就是在/etc，而不是相对路径。也就是说，如果有人拿走你的这个文件，并将该文件在他的系统上解压缩时，由于他的系统上本身自带/etc这个目录，那么他的文件就会被覆盖。

（5）备份/etc/内的所有文件，并且保存其权限。

```
[root@localhost ~]#tar -zxvpf /tmp/etc.tar.gz /etc   //-p 这个属性很重要,尤
其是要保留原文件的属性时。使用-p 之后,被打包的文件将不会根据用户的身份来改
变权限
```

（6）在/home 中,只备份比 2005/06/01 新的文件。

```
[root@localhost ~]#tar -N′2005/06/01′ -zcvf home.tar.gz /home
```

（7）只备份/home,/etc,但不要/home/dmtsai。

```
[root@localhost ~]#tar --exclude /home/dmtsai -zcvf myfile.tar.gz /home/ * /etc
```

（8）将/etc/打包后直接在/tmp 中解压缩,而不产生文件。

```
[root@localhost ~]#cd /tmp
[root@localhost tmp]#tar -cvf - /etc| tar -xvf -
```

! 注 意

输出文件变成 - ,而输入文件也变成 - ,又有一个｜存在。这分别代表 standard output（标准输出）,standard input（标准输入）与管道命令。"-"表示那个被打包的文件。由于不想让中间文件存在,所以就以这种方式来进行复制。

项 目 实 践

公司里 sala 的计算机在使用的时候有可怕的噪声,可能是有问题了。所以 sala 想在计算机出问题之前把硬盘上重要的数据备份一份。所以她就把陈飞找来了。她告诉陈飞,这些数据在两年半以前备份过,现在决定手动备份少数几个最紧要的文件。希望陈飞能帮忙。陈飞听了后,愉快地接受了任务。

第9章 Linux 的文件操作命令及正则表达式

本章内容

☞ 文本文件的操作命令

☞ 对文本的操作

☞ 正则表达式的简介

☞ 正则表达式的特殊字符

9.1 文本文件的操作命令

学习目标

- 掌握常见的 5 个显示文本文件内容的命令
- 能够熟练使用这些命令

常见的文本文件的操作命令有以下 5 个：cat、more、less、head、tail。因为 cat、more 和 less 命令在前面的章节中已经介绍过，所以简单地回顾一下就可以了。

1．cat

cat 是 concatenate 的缩写，它的作用是连接文件，并显示指定的一个或多个文件的有关信息。类似于 DOS 中的 type。例如 cat install.log| more 命令，该命令的作用是把文件 install.log 的结果输入到 more 程序中，然后在显示屏上显示出来。

2．more

more 是当一个文件的内容超过一屏后，可以用这个命令来逐屏查看文件内容，可以翻页，但是只能前翻（使用空格键翻一页，使用回车键翻一行）。

3．less

less 跟 more 一样也是一次一页显示，它与 more 命令不同的是可以前后翻页。

4．head

（1）功能：显示文件开头部分内容，默认显示文件的前 10 行。

（2）基本格式：head［选项］＜文件＞

（3）常用选项：head 命令的常用选项如表 9-1 所示。

表 9-1　head 命令的常用选项

选项	说明	选项	说明
-cN	输出文件的前 N 个字节	-v	输出文件名的信息
-nN	输出文件的前 N 行	--help	在标准输出上输出帮助信息并退出
-q	不输出文件名的信息	--version	在标准输出上输出版本信息并退出

 实例 9-1　head 命令的使用

```
[root@localhost /]# head /etc/mail/sendmail.mc  //默认查看文件的前 10 行内容
[root@localhost /]# head -n 20 /etc/passwd       //查看文件前 20 行内容
```

5. tail

(1) 功能:显示文件结尾部分内容,命令用法同 head。tail 默认显示文件列表中每个文件的后 10 行,如果没有文件名或文件名为"-",则从标准输入(键盘)中读取文件。

(2) 基本格式:tail [参数] <文件>

(3) 常用选项:tail 命令选项如表 9-2 所示。

表 9-2　tail 命令选项

选项	说　明
-cN	显示文件后部的 N 比特大小,N 后面可以跟 bkm 的参数
-f	如果文件的大小在增长的话,tail 将跟随文件的增长而显示
-l,-N	显示文件尾部 N 行
-v	一直输出"==>文件名<=="形式的文件
--help	在标准输出上显示帮助信息并退出
--version	在标准输出上显示版本信息并退出

 注　意

bkm 参数的含义:b 是 512 bit 的块,k 是 1 kbit 的块,m 是 1 Mbit 的字节块。

 实例 9-2　tail 命令的使用

```
[root@localhost /]# tail /etc/mail/sendmail.mc  //默认查看文件的后 10 行内容
[root@localhost /]# tail -n 20 /etc/passwd       //查看文件后 20 行内容
```

 注　意

tail -f /var/log/message 该命令的作用是实时监控日志文件更新信息。

9.2 对文本的操作

**学习目标**

- 掌握常见的 5 个文本文件操作命令
- 能够熟练使用这些命令

常见的文本的操作命令有以下 5 个：diff、uniq、cut、sort、wc。想要了解更多文本命令可查看 Linux 命令帮助。下面介绍 5 个命令的用法。

1. diff

（1）功能：diff 是 differential 的缩写，它用于比较两个文件之间的区别，并送到标准输出（显示屏）上。输出时先报告两个文件的哪一行不同。

（2）基本格式：diff［选项］＜文件 1＞ ＜文件 2＞

补充说明：diffstat 读取 diff 的输出结果，然后统计各文件的插入、删除、修改等差异计量。

（3）常用选项：diff 命令常见的选项如表 9-3 所示。

diff 比较文件 1 和文件 2 的不同之处，并按照选项所指定的格式加以输出。diff 的格式分为命令格式和上下文格式，其中上下文格式又包括了旧版上下文格式和新版上下文格式，而命令格式分为标准命令格式、简单命令格式及混合命令格式，默认时使用混合命令格式。

表 9-3 diff 命令常见的选项

选项	说明	选项	说明
-a	将所有文件当做文本文件来处理	-r	比较目录时比较所有的子目录
-b/-B	忽略空格/空行造成的不同	-I	忽略大小写的变化
-c	使用纲要输出格式	-＜行数＞	指定要显示多少行的文本。此参数必须与 -c或-u 参数一并使用
-q	只报告何处不同，不报告具体信息	-u＜列数＞	以合并的方式来显示文件内容的不同

实例 9-3 diff 命令的使用

```
[root@localhost /]#diff -c -2 file1 file2
```

比较 file1 与 file2 两个文件，显示不同之处前后各两行的内文，并标出两个文件的不同处。

2. uniq

（1）功能：检查及删除文本文件中重复出现的行列。

（2）基本格式：uniq［参数］＜文件＞

（3）常用选项：uniq 命令常见的选项如表 9-4 所示。

表 9-4 uniq 命令常见的选项

选项	说明	选项	说明
-c	在输出行前面加上每行在输入文件中出现的次数	-d	显示有被重复过的行
-u	显示那些没有被重复过的行		

3. cut

(1) 功能:cut 可以根据一个指定的标记(默认是 Tab 键)来为文本划分列,然后将此列显示。

(2) 基本格式:cut - c num1 -num2 文件

该命令的作用是显示每行从开头算起 num1 到 num2 的字符,-c 表示以字符为单位显示。

 实例 9-4 cut 命令的使用

```
[root@localhost /]#cat example          //显示文件 example 的内容
test2
this is test1
[root@localhost /]#cut - c 0-6 example   //显示从文件开头算起前 6 个字符
test2
This i
```

4. sort

(1) 功能:sort 用来按各种需要重新排列文本,一般运用在一个管道之后。

(2) 基本格式:sort [选项] <文件>

(3) 常用选项:sort 命令常见的选项如表 9-5 所示。

默认情况下 sort 按照字母顺序排列文本。

表 9-5 sort 命令常见的选项

选项	说明	选项	说明
-n	按照数字排序	-c	测试文件是否已经分类
-r	反向排序	-m	合并两个分类文件
-u	将重复的行去除	-o	存储 sort 结果的输出文件名

 实例 9-5 按照字符顺序排列

```
[root@localhost /]# ls -a|grep Bash|sort
.Bash_history
.Bash_logout
.Bash_profile
.Bashrc
```

实例 9-5 表示,显示当前目录下所有的文件,在显示出的文件名称中查找包含"Bash"字符的文件,然后对它们按照字符顺序进行排序。实例 9-6 表示的含义和实例 9-5 一样,只是进行反向排序。

 实例 9-6 进行反向排序

```
[root@localhost /]# ls -a|grep Bash|sort -r
.Bashrc
.Bash_profile
.Bash_logout
.Bash_history
```

5. wc

（1）功能：wc 是 word count 的缩写，顾名思义，它是用来统计一个文件的行数、词数、字数并送到标准输出。也可以用-l（行数）、-w（词数）、-c（字数）来指定输出内容。

（2）基本格式：wc［选项］＜文件＞

（3）常用选项：wc 命令常见的选项如表 9-6 所示。

表 9-6　wc 命令常见的选项

选项	说明	选项	说明
-c	只输出字节数	-l	只输出行数
-w	只输出单词数		

 实例 9-7　统计文件的字节数、单词数和行数

［root@localhost /］# wc -cwl /etc/passwd

该命令可以显示目前文件 passwd 有多少字节、多少单词和多少行。

9.3　正则表达式简介

- 了解正则表达式的含义
- 了解正则表达式与 Shell 在 Linux 中的角色定位

9.3.1　什么是正则表达式

简单地说，正则表达式就是处理字符串的方法，以行为单位进行字符串的处理，通过一些特殊符号的辅助，可以让用户轻松搜索/替换某些特定的字符串。

举一个系统管理中常见的例子。假设系统开机的时候，总出现一个关于 mail 程序的错误，而开机过程的相关程序都在/etc/rc. d/下，也就是说在该目录下的某个文件内有 mail 关键词。此时，怎么找出含有这个关键词的文件呢？当然可以一个一个文件地打开，然后去搜索 mail 关键词，如果该目录下的文件不止 100 个，可以想象工作量有多大。如果了解正则表达式的相关技巧，那么，只要使用一行命令就能找出来，"grep'mail'/etc/rc. d/ * "命令中的 grep 就是支持正则表达式的命令之一，正则表达式是一种表示法，只要工具程序支持这种表示法，那么，该工具程序就可以处理正则表达式的字符串。比如 vi、grep、awk、sed 等工具。这里进一步说明，正则表达式是一种"表示法"，只要工具程序支持这种表示法，那么，该工具程序就可以处理正则表达式的字符串。

9.3.2　正则表达式与 Shell 在 Linux 中的角色定位

在学习英语的时候，会将基础类的但是很重要的东西背下来，那就是单词，它会对以后英语的应用产生很大的作用。正则表达式与前面的 Bash Shell 有点像是英语中的单词，是

Linux 基础中的基础,虽然也是很难的部分,但学会之后会大大受益,不论是对系统的简单了解还是进行系统管理,它都会带来很大的帮助。

正则表达式可以让系统管理员更为方便地管理主机。由于正则表达式强大的字符串处理能力,当前有许多软件都支持正则表达式。最常见的就是"邮件服务器"。

如果注意网上的消息,就不难发现当前造成网络阻塞的主要原因之一就是"垃圾/广告信件",如果我们可以在主机端,删除这些问题邮件,客户端就会减少很多不必要的带宽耗损。如何删除广告信件?由于广告信件几乎都有一定的标题或内容,因此,只要每次收信时,先将来信的标题与内容进行特殊字符串的比较,发现有不良信件就予以删除即可。这些可以使用正则表达式来实现。当前两大邮件服务器软件 sendmail 与 postfix 以及支持邮件服务器的相关分析套件,都支持正则表达式的比较功能。

还有很多服务器以及套件都支持正则表达式。虽然很多软件都支持正则表达式,不过这些"字符串"的比较还是需要系统管理员来加入比较规则的,所以系统管理员为了自身工作的方便以及客户端的需求,应当熟练掌握正则表达式。

9.4 正则表达式基础

- 掌握 grep 的用法
- 掌握正则表达式的特殊字符

正则表达式是处理字符串的标准表达式,它需要有支持的命令来辅助。所以这里介绍一个最简单的字符串选取功能的命令 grep。在介绍完 grep 的基本功能之后,再讲解正则表达式特殊的处理能力。

9.4.1 grep 命令

(1)功能:在指定文件中搜索特定的内容,并将含有这些内容的行标准输出。

(2)基本格式:grep [选项]´搜索字符串´<文件及路径>

(3)常用选项:grep 命令的常用选项见表 9-7。

表 9-7 grep 命令的常用选项

选项	说　明
-a	在二进制文件中,以文本文件的方式搜索数据
-c	计算找到'搜索字符串'的次数
-i	忽略大小写的不同,所以大小写视为相同
-n	输出行号
-v	反向选择,即显示没有'搜索字符串'内容的那一行

  实例 9-8 grep 命令的使用

[root@localhost /]#grep´root´ /var/log/secure

将/var/log/secure 这个文件中有 root 的那一行显示出来。

```
[root@localhost /]#grep -v´root´ /var/log/secure
```

若该行没有 root,就将数据显示到屏幕上。

 实例 9-9 显示包含特定字符的行

如果想要字符串开头与结尾都是 a,但是两个 a 之间仅能存在至少一个 o,即 aoa、aooa、aoooa 等,该怎么做?

```
[root@localhost /]# grep -n´ao*a´ new.txt      //new.txt 是新建的一个文档
18:aooa is the best tools for search keyword.
19: aooooooa yes!
```

上面显示的结果表示满足条件的只有 18 行、19 行。

9.4.2 重要特殊字符

接下来通过表格的形式介绍一些特殊的字符,也是经常用到的。见表 9-8 和表 9-9。

表 9-8　基础的正则表达式特殊字符

字符	含义	字符	含义
.	表示任何一个单一字符	[abc]	表示当前位置 a、b 或 c
.*	表示零个或任意个字符	[^abc]	表示除了 a、b、c 以外的字符
^a	表示以 a 为首的行	a*	表示空、a、aa、aaa 乃至更多的 a
a$	表示以 a 为尾的行	a?	表示一个或零个单独的 a
\<good	表示以 good 开头的单词	a+	表示 a、aa、aaa 乃至更多的 a
Sh\>	表示以 sh 结尾的单词	a\{n\}	表示重复了 n 次的 a

表 9-9　正则表达式特殊字符详细列表

字符	含义及范例
^	表示匹配的字符必须在最前边
	例如,/^A/不匹配"an A"中的´A´,但匹配"An A"中最前面的´A´
$	与^类似,匹配最末的字符
	例如,/t$/不匹配"enter"中的´t´,但匹配"eat"中的´t´
*	匹配*前面的字符 0 次或 n 次
	例如,/bo*/匹配"A ghost booooed"中的´boooo´或"A bird warnled"中的´b´,但不匹配"A goat grunted"中的任何字符
+	匹配+号前面的字符 1 次或 n 次,等价于{1,}
	例如,/a+/匹配"candy"中的´a´和"caaaaaandy."中的所有´a´
?	匹配?前面的字符 0 次或 1 次
	例如,/e?le?/匹配"angel"中的´el´和"angle."中的´le´

字符	含义及范例
.	(小数点)匹配除换行符外的所有单个的字符
	例如,/.n/匹配"nay, an apple is on the tree"中的'an'和'on',但不匹配'nay'
(x)	匹配'x'并记录匹配的值
	例如,/(foo)/匹配和记录"foo bar."中的'foo',匹配字串能被结果数组中的元素[1],…,[n]返回,或被 RegExp 对象的属性＄1,…,＄9 返回
x|y	匹配'x'或者'y'
	例如,/green|red/匹配"green apple"中的'green'和"red apple."中的'red'
{n}	这里的 n 是一个正整数。匹配前面的 n 个字符
	例如,/a{2}/不匹配"candy,"中的'caandy,"中的所有'a'和"caaanndy."中的前面的两个'a'
{n,}	这里的 n 是一个正整数。匹配至少 n 个前面的字符
	例如,/a{2,}/不匹配"candy"中的'a',但匹配"caandy"中的所有'a'和"caaaaaaandy."中的所有'a'
{n,m}	这里的 n 和 m 都是正整数。匹配至少 n 个,最多 m 个前面的字符
	例如,/a{1,3}/不匹配"cndy"中的任何字符,但匹配"candy,"中的'a',"caandy,"中的前面两个'a'和"caaaaaaandy"中的前面三个'a'。注意:即使"caaaaaaandy"中有很多个'a',但只匹配前面的三个'a'即aaa
[xyz]	一字符列表,匹配列出中的任一字符。可以通过连字符"-"指出一个字符范围
	例如,[abcd]与[a-c]一样。它们匹配"brisket"中的'b'和"ache"中的'c'
[^xyz]	一字符补集,也就是说,它匹配除了列出的字符外的所有东西。可以使用连字符"-"指出一字符范围
	例如,[^abc]和[^a-c]等价,它们最早匹配"brisket"中的'r'和"chop."中的'h'
[b]	匹配一个空格(不要和混淆)
b	匹配一个单词的分界线,比如一个空格
	例如,/wBn/匹配"noonday"中的'no',/wyb/匹配"possibly yesterday."中的'ly'
B	匹配一个单词的非分界线
	例如,/wBn/匹配"noonday"中的'on',/yBw/匹配"possibly yesterday."中的'ye'
cX	这里的 X 是一个控制字符。匹配一个字符串的控制字符
	例如,/cM/匹配一个字符串中的 control-M
d	匹配一个数字,等价于[0～9]
	例如,/d/或/[0～9]/匹配"B2 is the suite number."中的'2'
D	匹配任何的非数字,等价于[^0～9]
	例如,/D/或/[^0～9]/匹配"B2 is the suite number."中的'B'
f	匹配一个表单符
n	匹配一个换行符
r	匹配一个回车符
s	匹配一个单个 white 空格符,包括空格、tab、form feed、换行符,等价于[fnrtv]
	例如,/sw＊/匹配"foo bar."中的'bar'
S	匹配除 white 空格符以外的一个单个的字符,等价于[^fnrtv]
	例如,/Sw＊/匹配"foo bar."中的'foo'
t	匹配一个制表符

字符	含义及范例
v	匹配一个顶头制表符
w	匹配所有的数字和字母以及下画线,等价于[A~Z/a~z/0~9]
	例如,/w/匹配″apple,″中的′a′,″$5.28,″中的′5′和″3D.″中的′3′
W	匹配除数字、字母及下画线外的其他字符,等价于[^A~Z/a~z/0~9]
	例如,/W/匹配或者/[^A~Z/a~z/0~9_]/匹配″50%.″中的′%′
n	这里的 n 是一个正整数。匹配一个正则表达式的最后一个子串的 n 值(计数左圆括号)
	例如,/apple(,)sorange1/匹配″apple,orange,cherry,peach.″中的′apple,orange′。注意:如果左圆括号中的数字比 n 指定的数字小,则 n 去下一行的八进制 escape 作为描述
ooctal 和 xhex	这里的 ooctal 是一个八进制的 escape 值,而 xhex 是一个十六进制的 escape 值,允许在一个正则表达式中嵌入 ASCII 码

 小知识

> 　　正则表达式与 Bash 通配符不一样。这个区别很重要,因为通配符所表示的含义与正则表达式并不相同。比如,? 作为通配符时代表的是"一定有"一个字母,而作为正则表达式的特殊字符代表的是匹配 ? 前面的字符 0 次或 1 次。 * 作为通配符,代表 0 个或多个字符(或数字)。 $ 作为通配符,代表的是变量之前需要加的变量换值。

9.5　本章小结

　　本章主要学习一些常用文本文件操作命令如 cat、more、less、head、tail,grep 的使用,正则表达式简介和正则表达式的重要特殊字符。重点掌握正则表达式。通过本章可以熟悉基础的正则表达式及其支持它的工具。

课后习题

1. 选择题

(1) 比较文件的差异要用到的命令是(　　　)。

A. diff　　　　　　　　B. cat　　　　　　　　C. wc　　　　　　　　D. rm

(2) 常用的通配符是指(　　)符号。

A. * 与 &　　　　　　B. & 与?　　　　　　C. $ 与 *　　　　　　D. ? 与 *

(3) 哪一个命令能用来查找文件 TESTFILE 中只包含四个字符的行?(　　　)

A. grep′^???? $′ TESTFILE　　　　　　B. grep′????′ TESTFILE

C. grep′^.... $′ TESTFILE　　　　　　D. grep′....′ TESTFILE

(4) 小杜登录到一台 Linux 主机上,他使用以下(　　　)命令可以将当前工作目录下的 a.txt 文件复制一份并命名为 b.txt。

A. cat a.txt>b.txt　　　　　　　　B. cat a.txt|b.txt

C. cp a. txt＞b. txt　　　　　　　　　　　D. cp a. txt b. txt

（5）（　　）命令可以从文本文件的每一行中截取指定内容的数据。

A. cp　　　　　　　　B. dd　　　　　　　　C. fmt　　　　　　　　D. cut

（6）用 wc 命令统计 kk. txt 文本文件的字节数，行数及单词数的参数分别是（　　　）。

A. w c l　　　　　　　B. c l b　　　　　　　C. w cl　　　　　　　D. c l w

2. 填空题

（1）进行字符串查找，使用_____命令。

（2）使用_____每次匹配若干个字符。

（3）删除 test1. txt 文本文件中重复出现的行列的命令格式是_____。

（4）在管道之后起排列文本作用的命令是_____。

（5）有一字符串：String str = ″aaa［bbb［ccc, ddd［eee, fff］］, ggg［hhh, iii］］″；若想取出所有类似 xxx［xxx, xxx］结构的字符串，则正则表达式应写成_____。

3. 简答题

（1）在/root 文件夹下查找后缀为. cpp 的文件。

（2）什么是正则表达式？它的作用是什么？

（3）在 Linux 系统中提供了丰富的文本内容查看命令和文本局部内容查看命令，请列举说明各命令的名称及其功能。

（4）请解释以下两条命令的作用：

cat file|tr ″［A-Z］″ ″［a-z］″

split -N file1

（5）Fedora 12 的主机名配置文件是 /etc/hosts，用来把主机名字映射到 IP 地址，其内容格式如下：

127.0.0.1 localhost. localdomain localhost

192.168.1.195 debian. localdomain debian

其中第一部分是 IP，第二部分是主机名. 域名，第三部分是主机名，请将此文件下的所有 IP 地址筛选出来，并保存到/home/hostip 文件下，然后再将重复的 IP 删除。（注意：以上操作均使用命令使用。）

（6）请在 Linux 下用正则表达式验证"yflin@163. com"是否是一个合法邮箱，其中邮箱命名规则如下：

① 邮箱用户名可由英文字母、数字、连接符即［减号-］、下画线、点［.］组成，但开头只能用英文字母或数字。

② 必须包含一个"@"。

③ 在"@"后面的字符串至少包含一个点［.］号。

课 程 实 训

实训内容一：查看文本

实训步骤：

1. 首先需要一个可供我们工作的文本文件：

```
［root@localhost ～］# cd
［root@localhost ～］# cd /usr/share/dict
```

2. 使用 cat 显示文件：

```
[root@localhost dict]# cat words
Aarhus
Aaron
Ababa
  ⋮
Zulu
Zulus
Zurich
```

3. 在这种情况下 cat 是一个坏的选择，因为输出很多快速的滚屏，试用 less：

```
[root@localhost dict]# less words
```

结果会发现，使用 less 的时候可以向前翻页（使用 b），向后翻页（使用空格键）在整个输出中，每次一屏。

4. 如果只需要快速地看看某个文件的最前几行和最后几行，要使用 head 或者 tail：

```
[root@localhost dict]# head words
Aarhus
Aaron
Ababa
aback
abaft
abandon
abandoned
abandoning
abandonment
abandons
[root@localhost dict]# tail words
zoologically
zoom
zooms
zoos
Zom
Zoroaster
Zoroastrian
Zulu
Zulus
Zurich
```

实训内容二:复制/etc/passwd 到自己所在的目录下。在/etc/passwd 里面有系统里的每一个账户使用 wc,在 passwd 文件中计算有多少行。并找出本机中所有用户使用的各种 Shell 并把其放置在一个文件 Shells 内。然后使用 cat 命令查看新的 Shells 文件的内容,为了使输出结果更为友好,在这个新的文件里用 sort 命令输出这些数据。按照数字由大到小的顺序列出在自己的机器上使用的各种 Shell。

实训步骤:

```
[root@localhost tmp]# cp /etc/passwd ./
[root@localhost tmp]# wc - l passwd
[root@localhost tmp]# cut -f7 passwd > Shells
[root@localhost tmp]# cat Shells
[root@localhost tmp]# sort Shells>sorted.Shells
[root@localhost tmp]# cat sorted.Shells
[root@localhost tmp]# sort-nr uniq.sorted.Shells
              /sbin/nologin
6             /bin/Bash
1             /sbin/shutdown.~…
1             /sbin/halt
1             /bin/sync
```

项 目 实 践

现在公司有一个项目,要求陈飞在/usr/share/dict/words 文件中找出本项目所需要的参数。项目的具体要求是:首先在/usr/share/dict/words 中创建含有 fish 的行,其中要有个 startfish。使用 grep 显示出/usr/share/dict/words 文件中所有含有 fish 的行;并输出任何包含 fish 的所有行,还要输出紧接着这行的上下各两行的内容;使用 grep 的相应的命令,来显示出在 words 文件中有多少行含有 fish,并显示出想找的某个含有 fish 的在哪行,将行号一起输出。希望列出/usr/share/dict/words 中包含先有字母 t 然后有一个元音字母,之后是 sh 的单词,并输出数量。

第 10 章　Linux 状态检测及进程控制

☞ 查看当前系统信息

☞ 查看当前系统状态

☞ 进程监控

☞ 控制进程

☞ 作业

☞ 线程

10.1　查看当前系统的信息

- 了解常用的系统信息
- 了解常用系统信息的含义
- 掌握查看系统信息的方法
- 掌握查看命令
- 了解某些常用信息文件的存放位置

10.1.1　常用的系统信息及简介

不论是什么样的系统,在运行过程中都会产生各种各样的信息。而系统在运行过程中产生的信息会更多,例如用户的登录信息。系统中较为常用的信息主要有下面一些:

- 主机名信息
- 内核信息
- 登录者信息
- 操作系统信息
- CPU 信息

以上这些都是系统较为常用的一些计算机上的信息。而最为常用的要数 CPU 的信息、操作系统的信息、主机名信息、内核信息、登录者信息等。

对于用户而言系统信息是比较重要的,用户可以从信息中更加清楚地了解自己系统的情况,虽然在平时这些信息看似没有什么作用。但是,一旦有所使用就显得十分重要了。

下面简单了解一下这些最为常用的信息究竟代表什么含义。

- 主机名信息:在一个局域网中,每台计算机都有一个名字,这就是主机名,它用于区分局域网中的各个主机。该信息存放于/etc/hosts 文件中,一般情况下 hosts 的内容是关于主机名(hostname)的定义,每行为一个主机,每行由三部分组成,每个部分由空格隔开。如图 10-1 所示。

```
hosts
# hostname huanghe.cn added to /etc/hosts by anaconda
127.0.0.1      localhost.localdomain      localhost.localdomain      localhost4
localhost4.localdomain4   huanghe.cn   localhost      localhost
::1     localhost.localdomain      localhost.localdomain      localhost6
localhost6.localdomain6    huanghe.cn   localhost      localhost
```

图 10-1　/etc/hosts 文件

其中♯号开头的行做说明,不被系统解释。第一部分是主机的网络 IP 地址;第二部分是主机名.域名,注意主机名和域名之间有个半角的点,例如 localhost.localdomain;第三部分是主机名(主机名别名),其实就是主机名。当然每行也可以是两部分,就是主机 IP 地址和主机名。

- 内核信息:即该 Linux 系统中所使用的内核的版本信息。
- 登录者信息:即登录到该台计算机上的用户的信息。
- 操作系统信息:即用户所使用的操作系统的版本信息,该信息存放于/etc/issue 文件中。
- CPU 信息:即用户所使用的计算机的 CPU 的信息,该信息存放在/proc/cpuinfo 文件中。

10.1.2　查看系统信息常用的命令

系统信息是相当重要的,不仅要知道它们的含义,还要知道如何查看。下面介绍一些查看系统信息的命令以及使用方法。

1. hostname

(1) 功能:查看及修改计算机的主机名。

(2) 基本格式:hostname［选项］［文件名称］

(3) 常用选项:常用选项见表 10-1。

表 10-1　hostname 命令的常用选项

选项	说明	选项	说明
-a 或--alias	查询主机名称的别名	-s 或--short	查询主机的前置名称
-d 或--domain	查询主机的域名	-v 或--verbose	显示命令执行过程
-F<文件名称>或—file<文件名称>	将主机名称设成文件中指定的名称	-V 或--version	查询版本信息
--f 或--fqdn 或--long	查询主机的全名	-y 或—yp 或--nis	查询 NIS 域名
-h 或--help	显示帮助	无	查询主机名
-i 或—ip-address	查询主机的 IP 地址	其他文字	将主机名改为该文字的内容
-n 或--node	查询 DECnet 网络的节点名称		

实例 10-1 hostname 命令的使用

```
[root@localhost ~]# hostname-a              //查询主机的别名
localhost.localdomain    localhost4    localhost4.localdomain4    yx.fzbj
localhost.localdomain localhost6 localhost6.localdomain6 yx.fzbj
[root@localhost ~]# hostname-i              //查询主机的IP地址
127.0.0.1 127.0.0.1
[root@localhost ~]# hostname                //查询主机的名字
Localhost
[root@localhost ~]# hostname huanghe.cn     //修改主机的名字
[root@localhost ~]# hostname
huanghe.cn
```

2. uname

（1）功能：查看系统信息。

（2）基本格式：uname［选项］

（3）常用选项：uname 命令常用选项如表 10-2 所示。

表 10-2　uname 命令常用选项

选项	说明	选项	说明
-a 或—all	输出所有的信息，次序如下面的参数所示，其中若-p 和-i 的结果不可知那么就会被省略	-p 或--processor	输出处理器的类型
-s 或—kernel-name	输出内核名称	-i 或—hardware-platform	输出硬件平台
-n 或—nodename	输出网络节点上的主机名	-o 或—operating-system	输出操作系统名称
-r 或—kernel-release	输出内核发行号	--help	显示帮助信息
-v 或—kernel-version	输出内核版本	--version	显示版本信息
-m 或--machine	输出主机的硬件架构名称		

 实例 10-2　uname 命令的使用

```
[root@localhost ~]# uname              //显示 Linux 系统的内核
Linux
[root@localhost ~]# uname-n            //查看网络节点上的主机名
huanghe.cn
```

在实例 10-2 中，查看网络节点上的主机名会发现与 hostname 例子中的主机名是一致的。

3. lsmod

（1）功能：显示已经载入系统的内核模块。

（2）基本格式：lsmod

实例 10-3 显示系统中的内核模块

```
[root@localhost ~]#lsmod
Module              Size      Used by
uvcvideo            51144     0
videodev            30160     1 uvcvideo
v4l1_compat         12312     2 uvcvideo,videodev
fuse                52712     2
ipt_MASQUERADE      2788      1
```

实例 10-3 中显示的就是作者系统中已经加载的模块,其实用户是能够自行添加删除模块的,读者若有兴趣可自行了解相关的内容。

4. env

(1) 功能:查询及修改环境变量。

(2) 基本格式:env[名称=值][选项]

(3) 常用选项:env 命令常用选项如表 10-3 所示。

表 10-3　env 命令常用选项

选项	说明	选项	说明
-i 或-ignore-environment	忽略环境	--version	显示版本信息
-u 或—unset=名称	从当前环境中删除一个变量	无	显示所有环境变量
--help	显示帮助信息		

 实例 10-4 显示系统中的环境变量

```
[root@localhost ~]# env
ORBIT_SOCKETDIR = /tmp/orbit-yx
HOSTNAME = yx.fzbj
IMSETTINGS_INTEGRATE_DESKTOP = yes
SHELL = /bin/Bash
TERM = xterm
HISTSIZE = 1000
```

实例 10-4 是作者系统中环境变量的一部分,在本节后面有关于环境变量的介绍,读者可自行了解。

5. df

(1) 功能:显示磁盘的文件系统及使用情形。

(2) 基本格式:df[选项][文件或设备]

(3) 常用选项:df 命令常用选项如表 10-4 所示。

表 10-4　df 命令常用选项

选项	说　明
-a 或--all	包含全部的文件系统,即使空间为 0
--block-size=<块大小>	以指定的块大小来显示块数目
-h 或--human-readable 或-H 或--si	以可读性较高的方式来显示信息
-i 或--inodes	显示 inode 的信息
-k 或--kilobytes	指定块大小为 1 024 字节
-l 或--local	仅显示本地端的文件系统
-m 或--megabytes	指定块大小为 1 048 576 字节
--no-sync	在取得磁盘使用信息前,不要执行 sync 命令,这是默认值
-P 或--portability	使用 POSIX 的输出格式
--sync	在取得磁盘使用信息前,先执行 sync 命令,以将内存的数据写入磁盘中
-t<文件系统类型>或--type=<文件系统类型>	仅显示指定文件系统类型的磁盘信息,Linux 默认的文件系统类型为 ext2,DOS 默认的文件系统类型为 msdos
-T 或--print-type	显示文件系统的类型
-x<文件系统类型>或--exclude-type=<文件系统类型>	不要显示指定文件系统类型的磁盘信息
--help	显示帮助信息
--version	显示版本信息

 实例 10-5　df 命令的使用

```
[root@localhost ~]# df
文件系统          1K-块        已用        可用        已用%     挂载点
/dev/sda2       20158332     336812      18797520     2%       /
tmpfs            254972         760        254212     1%       /dev/shm
/dev/sda1       5039616      157540       4626076     4%       /boot
/dev/sda6       10079080     522020       9045064     6%       /home
/dev/sda9       3397628       71440       3153596     3%       /opt
/dev/sda8       5039612      141340       4642276     3%       /tmp
/dev/sda5       50395844    7512632      40323212    16%       /usr
/dev/sda10      3023756       70176       2799984     3%       /usr/local
/dev/sda7       5039612
```

　　其中第一列表示磁盘的文件系统名称,第二列表示文件系统所占有总的字节数,以 K 为单位。

6. du

(1) 功能:显示目录或者文件所占的磁盘空间。

(2) 基本格式:du[选项][目录或文件]

（3）常用选项：du 命令常用选项如表 10-5 所示。

表 10-5　du 命令常用选项

选项	说　　明
-a 或-all	显示目录中个别文件的大小
-b 或-bytes	显示目录或文件大小时，以字节为单位
-c 或--total	除了显示个别目录或文件的大小外，同时也显示所有目录或文件的总和
-D 或--dereference-args	显示指定符号链接的来源文件大小
-h 或--human-readable 或-H 或--si	以 K(KB)、M(MB)、G(GB)为单位，提高信息的可读性，其中前两个以 1 024 为换算单位，后两个是以 1 000 为换算单位
-k 或--kilobytes	以 1 024 字节为块单位，这是程序的默认单位
-l 或--count-links	重复计算硬链接文件所占用的磁盘空间
-L<符号链接>或--dereference<符号链接>	显示选项中所指定符号链接的来源文件大小
-m 或--megabytes	以 1 MB(1 048 576 字节)为单位
-s 或--summarize	仅显示总计
-S 或--separate-dirs	显示个别目录的大小时，不包含其子目录的大小
-x 或—one-file-system	以最先处理目录的文件系统为准，而不显示其他文件系统的目录
--block-size=<块大小>	指定显示时以多少字节当成一个块
--exclude=<目录或文件>	略过指定的目录或文件
--max-depth=<目录层数>	超过指定层数的目录后，予以忽略
--help	显示帮助信息
--version	显示版本信息

7. fdisk

（1）功能：Linux 磁盘分区表控制。

（2）基本格式：fdisk［选项］［设备名称］

（3）常用选项：fdisk 命令常用选项如表 10-6 所示。

表 10-6　fdisk 命令常用选项

选项	说　　明
-b<扇区大小>	指定每个扇区的大小，通常硬盘的每个扇区是 512 字节，其他存储媒体则不一定
-l	列出指定的外围设备的分区表状况，硬盘的外围设备的代号随着各种接口不同而不同，IDE 硬盘为/dev/had～/dev/hdh，SCSI 硬盘为/dev/sda～/dev/sdp，WSDI 硬盘为/dev/eda～/dev/edd，XT 硬盘则只有/dev/xda 与/dev/xdb 可用
-s<分区编号>	将指定的分区大小输出至标准输出上，单位为块(Block)，其分区编号由/dev/hda1～/dev/hda4，如果有更多的分区，则要再建立逻辑(Logical)分区，它存于扩展(Extended)分区之内，分区编号由/dev/hda5 开始，扩展分区必须占据 1 个主要分区的空间
-u	搭配"-l"参数列表，会用扇区数目取代柱面数目，来标示每个分区的起始位置
-v	显示版本信息

实例 10-6 fdisk 命令的使用

下面所显示的信息中,第一列为磁盘的分区,第二列和第三列分别为分区的起始和结束柱面号,第四列为分区总的块数,第五列为文件系统的 ID 号,第六列为分区的文件系统名称。

```
[root@localhost ~]# fdisk-l
Disk /dev/sda:107.4 GB,107374182400 bytes
255 heads,63 sectors/track,13054 cylinders
Units = cylinders of 16065 * 512 = 8225280 bytes
Disk identifier:0x0000d11f
  Device Boot      Start       End       Blocks    Id    System
/dev/sda1     *        1        638      5120000    83    Linux
Partition 1 does not end on cylinder boundary.
/dev/sda2          638       3188     20480000    83    Linux
/dev/sda3         3188       3318      1048576    82    Linux swap/Solaris
/dev/sda4         3319      13054     78204420     5    Extended
```

8. swapon

(1) 功能:启动系统交换分区,与 swapoff 的作用正好相反。

(2) 基本格式:swapon [选项][设备名称]

(3) 常用选项:swapon 命令的常用选项如表 10-7 所示。

表 10-7　swapon 命令的常用选项

选项	说　明
-a	将/etc/fstab 文件中所有设定为 swap 的设备,启动交换分区
-h	显示帮助信息
-p<优先顺序>	指定交换分区的优先顺序,<优先顺序>可从 0～32 767
-s	显示交换分区的使用情况
-v	显示版本信息

 实例 10-7 显示交换分区的信息

```
[root@localhost ~]# swapon-s
Filename           Type        SizeUsedPriority
/dev/sda3          partition    1048568    2980-1
```

9. dmesg

(1) 功能:显示开机信息。

(2) 基本格式:dmesg [选项]

(3) 常用选项:dmesg 命令的常用选项如表 10-8 所示。

表 10-8　dmesg 命令的常用选项

选项	说　明
-c	显示信息后,清除 ring buffer 中的内容
-s＜缓冲区大小＞	默认值为 8 196,刚好等于 ring buffer 的大小,若自定义较大的 ring buffer,则必须在此设置相对的缓冲区大小才能查看整个 ring buffer 中的内容
-n	设置记录信息的层级

10. id

(1) 功能:显示用户的 ID 以及群组的 ID。

(2) 基本格式:id［参数］［用户名］

(3) 常用选项:id 命令的常用选项如表 10-9 所示。

表 10-9　id 命令的常用选项

选项	说　明
-g 或--group	显示用户所属组的 ID
-G 或--groups	显示用户所属附加组的 ID,一个用户除了原先建立账号的组之外,也可指定多个附加组给同一个用户,使得该用户具有这些附加组的执行权限
-n 或--name	显示用户、所属组或附加组的名称,必须与-g、-G 或-u 一起使用
-r 或--real	显示实际 ID,必须与-g、-G 或-u 一起使用
-u 或--user	显示用户 ID
--help	显示帮助信息
--verion	显示版本信息
-Z	仅输出文本

 实例 10-8　显示当前用户的信息

```
［root@localhost ～］# id              //显示当前用户 ID 的信息
  uid＝0(root) gid＝0(root) 组＝0(root),1(bin),2(daemon),3(sys),4(adm),
6(disk),10(wheel)
  ［root@localhost ～］# id-g root      //显示 root 所属组的 ID
  0
```

 小知识

　　Linux 是一个多用户的操作系统。每个用户登录系统后,都会有一个专用的运行环境。通常每个用户默认的环境都是相同的,这个默认环境实际上就是一组环境变量的定义。用户可以对自己的运行环境进行定制,其方法就是修改相应的系统环境变量。常见的环境变量如 PATH 和 HOME 等大家都不陌生。

除此之外,还有下面一些常见环境变量。

- HISTSIZE 是指保存历史命令记录的条数。
- LOGNAME 是指当前用户的登录名。
- HOSTNAME 是指主机的名称,许多应用程序如果要用到主机名的话,通常是从这个环境变量中来取得的。
- SHELL 是指当前用户用的是哪种 Shell。
- LANG/LANGUGE 是和语言相关的环境变量,使用多种语言的用户可以修改此环境变量。
- MAIL 是指当前用户的邮件存放目录。
- PS1 是基本提示符,对于 root 用户是♯,对于普通用户是 $。PS2 是附属提示符,默认是">"。可以通过修改此环境变量来修改当前的命令符。
- getenv()访问一个环境变量。输入参数是需要访问的变量名字,返回值是一个字符串。如果所访问的环境变量不存在,则会返回 NULL。
- setenv()在程序里面设置某个环境变量的函数。
- unsetenv()清除某个特定的环境变量的函数。
- ~/.profile 是在用户的主目录下的一个文件,每次用户登录都会执行里面的 ENV 环境变量设置。
- /etc/profile 是一个全局的环境变量设置,只要登录系统的用户都会执行里面的 ENV 环境变量设置。

10.2 查看当前系统状态

学习目标

- 了解内存的意义
- 掌握内存查看的方法
- 掌握查看系统信息的方法
- 掌握查看命令
- 了解某些常用信息文件的存放位置

10.2.1 内存监控

在计算机的组成结构中,有一个很重要的部分,就是存储器。存储器是用来存储程序和数据的部件,对于计算机来说,有了存储器,才有记忆功能,才能保证正常工作。存储器的种类很多,按其用途可分为主存储器和辅助存储器,主存储器又称内存储器(简称内存)。

内存是电脑中的主要部件,它是相对于外存而言的。平常使用的程序,例如操作系统、打字软件、游戏软件等,一般都是安装在硬盘等外存上的,但仅仅此是不能使用其功能的,必须把它们调入内存中运行,才能真正使用其功能。我们平时输入一段文字,或玩一个游戏,其实都是在内存中进行的。通常把要永久保存的、大量的数据存储在外存上,而把一些临时的或少量的数据和程序放在内存里。

内存是存储程序以及数据的地方,例如使用 Word 程序处理文件,当用户在键盘上输入字符时,它就被存入内存中,当用户选择存盘时,内存中的数据才会被存入硬(磁)盘。

内存是 Linux 内核所管理的最重要的资源之一,内存管理系统是操作系统中最为重要的部分。对于 Linux 的初学者来说,熟悉 Linux 的内存管理非常重要,因此本节专门就内存监控进行讲解。

用户要了解内存的使用情况,根据具体情况做出适当的调整才能使计算机系统更好地运行,下面介绍内存的监控方法。

对于内存的监控管理最为常用的是 free 命令。

(1) 功能:查看当前系统内存的使用情况,它显示系统中剩余及已用的物理内存和交换内存。以及共享内存和被核心使用的缓冲区。

(2) 基本格式:free[选项]

(3) 常用选项:free 命令的常用选项如表 10-10 所示。

表 10-10　free 命令的常用选项

选项	说　明
-b	以 Byte 为单位显示内存使用情形
-k	以 KB 为单位显示内存使用情形。这项参数为默认值,其效果相当于仅执行 free 命令而不加任何参数
-m	以 MB 为单位显示内存使用情形
-g	以 GB 为单位显示内存使用情形
-l	统计内存信息中行与列的细节
-c	更新时间
-o	不显示缓冲区调节行
-s<间隔秒数>	持续观察内存使用状况。间隔秒数表示每间隔一定秒数就会查看一次内存状态
-t	显示内存总和行
-v	显示版本信息
-h 或--help	显示帮助信息

 实例 10-9　在终端中输入命令"free",查看系统的内存信息

```
[root@localhost ~]# free
              total        used        free      shared     buffers      cached
Mem：        509948      466824       43124           0       42944      249820
-/+ buffers/cache：      174060      335888
Swap：      1048568           0     1048568
```

其中,Mem 表示物理内存统计;"-/+ buffers/cached"表示物理内存的缓存统计;Swap 表示硬盘上交换分区的使用情况。

实例 10-10　以 M 为单位显示内存的信息

接下来,在终端输入命令"free-m",读者就会见到如下的结果:

```
[root@localhost ~]# free -m
            total       used       free     shared    buffers     cached
Mem:          497        456         41          0         42        244
-/+ buffers/cache:                   170        327
Swap:        1023          0       1023
```

从这两个命令的对比,就能够看出区别。不加参数的时候默认为"-k",是以"KB"为单位的,而加了参数"-m"之后,就以"MB"为单位显示内存的信息了。

10.2.2　常用的系统日志文件

本节主要讨论 Linux 系统中的日志文件。

日志文件系统比传统的文件系统安全,因为它用独立的日志文件跟踪磁盘内容的变化。就像关系型数据库 (DBMS),日志文件系统可以用事务处理的方式,提交或撤销文件系统的变化。在系统崩溃之后,日志文件系统很快就能恢复。它需要恢复的只是日志中记录下来的很少的几块。当断电之后,恢复日志文件系统只需要用几秒钟的扫描时间。

日志文件通常存放在"/var/log"目录下。为了查看日志文件的内容必须要有"root"权限。日志文件中的信息很重要。只能让超级用户有访问这些文件的权限。

日志文件其实是纯文本的文件,每一行就是一个消息。只要是在 Linux 下能够处理纯文本的工具都能用来查看日志文件。日志文件总是很大的,因为从第一次启动 Linux 开始,消息就都累积在日志文件中。看日志文件的一个比较好的方法是用像 More 或 Less 那样的分页显示程序。或者用 Grep 查找特定的消息。

下面以表格的形式介绍比较常用的系统日志文件。详细情况如表 10-11 所示。

表 10-11　Linux 系统日志文件

/var/log/dmesg	核心启动日志。此日志文件写在系统每次启动时,包含了核心装入时系统的所有输出数据,可以使用 dmesg 命令直接查看
/var/log/messages	系统报错日志。这是一份标准系统日志,记录着大部分系统服务的输出,包括启动时非关核心的一些输出,用户一般只关心最近发生的事件,所以一般使用 tail 命令查寻文件的结尾
/var/log/maillog	部件系统日志。该日志文件记录了每一个发送到系统或从系统发出的电子邮件的活动,它可以用来查看用户使用哪个系统发送工具或把数据发送到哪个系统
/var/log/boot.log	系统引导过程日志。该文件记录了系统在引导过程中发生的事件,就是 Linux 系统开机自检过程显示的信息
/var/log/cron	记录守护进程派生子进程。该日志文件记录 crontab 守护进程 crond 所派生的子进程的动作,前面加上用户、登录时间和 PID,以及派生出的进程的动作,CMD 的一个动作是 cron 派生出一个调度进程的常见情况,REPLACE(替换)动作记录用户对它的cron 文件的更新。该文件列出了要周期性执行的任务调度,RELOAD 动作在 RE-PLACE 动作后不久发生,这意味着 cron 注意到一个用户的 cron 文件被更新而 cron需要把它重新装入内存,该文件可能会查到一些反常的情况

/var/log/syslog	记录警告信息。它和/etc/log/messages 日志文件不同,它只记录警告信息,常常是系统出问题的信息,所以更应该关注该文件
/var/log/wtmp	永久记录用户登录事件。该日志文件永久记录每个用户登录、注销及系统的启动、停机的事件,因此随着系统正常运行时间的增加,该文件的大小也会越来越大,增加的速度取决于系统用户登录的次数,该日志文件可以用来查看用户的登录记录,last 命令就通过访问这个滚件获得这些信息,并以反序从后向前显示用户的登录记录,last 也能根据用户、终端 tty 或时间显示相应的记录
/var/log/xferlog	记录 FTP 会话。该日志文件记录 FTP 会话,可以显示出用户向 FTP 服务器或从服务器复制了什么文件,该文件会显示用户复制到服务器上的用来入侵服务器的恶意程序,以及该用户复制了哪些文件供其使用
/var/log/secure	安全信息。此日志包含了所有与系统相关的信息,例如登录,tcp_wrapper 与 xinetd 服务

以上这些系统日志文件是较为常用的,如果用户想要掌握系统的状态,就必须熟练地使用这些系统日志文件。

10.3　进　程　监　控

 学习目标

- 了解进程的作用
- 了解进程的组成
- 掌握查看进程的方法
- 了解杀死僵尸进程的方法

10.3.1　进程的组成

Linux 是一个多任务的操作系统,系统上同时运行着多个进程。Linux 系统上每个用户任务、每个系统管理守护程序,都可以称之为进程。

进程的一个比较正式的定义是:在自身的虚拟地址空间运行的一个单独的程序。进程与程序是有区别的,进程不是程序,尽管它由程序产生。进程是一个程序的一次执行的过程,同时也是资源分配的最小单位。它和程序有本质的区别,程序只是一个静态的指令集合,不占系统的运行资源。而进程是一个随时都可能发生变化的、动态的、使用系统运行资源的程序,而且一个程序可以启动多个进程。

Linux 操作系统包括三种不同类型的进程,每种进程都有自己的特点和属性,见表 10-12。

表 10-12　Linux 操作系统三种不同类型的进程

进程类型	说　明
交互进程	由一个 Shell 启动的进程,交互进程既可以在前台运行,也可以在后台运行
批处理进程	这种进程和终端没有联系,是一个进程序列
监控进程(也称守护进程)	Linux 系统启动时启动的进程,并在后台运行

每个进程都有自己的进程号,除了进程号每个进程通常还具有优先级、私有内存地址、环境、系统资源、文件描述、安全保证。一个进程可以同时身为一个进程的子进程,及另一个进程的父进程。

进程有三种状态,并且这三种状态是能够互相转换的,具体情况见图 10-2。

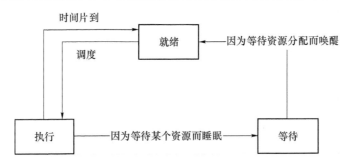

图 10-2 进程的状态转换

在 Linux 系统中,进程之间具有并行性、互不干扰等特点。Linux 中的进程包含三个段,分别是"数据段"、"代码段"和"堆栈段",进程结构示意图如图 10-3 所示。

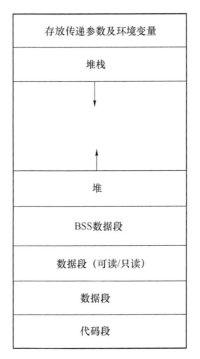

图 10-3 进程的组成

其中,"数据段"存放的是全局变量、常数以及动态数据分配的空间,根据存放的数据,数据段又能够分为普通数据段(包括可读可写/只读数据段,存放静态初始化的全局变量或常量)、BSS 数据段(存放未初始化的全局变量)以及堆(存放动态分配的数据);"代码段"存放的是程序代码的数据;"堆栈段"存放的是子程序的返回地址、子程序的参数以及程序的局部变量。

在 Linux 中,每个进程在创建时都会被分配一个数据结构,称为进程控制块(Process Control Block,PCB)。PCB 中包含了很多重要的信息,供系统调度和进程本身执行使用,其中最重要的莫过于进程 ID(process ID)了,进程 ID 也被称作进程标识符,是一个非负的整数,在

Linux 操作系统中唯一地标志一个进程,在最常使用的 I386 架构(即 PC 使用的架构)上,一个非负的整数的变化范围是 0～32 767,这也是所有可能取到的进程 ID。其实从进程 ID 的名字就可以看出,它就是进程的身份证号码,每个人的身份证号码都不会相同,每个进程的进程 ID 也不会相同。一个或多个进程可以合起来构成一个进程组(process group),一个或多个进程组可以合起来构成一个会话(session)。这样就有了对进程进行批量操作的能力。

系统有一个原始进程是 init,init 的 PID 总是 1。在 Linux 系统中,一个进程可以产生另一个进程,除了 init 以外,所有的进程都有父进程,正因为有父、子进程的关系才会产生僵尸进程,这些内容会在后面的章节中有详细的介绍。

10.3.2 查看进程状态

在 Linux 系统中,可以通过一些命令来查看进程的状态,查看进程状态能够帮助用户了解到系统中哪些程序占用了过多的资源,哪些程序已经不用了,却依然占据着系统资源,用户可以根据查看到的进程信息,做出相应的调整,例如杀死进程或者添加进程等。这些将会在下一节中做更为细致的讲解,本节中,先来学习如何查看进程状态。

在 Linux 中有一个命令是用来查看进程状态的,就是"ps"命令。用户可以根据不同的需求来改变其不同的参数,以达到查看进程信息的目的。

(1) 功能:报告进程状况。

(2) 基本格式:ps［选项］

(3) 常用选项:ps 命令的常用选项见表 10-13。

表 10-13　ps 命令的常用选项

选项	说　明
-a	显示所有终端下执行的进程,除了 session leader 及不属于任何终端的进程之外
a	显示现行终端下的所有进程,包括其他用户的进程
-A 或-e	显示所有的进程
-c	显示 CLS 和 PRI 栏位
c	列出进程时,显示每个进程真正的命令名称,而不包括路径、参数,或是常驻服务的标示
-C＜命令名称＞	指定执行命令的名称,并列出该命令的进程状态
-d	显示所有的进程,但不包括 session leaser 的程序
e	列出进程时,显示每个进程所使用的环境变量
-f	显示 UID、PPID、C 与 STIME 栏位
f 或-forest	用 ASCII 字符显示树状结构,表达进程间的相互关系
-g＜组名称＞	列出属于改组的进程状况
g	显示现行终端下的所有进程,包括 group leader 的进程
h	不显示标题栏
-H	列出进程的层次,主要体现在 CMD 栏位
-j 或 j	采用工作控制的格式显示进程状况
-l 或 l	采用详细的格式来显示进程状况
L	显示栏位的相关信息
-m 或 m	显示所有的进程

选项	说 明
n	以数字来表示 USER 和 WCHAN 栏位
-N	显示所有的进程,除了执行 ps 命令终端下的进程外
o<显示栏位>	以自定的格式来显示程序的状态,可显示的栏位有:%C 表示 CPU 栏位、%G 表示 GROUP 栏位、%P 表示 PPID 栏位、%U 表示 USER 栏位、%a 及 %c 表示 COMMAND 栏位、%g 表示 RGROUP 栏位、%n 表示 NI 栏位、%p 表示 PID 栏位、%r 表示 PGID 栏位、%t 表示 ELAPSED 栏位、%u 表示 PUSER 栏位、%x 表示 TIME 栏位、%y 表示 TTY 栏位、%z 表示 VSZ 栏位
-p<进程识别码>	指定进程识别码,并列出该进程的状态
r	只列出现行终端正在执行中的程序
-s<阶段操作>	指定阶段操作的程序识别码,并列出隶属该阶段操作的进程状况
s	采用进程信号的格式显示进程状况
S 或 --cumulative	列出进程时,包括已死亡的子进程数据
-t<终端编号>	指定终端编号,并列出属于该终端的进程状况
T	显示现行终端下的所有进程
-u<用户识别码>	列出属于该用户的进程状况,也可使用用户名称来指定
u	以用户为主的格式来显示进程状况
U<用户名称>	列出属于该用户的进程状况
v	采用虚拟内存的格式显示进程状况
-v	显示版本信息
-w 或 w	采用宽阔的格式来显示进程状况
x	显示所有进程不以终端来区分
X	采用旧式的 Linux i386 登录格式显示进程状况
-y	配合参数"-l"使用时,不显示 F(Flag)栏位,并以 RSS 栏位取代 ADDR 栏位
--cols<每列字符数>	设定每列的最大字符数
--headers	重复显示标题栏
--help	显示帮助
--info	显示排错信息
--lines<显示行数>	设定显示画面的行数

 实例 10-11 查看系统进程的信息

```
[root@localhost ~]# ps a
PID  TTY    STAT    TIME  COMMAND
1672  tty4   Ss +    0:00  /sbin/mingetty tty4
1673  tty5   Ss +    0:00  /sbin/mingetty tty5
1674  tty2   Ss +    0:00  /sbin/mingetty tty2
1675  tty3   Ss +    0:00  /sbin/mingetty tty3
1676  tty6   Ss +    0:00  /sbin/mingetty tty6
```

在上面所显示的内容里,PID 表示进程的 ID 号,TTY 表示进程所在的终端,STAT 表示进程的状态。其中:D 表示不可中断;R 表示运行;S 表示中断;T 表示停止;Z 表示僵死。TIME 表示进程的执行时间。COMMAND 表示该进程的命令行输入。

 小知识

> ps -tree 参数也能够显示进程状态,与其他参数不同的是,该参数的显示结果是以树的形式出现的,但是此参数并不常用,因为用此参数显示的结果会因为树的关系而变得十分长,因而在屏幕是无法完全显示的,因而并不具备较大的实用意义。

10.3.3 进程优先级

前面已经说过系统是通过进程来完成工作的,因此这里就有一个问题:由于系统不可能同时完成多项工作,因此,系统到底该先完成哪项工作就不知道了。为了能够让系统知道应该先做什么后做什么,这里为进程设置了优先级,优先级用来告诉系统先做什么后做什么。

Linux 下的进程调度优先级,也叫 nice 值,是从−20～19,一共 40 个级别,数字越大,表示进程的优先级越低。默认时候,进程的优先级是 0。实例 10-11 显示的结果中 STAT 那一列,表示进程的状态,可以看到进程状态后面的字母通常有一些修饰符,例如<、N、L、s、l、＋,各修饰符的含义如下:

- <,表示优先级高;
- N,表示优先级低;
- L,只能在物理内存中运行;
- s,表示睡眠状态;
- l,表示多线程的;
- ＋,表示在前台运行的。

用户可以通过 nice 命令来修改进程的优先级。

1. nice

(1)功能:设置进程的优先级

(2)基本格式:nice［选项］［命令］

(3)常用选项:nice 命令的常用选项见表 10-14。

表 10-14　nice 命令的常用选项

选项	说　　明
−n＜优先等级＞	设定欲执行的命令的优先权等级。等级的范围为−20～19,其中−20 最高,19 最低,只有系统管理者可以设定负数的等级
--help	显示帮助
--version	显示版本信息
无	设置优先级为默认值 10

2. renice

(1)功能:调整进程的优先级。

(2)基本格式:renice［优先级］［参数］

（3）常用选项：renice 命令的常用选项见表 10-15。

表 10-15　renice 命令的常用选项

选项	说　明
-g＜程序组名称＞	使用程序组名称，修改所有隶属于该程序组的程序优先级
-p＜程序识别码＞	改变该程序的优先等级，此参数为默认值
-u＜用户名称＞	指定用户名称，修改所有隶属于该用户的程序优先级

10.3.4　进程监控工具

在上面已经介绍过查看进程信息的方法了，是通过"ps"命令配合上各种参数就能看到用户想要看到的进程信息，但是那些都是静态的，即在用户使用该命令那一时刻的系统中的进程状态，显然这对于某些用户来说是不够的。如果用户需要实时监控进程状态的话，就要通过该命令中的某个参数每隔一段时间就显示一次进程信息。但是这样的话，次数多了之后显示的信息也会积累很多，这对用户来说不是很方便，因此在本节中将要介绍另两个查看进程状态的方法——"top"命令和 GNOME 图形化界面的工具。

top 命令是 Linux 下常用的性能分析工具，能够实时显示系统中各个进程的资源占用状况，类似于 Windows 系统的任务管理器。top 命令和 ps 命令的基本作用是相同的，显示系统当前的进程和其他状况。但是 top 是一个动态显示过程，即可以通过用户按键来不断刷新当前状态。如果在前台执行该命令，它将独占前台，直到用户终止该程序为止。比较准确的说法是，top 命令提供了实时的对系统处理器的状态监视。它将显示系统中 CPU 最"敏感"的任务列表。该命令可以按 CPU 使用、内存使用和执行时间对进程进行排序。而且该命令的很多特性都可以通过交互式命令或者在个人定制文件中进行设置。

1. top 命令

（1）功能：显示系统当前的进程和其他状况。

（2）基本格式：top［选项］

（3）常用选项：top 命令的常用选项见表 10-16。

表 10-16　top 命令的常用选项

选项	说　明
-d＜间隔秒数＞	指定每两次屏幕信息刷新之间的时间间隔，以秒为单位，当然用户可以使用 s 交互命令来改变
-p	通过指定监控进程 ID 来仅仅监控某个进程的状态
-q	持续监控进程的状况。如果系统管理者使用这项参数，则 top 的优先权将是最高等级，可不断更新进程的信息
-c	列出进程时，显示每个进程的完整命令，包括命令名称、路径和参数等相关信息
-S	指定累计模式
-s	使 top 在安全模式中运行，这将去除交互命令所带来的潜在危险
-i	执行 top 命令时，忽略闲置或是已成为僵尸的进程
-n	设定监控信息的更新次数。当达到指定的次数之后，top 命令就会自动结束并回到命令列
-b	使用批次模式。本模式中 top 将不接受任何热键输入命令，除非达到参数"n"所设定的执行次数，或被强制中断才会停止

以上这些参数都是在命令行情况下的选项，一旦进入 top 工具，在交互模式下还有命令可以进行操作，下面通过表 10-17 来了解一下。

表 10-17　top 工具交互模式下的操作命令

命令	用　途
Ctrl+L	擦除并且重写屏幕
h 或?	显示帮主画面
k	终止一个进程。系统将提示用户输入需要终止的进程 PID，以及需要发送给该进程什么样的信号。一般进程可以使用 15 信号；如果不能正常结束那就是用信号 9 强制结束该进程，默认值是信号 15，在安全模式中此命令被屏蔽
i	忽略闲置和僵尸进程，这是一个开关式命令
q	退出 top
r	重新安排一个进程的优先级别，系统提示用户输入需要改变的进程 PID 以及需要设置的进程优先级值，输入一个正值将使优先级降低，反之则可以使该进程拥有更高的优先权，默认值为 10
S	切换到累计模式
s	改变两次刷新之间的延迟时间，系统将提示用户输入新的时间，单位为 s，如果有小数，就换算成 ms，输入 0 值则系统将不断刷新，默认值为 5 s，需要注意的是如果设置太小的时间，很可能会引起不断刷新，从而根本来不及看清显示的情况，而且系统负载也会大大增加
F 或 f	从当前显示中添加或删除项目
O 或 o	改变显示项目的顺序
l	切换显示平均负载和启动时间信息
n	改变要显示的进程数量，会被提示输入数量
u	按用户排序
m	切换显示内存信息
t	切换显示进程和 CPU 状态信息
c	切换显示命令名称和完整命令行
M	根据驻留内存大小进行排序
P	根据 CPU 使用百分比大小进行排序
T	根据时间/累计时间进行排序
W	将当前设置写入~/. toprc 文件中，这是 top 配置文件的推荐方法

通过表 10-16 和表 10-17，不难看出，其实命令行中的参数有部分在交互模式下也是能够实现的，只不过在交互模式下的命令是能够实时看到结果的，而命令行的参数只能设定启动 top 时的初始状态而已。

 实例 10-12　使用 top 命令动态监视进程状态

```
[root@localhost ~]# top
top- 14:58:51 up 5:42, 2 users, load average：0.00,0.02,0.01
Tasks：178 total， 2 running， 176 sleeping， 0 stopped， 0 zombie
Cpu(s)：3.1％us， 0.3％sy, 0.0％ni,96.6％id,0.0％wa, 0.0％hi, 0.0％si, y0.0％st
```

```
Mem:   509948k total,   502796k used,      7152k free,   111304k buffers
Swap:  1048568k total,    2956k used,   1045612k free,   114780k cached

  PID USER      PR  NI  VIRT   RES   SHR  S  %CPU  %MEM    TIME +   COMMAND
 1740 root      20   0 59400   29m  8348  R   3.0   6.0   2:19.47   Xorg
   16 root      15  -5     0     0     0  S   0.3   0.0   0:36.90   ata/0
    1 root      20   0  2028   540   480  S   0.0   0.1   0:01.65   init
    2 root      15  -5     0     0     0  S   0.0   0.0   0:00.00   kthreadd
```

实例10-12中现实的信息只是某个时刻进程的信息,其实在top工具中这些信息是动态更新的。

2. GNOME 系统监视器

如果和 top 相比,用户更喜欢使用图形化界面,那么可以使用 GNOME 系统监视器。要从桌面上启动它,选择系统的"应用程序→系统工具→系统监视器"或在 X 窗口系统的 Shell 提示下键入"gnome-system-monitor"命令,然后选择"进程列表"标签。

GNOME 系统监视器允许在正运行的进程列表中搜索进程,还可以查看所有进程、用户拥有的进程或活跃的进程。要了解更多关于某进程的情况,选择该进程,然后单击"更多信息"按钮。关于该进程的细节就会显示在窗口的底部。要停止某进程,选择该进程,然后单击"结束进程"。这有助于结束对用户输入已不再做出反应的进程。要按指定列的信息来排序,单击该列的名称。信息被排序的那一列会用深灰色显示。按照默认设置,GNOME 系统监控器不显示线程。要改变这个首选项,可以选择"编辑→首选项",单击"进程列表"标签,然后选择"显示线程",就可以显示线程的信息了。首选项还允许配置更新间隔,每个进程默认显示的信息,以及系统监视器图表的颜色。

图 10-4 是系统监视器的界面,如果用户对图形化界面有特别的好感,不妨使用系统监视器来监控进程。

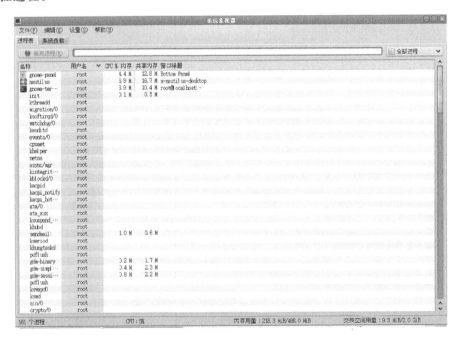

图 10-4　系统监视器

10.3.5 特殊的进程

由于在 Linux 系统中除了 init 之外,其他的进程都有父进程,因此,在 Linux 系统中有一种比较特殊的进程——僵尸进程(defunct)。

僵尸进程是指的父进程已经退出,而该进程 Dead 之后没有进程接受,就成为僵尸进程。一个进程在调用 exit 命令结束自己生命的时候,其实它并没有真正的被销毁,而是留下一个称为僵尸进程(Zombie)的数据结构(系统调用 exit,它的作用是使进程退出,但也仅仅限于将一个正常的进程变成一个僵尸进程,并不能将其完全销毁)。在 Linux 进程的状态中,僵尸进程是非常特殊的一种,它已经放弃了几乎所有内存空间,没有任何可执行代码,也不能被调度,仅仅在进程列表中保留一个位置,记载该进程的退出状态等信息供其他进程收集,除此之外,僵尸进程不再占有任何内存空间。它需要它的父进程来为它收尸,如果它的父进程没安装 SIGCHLD 信号处理函数调用 wait 或 waitpid()等待子进程结束,又没有显式忽略该信号,那么它就一直保持僵尸状态,如果这时父进程结束了,那么 init 进程自动会接手这个子进程,为它收尸,它还是能被清除的。但是如果父进程是一个循环,不会结束,那么子进程就会一直保持僵尸状态,这就是为什么系统中有时会有很多的僵尸进程。

僵尸进程是一个早已死亡的进程,但在进程表(processs table)中仍占了一个位置(slot)。由于进程表的容量是有限的,所以,僵尸进程不仅占用系统的内存资源,影响系统的性能,而且如果其数目太多,还会导致系统瘫痪。利用命令 ps,用户可以看到有标记为 Z 的进程就是僵尸进程。即使是 root 身份执行 kill-9 命令也不能杀死僵尸进程,解决方法是杀死僵尸进程的父进程,僵尸进程成为孤儿进程,过继给 1 号进程 init,init 会负责清理僵尸进程。

下面介绍杀死僵尸进程的方法。

 实例 10-13 系统中僵尸进程的消灭

```
(1) 检查当前僵尸进程信息
[root@localhost ~]# ps-ef|grep defunct|grep-v grep|wc-1
175
[root@localhost ~]# top|head-2
top- 15:05:54 up 97 days, 23:49,  4 users,  load average:0.66, 0.45, 0.39
Tasks:829 total,  1 running,479 sleeping, 174 stopped, 175 zombie
[root@localhost ~]# ps-ef|grep defunct|grep-v grep
(2) 获得杀僵尸进程语句
[root@localhost ~]# ps-ef|grep defunct|grep-v grep|awk ´{print "kill-9" $2,$3}´
    执行上面获得的语句即可,使用信号量9,僵尸进程数会大大减少
(3) 过一会儿检查当前僵尸进程信息
[root@localhost ~]# ps-ef|grep defunct|grep-v grep|wc-1
125
[root@localhost ~]# top|head-2
```

```
top- 15:29:26  up  98  days, 12 min, 7 users, load average:0.27, 0.54, 0.56
Tasks:632 total,   1 running, 381 sleeping, 125 stopped, 125 zombie
```
　　发现僵尸进程数减少了一些,但还有不少
(4) 再次获得杀僵尸进程语句
[root@localhost ~]# ps-ef|grep defunct|grep-v grep|awk ´{print ″kill-18″ $ 3}´
执行上面获得的语句即可,这次使用信号量 18 杀其父进程,僵尸进程会全部消失

10.4　控　制　进　程

- 掌握进程的创建方法
- 掌握进程的结束方法
- 掌握进程的前台运行与后台运行的方法

10.4.1　创建进程

系统是通过进程来完成工作的,因此 Linux 即使是运行一个命令都会创建一个进程,不论在系统中运行什么,系统都会为其创建相对应的进程,等到运行结束之后,系统又会自动将其杀死。

10.4.2　结束进程

有一些程序运行过程中出现无反应的情况,这时必须将它结束掉,但是程序由于没有反应,就不能够从程序进行停止,那么就只能通过结束进程进而停止某程序的运行。下面介绍一些结束进程的命令。

1. kill

(1) 功能:删除进程。

(2) 基本格式:kill［参数］［进程号］

(3) 常用选项:kill 命令的常用选项见表 10-18。

表 10-18　kill 命令的常用选项

选项	说　明
-l＜信息编号＞	若不加＜信息编号＞选项,则"-l"参数会列出全部的信息名称,若加上＜信息编号＞选项,则列出该信息编号的信息名称
-s＜信息名称或编号＞	指定要送出的信息,如果指定信息名称,可以用全名或是仅使用"SIG"后的字符串
［程序］	［程序］可以是程序的 PID 或者 PGID,也可以是工作编号,如果是工作编号,编号前要加上"％"
-a	处理当前进程时,不限制指令名和进程号的对应关系
-p	指定 kill 指令,只打印相关进程的进程号,而不发送任何信号

2. killall

(1) 功能:杀死同名的所有进程。

(2) 基本格式:killall［选项］［进程名］

(3) 常用选项:killall 命令的常用选项见表 10-19。

表 10-19　killall 命令的常用选项

选项	说明	选项	说明
-Z	只杀死拥有 scontext 的进程	-q	不输出警告信息
-e	要求精确匹配进程名称	-s	发送指定的信号
-I	忽略大小写	-v	报告信号是否成功发送
-g	杀死进程组而不是进程	-w	等待进程死亡
-i	交互模式,杀死进程前先询问用户	--version	显示版本信息
-l	列出所有的已知信号名称	--help	显示帮助信息

3. pkill

(1) 功能:杀死进程。

(2) 基本格式:pkill［选项］［字符串］

(3) 常用选项:pkill 命令的常用选项见表 10-20。

表 10-20　pkill 命令的常用选项

选项	说明	选项	说明
-f	显示完整进程	-x	显示与条件相符的进程
-l	显示源代码	-P<进程号>	列出父进程为指定进程的进程信息
-n	显示新程序	-t<终端>	指定终端下的所有进程
-o	显示旧程序	-u<用户>	指定用户的进程
-v	显示与条件不符的进程		

10.4.3　进程的前台运行与后台运行

1. 前台启动

这或许是手工启动一个进程的最常用的方式。一般地,用户键入一个命令"ls-l",这就已经启动了一个进程,而且是一个前台的进程。这时系统其实已经处于一个多进程状态,或许有些用户会疑惑:只启动了一个进程而已。但实际上有许多运行在后台的、系统启动时就已经自动启动的进程正在悄悄运行着。还有的用户在键入"ls-l"命令以后赶紧使用"ps-x"查看,却没有看到 ls 进程,也觉得很奇怪。其实这是因为 ls 这个进程结束得太快,使用 ps 查看时该进程已经执行结束了。如果启动一个比较耗时的进程,例如:

［root@localhost ～］♯find /-name fox.jpg

然后再把该进程挂起,使用 ps 查看,就会看到一个 Find 进程在里面。

2. 后台启动

直接从后台手工启动一个进程用得比较少一些,除非是该进程甚为耗时,且用户也不急着需要结果的时候。假设用户要启动一个需要长时间运行的格式化文本文件的进程,为了不使整个 Shell 在格式化过程中都处于"瘫痪"状态,从后台启动这个进程是明智的选择。

```
[root@localhost ~]#troff-me notes>note_Form &
[1]4513
```

由此可见,从后台启动进程其实就是在命令结尾加上一个"&"符号。键入命令以后出现一个数字。这个数字就是该进程的编号,也称为 PID,然后就出现了提示符。用户可以继续其他工作。

上面介绍了前、后台启动的两种情况。实际上这两种启动方式有个共同的特点,就是新进程都是由当前 Shell 进程产生的。也就是说,是 Shell 创建了新进程。于是就称这种关系为进程间的父子关系。这里 Shell 是父进程,而新进程是子进程。一个父进程可以有多个子进程,一般地,子进程结束后才能继续父进程。当然如果是从后台启动,那就不用等待子进程结束了。

10.5　作　　业

- 了解什么是作业
- 掌握作业的管理方法

10.5.1　作业简介

进程和作业的概念也有区别。一个正在执行的进程称为一个作业,而且作业可以包含一个或多个进程,尤其是当使用了管道和重定向命令。作业控制指的是控制正在运行的进程的行为。例如,用户可以挂起一个进程,等一会儿再继续执行该进程。Shell 将记录所有启动的进程情况,在每个进程过程中,用户可以任意地挂起进程或重新启动进程。作业控制是许多 Shell(包括 Bash 和 tcsh)的一个特性,使用户能在多个独立作业间进行切换。使用作业控制,用户可以同时运行多个作业,并在需要时在作业之间进行切换。

作业系统管理多个用户的请求和多个任务。大多数系统都只有一个 CPU 和一个主存,但一个系统可能有多个二级存储磁盘和多个输入/输出设备。作业系统管理这些资源并在多个用户间共享资源,当用户提出一个请求时,给用户造成一种假象,好像系统只被用户独自占用。而实际上作业系统监控着一个等待执行的任务队列,这些任务包括用户作业、作业系统任务、邮件和打印作业等。作业系统根据每个任务的优先级为每个任务分配合适的时间片,每个时间片大约都有零点几秒,虽然看起来很短,但实际上已经足够计算机完成成千上万的指令集。每个任务都会被系统运行一段时间,然后挂起,系统转而处理其他任务;过一段时间以后再回来处理这个任务,直到某个任务完成,从任务队列中去除。

一般而言,进程与作业控制相关联时,才被称为作业。

在大多数情况下,用户在同一时间只运行一个作业,即它们最后向 Shell 键入的命令。但是使用作业控制,用户可以同时运行多个作业,并在需要时在这些作业间进行切换。这会有什么用途呢？例如，当用户编辑一个文本文件，并需要中止编辑做其他事情时，利用作业控制，用户可以让编辑器暂时挂起，返回 Shell 提示符开始做其他的事情。其他事情结束以后，用户可以重新启动挂起的编辑器，返回到刚才中止的地方，就像用户从来没有离开编辑器一样。这只是一个例子，作业控制还有许多其他实际的用途。

10.5.2　作业管理

作业管理是在 Bash 环境下使用的，也就是说："当我们登录系统获取一 Bash Shell 之后，在单一模式终端界面下，同时管理多个作业"。一个作业可以发起多个进程，作业和进程不是一一对应的，在启动的时候后面加一个 & ，表示在后台运行，也可以按"Ctrl＋Z"组合键将当前的一个作业放在后台运行。

作业控制指的是控制正在运行的进程的行为。

- 查看当前放在后台运行的作业：jobs。
- 后台作业移动到前台：fg，例如 fg ％1 ，表示把第 1 个后台作业放在前台来。fg 后面的％号是可以省略的，后面直接跟上作业号。
- 前台作业移动到后台：bg。

 实例 10-14　作业控制

```
[root@localhost ~]#jobs-l        //查看作业执行的进程
[root@localhost ~]#jobs-r        //查看正在运行的作业
[root@localhost ~]#jobs-s        //仅列出停止的作业
```

10.6　线　　程

 学习目标

- 了解什么是线程
- 掌握线程管理的方法

10.6.1　线程简介

线程（thread）是在共享内存空间中并发的多道执行路径，它们共享一个进程的资源，例如文件描述和信号处理。在两个普通进程（非线程）间进行切换时，内核准备从一个进程的上下文切换到另一个进程的上下文要花费很大的开销。这里上下文切换的主要任务是保存老进程 CPU 状态并加载新进程的保存状态，用新进程的内存映像替换进程的内存映像。线程允许进程在几个正在运行的任务之间进行切换，而不必执行前面提到的完整的上下文。另外本文介绍的线程是针对 POSIX 线程，也就是 pthread。也因为 Linux 对它的支持最好。相对进程而言，线程是一个更加接近于执行体的概念，它可以与同一个进程中的其他线程共享数据，但拥有自己的栈空间，拥有独立的执行序列。在串行程序基础上引入线程和进程是为了提高程序

的并发度,从而提高程序运行效率和响应时间。也可以将线程和轻量级进程(LWP)视为等同的,但其实在不同的系统/实现中有不同的解释,LWP 更恰当的解释为一个虚拟 CPU 或内核的线程。它可以帮助用户态线程实现一些特殊的功能。Pthread 是一种标准化模型,它用来把一个程序分成一组能够同时执行的任务。

Linux 中的线程是轻量级线程(lightweight thread)。Linux 的线程调度是由内核调度程序完成的,每个线程有自己的 ID 号。与进程相比,它们消耗的系统资源较少,创建较快,相互间的通信也较容易。存在于同一进程中的线程会共享一些信息,这些信息包括全局变量、进程指令、大部分数据、信号处理程序和信号设置、打开的文件、当前工作的目录以及用户 ID 和用户组 ID。同时作为一个独立的线程,它们又拥有一些区别于其他线程的信息,包括线程 ID、寄存器集合(例如程序计数器和堆栈指针)、堆栈、错误号、信号掩码以及线程优先权。

遇到如下情况的时候就会用到线程:

- 在返回前阻塞的 I/O 任务能够使用一个线程处理 I/O,同时继续执行其他处理任务。
- 在有一个或多个任务受不确定性事件,例如网络通信的可获得性影响的场合,能够使用线程处理这些异步事件,同时继续执行正常的处理。
- 如果某些程序功能比其他的功能更重要,可以使用线程以保证所有功能都出现,但那些时间密集型的功能具有更高的优先级。

以上三点可以归纳为:在检查程序中潜在的并行性时,也就是说在要找出能够同时执行任务时使用 Pthread。上面已经介绍了,Linux 进程模型提供了执行多个进程的能力,已经可以进行并行或并发编程,可是线程能够让用户对多个任务的控制程度更好、使用资源更少,因为一个单一的资源,例如全局变量,可以由多个线程共享。而且,在拥有多个处理器的系统上,多线程应用会比用多个进程实现的应用执行速度更快。

多线程程序作为一种多任务、并发的工作方式,有以下的优点:

- 提高应用程序响应。这对图形界面的程序尤其有意义,当一个操作耗时很长时,整个系统都会等待这个操作,此时程序不会响应键盘、鼠标、菜单的操作,而使用多线程技术,将耗时长的操作(time consuming)置于一个新的线程,可以避免这种尴尬的情况。
- 使多 CPU 系统更加有效。操作系统会保证当线程数不大于 CPU 数目时,不同的线程运行于不同的 CPU 上。
- 改善程序结构。一个既长又复杂的进程可以考虑分为多个线程,成为几个独立或半独立的运行部分,这样的程序会利于理解和修改。

10.6.2　线程管理

线程是轻量级的进程,因此,对于线程的管理与管理进程的方法以及命令都是相通的,因此在本节中就不做过多的介绍了,读者请仔细阅读前面章节的内容。

 实例 10-15　在 Linux 中查看线程

```
[root@localhost ~]#top-H          //加上这个选项启动 top,一行显示一个线
                                    程。否则,它一行显示一个进程
[root@localhost ~]#ps xH          //这样可以查看所有存在的线程
[root@localhost ~]# ps -mp <PID>  //这样可以查看一个进程里的线程数
```

```
［root@localhost ～］♯/proc/进程号/task/线程号/    //这个目录里有单个线程
                                                     的信息
［root@localhost ～］♯ps axf          //看进程树,以树形方式显示进程列表
［root@localhost ～］♯ps axm          //会把线程列出来
```

在 Linux 下没有真正的线程,是用进程模拟的,有一个是辅助线程,所以真正程序开的线程应该只有一个。另外用 pstree-c 也可以达到相同的效果。

10.7 本章小结

本章介绍了 Linux 系统信息的一些相关情况,以及查看方式,用户能够通过这些信息掌握系统的状态,并且介绍了系统日志文件、系统信息存放文件的情况,用户可以从这些文件中获取相关的信息。在本章中还重点介绍了进程,包括查看方法、进程控制等,用户可以通过对进程的控制更好地调整系统状态。在本章中,作业与线程也做了相关的介绍,对于作业与线程的了解能够更好地帮助读者了解进程。希望读者通过对本章的学习,能够更好地了解 Linux 系统,并且能够做出适当地调整,使系统能够运行于较好的状态之下。

课 后 习 题

1. 选择题

(1) 按(   )组合键能终止当前运行的命令。

A. Ctrl+C   B. Ctrl+F   C. Ctrl+B   D. Ctrl+D

(2) 以下哪个命令可以终止一个用户的所有进程?(   )

A. skillall   B. skill   C. kill   D. killall

(3) 下列不是 Linux 系统进程类型的是(   )。

A. 交互进程   B. 批处理进程   C. 守护进程   D. 就绪进程(进程状态)

(4) 进程有(   )三种状态。

A. 准备态、执行态和退出态   B. 精确态、模糊态和随机态

C. 运行态、就绪态和等待态   D. 手工态、自动态和自由态

(5) 从后台启动进程,应在命令的结尾加上符号(   )。

A. &   B. @   C. ♯   D. $

(6) (   )不是进程和程序的区别。

A. 程序是一组有序的静态指令,进程是一次程序的执行过程

B. 程序只能在前台运行,而进程可以在前台或后台运行

C. 程序可以长期保存,进程是暂时的

D. 程序没有状态,而进程是有状态的

(7) 进程是在硬件环境中动态执行的程序,在 Linux 系统中提供了多条命令查看系统中进程的状态,其中(   )命令可以查看系统中进程状态的变化情况。

A. ps   B. top   C. pstree   D. pwd

(8) crontab 文件由六个域组成,每个域之间用空格分隔,其排列如下(　　　)。

A. MIN HOUR DAY MONTH YEAR COMMAND

B. MIN HOUR DAY MONTH DAYOFWEEK COMMAND

C. COMMAND HOUR DAY MONTH DAYOFWEEK

D. COMMAND YEAR MONTH DAY HOUR MIN

2. 填空题

(1) 前台起动的进程使用＿＿＿＿＿＿终止,结束后台进程的命令是＿＿＿＿＿＿。

(2) 进程与程序的区别在于其动态性,动态的产生和终止,从产生到终止进程可以具有的基本状态为＿＿＿＿＿＿、＿＿＿＿＿＿和＿＿＿＿＿＿。

(3) "free-m"命令的作用是＿＿＿＿＿＿＿＿＿＿。

(4) 结束后台进程的命令是＿＿＿＿＿＿＿＿。

(5) 进程的运行有两种方式,即＿＿＿＿＿＿＿＿和＿＿＿＿＿＿＿＿。

(6) 在超级用户下显示 Linux 系统中正在运行的全部进程,应使用的命令及参数是＿＿＿＿＿＿。

(7) 启动进程有手动启动和调度启动两种方法,其中调度启动常用的命令为＿＿＿＿＿＿、＿＿＿＿＿＿和＿＿＿＿＿＿＿＿＿＿。

(8) 在超级用户下显示 Linux 系统中正在运行的全部进程,应使用的命令及参数是＿＿＿＿＿＿＿＿。

3. 简答题

(1) 什么是僵尸进程? 为什么会有僵尸进程?

(2) 请说明进程和线程的异同,它们又有什么关系?

(3) 如何实现前台进程和后台进行的相互转移?

(4) 简述进程的启动、终止的方式,以及如何进行进程的查看?

(5) 进程的查看和调度分别使用什么命令?

(6) 命令 kill、killall、pkill 及 skill 均是结束进程命令,请简要说明它们的异同。

(7) 查看系统信息的命令有哪些,它们的作用分别是什么?

课 程 实 训

实训内容:查看系统各项信息及状态

实训步骤:

```
[root@localhost ~]#uname-a              // 查看内核/操作系统/CPU 信息
[root@localhost ~]#head-n 1 /etc/issue  // 查看操作系统版本
[root@localhost ~]#cat /proc/cpuinfo    // 查看 CPU 信息
[root@localhost ~]#hostname             // 查看计算机名
[root@localhost ~]#lsmod                // 列出加载的内核模块
[root@localhost ~]#env                  // 查看环境变量
[root@localhost ~]#free-m               // 查看内存使用量和交换区使用量
```

```
[root@localhost ~]#df-h                        // 查看各分区使用情况
[root@localhost ~]#du-sh <目录名>               // 查看指定目录的大小
[root@localhost ~]#grep MemTotal /proc/meminfo  // 查看内存总量
[root@localhost ~]#grep MemFree /proc/meminfo   // 查看空闲内存量
[root@localhost ~]#cat /proc/loadavg            // 查看系统负载
[root@localhost ~]#mount|column-t               // 查看挂接的分区状态
[root@localhost ~]#fdisk-l                       // 查看所有分区
[root@localhost ~]#swapon-s                      // 查看所有交换分区
[root@localhost ~]#w                             // 查看活动用户
[root@localhost ~]#id <用户名>                   // 查看指定用户信息
[root@localhost ~]#last                          // 查看用户登录日志
[root@localhost ~]#cut-d:-f1 /etc/passwd         // 查看系统所有用户
[root@localhost ~]#cut-d:-f1 /etc/group          // 查看系统所有组
[root@localhost ~]#crontab-l                     // 查看当前用户的计划任务
[root@localhost ~]#chkconfig--list               // 列出所有系统服务
[root@localhost ~]#chkconfig--list|grep on        // 列出所有启动的系统服务
```

项 目 实 践

陈飞到公司已经 10 个月了,在这 10 个月里,他学了不少的东西,也成熟了不少。这不,王工程师又给他安排任务了,要求他根据这个任务,去学习 Linux 中有关进程的知识。

任务:创建进程,并查看其状态,最后将其删除。

实现步骤:

(1) 首先打开两个终端,由于不是超级用户,所以某些文件没有查看权,因此,先暂时将第一个终端的登录用户切换为超级用户,输入命令"su root"。

(2) 在第一个终端进入到根目录下:"cd /"。

(3) 接下来再在第一个终端里输入查找文件的命令:find-name wxy. img,在输入该命令之后,我们会发现系统会有点慢了(其实不会太明显,如果执行其他占用更多资源的命令会更明显)。

(4) 在第二个终端里使用 top 交互工具或者 ps 命令查看进程状态:"top"或者"ps a"。

```
top- 10:35:43  up  9:19, 3 users, load average:5.50, 5.19, 2.39
  Tasks:184 total,    3 running,181 sleeping,  0 stopped,   0 zombie
  Cpu(s): 29.9%us,65.7%sy, 0.0%ni, 0.0%id, 0.0%wa, 4.5%hi, 0.0%si, 0.0%st
  Mem:   509948k total,   503144k used,    6804k free, 149896k buffers
 Swap: 1048568k total,    22108k used, 1026460k free,  88332k cached
```

PID USER	PR	NI	VIRT	RES	SHR	S	%CPU	%MEM	TIME+	COMMAND
13762 root	20	0	2560	1100	828	R	10.2	0.2	2:38.73	top
24 root	15	-5	0	0	0	R	3.8	0.0	0:10.00	kswapd0
14138 root	20	0	6580	1408	908	D	3.2	0.3	0:00.82	find
1740 root	20	0	56612	23m	7584	S	2.2	4.6	4:02.02	Xorg
13995 yx	20	0	81496	14m	10m	S	0.6	2.8	0:00.22	gnome-terminal
12 root	15	-5	0	0	0	S	0.3	0.0	0:00.53	kblockd/0
16 root	15	-5	0	0	0	S	0.3	0.0	1:07.22	ata/0
725 root	15	-5	0	0	0	S	0.3	0.0	0:00.41	kjournald2
1023 root	20	0	5660	2028	1752	S	0.3	0.4	0:14.51	vmtoolsd
1994 yx	20	0	119m	24m	14m	S	0.3	4.9	0:29.08	nautilus
2001 yx	20	0	58576	18m	14m	S	0.3	3.8	0:32.07	vmware-user-loa
2243 yx	20	0	71708	11m	8864	S	0.3	2.3	0:00.73	gdm-user-switch
14056 yx	20	0	2560	1100	824	R	0.3	0.2	0:00.01	top
1 root	20	0	2028	520	460	S	0.0	0.1	0:01.71	init
2 root	15	-5	0	0	0	S	0.0	0.0	0:00.00	kthreadd
3 root	RT	-5	0	0	0	S	0.0	0.0	0:00.00	migration/0
4 root	15	-5	0	0	0	S	0.0	0.0	0:00.53	ksoftirqd/0

上面这些数据是输入"top"之后能够看到的数据。

下面这些数据是输入"ps a"之后看到的。

PID TTY	STAT	TIME COMMAND
1672 tty4	Ss+	0:00 /sbin/mingetty tty4
1673 tty5	Ss+	0:00 /sbin/mingetty tty5
1674 tty2	Ss+	0:00 /sbin/mingetty tty2
1675 tty3	Ss+	0:00 /sbin/mingetty tty3
1676 tty6	Ss+	0:00 /sbin/mingetty tty6
1740 tty1	Ss+	4:03 /usr/bin/Xorg :0-nr-verbose-auth /var/run/gdm/auth
14087 pts/0	Ss	0:00 Bash
14110 pts/0	S	0:00 su root
14118 pts/0	S	0:00 Bash
14138 pts/0	R+	0:01 find-name wxy.img
14141 pts/2	Ss	0:00 Bash
14163 pts/2	R+	0:00 ps a

不论是哪份数据,都能够看到在 top 中有一个 find,而在 ps 中有一个 find-name wxy.img,这两个就是刚才查找 wxy.img 这个文件所使用的命令了。

（5）现在在第二个终端中,在 top 交互模式中输入"k"命令然后输入 find 的 PID,并且选择信号 15 或者 9,也可以输入"kill 14138 -9",但是用户输入之后会有如下问题。

- 输入 kill 会出现的问题:
  - ◆ Bash:kill:(14138)——不允许的操作;
  - ◆ Bash:kill:(-9)——没有进程。
- 在 top 中会出现的问题:与上面的类似,系统不允许的操作。

其实这个问题是因为刚才在第一个终端里切换到了超级用户,find 是超级用户的进程,普通用户虽然看得到,但是无权删除,只需要在第二个终端里也切换成超级用户即可输入,"su root",然后重复执行上面的操作即可,那么在第一个终端里就会看到"已杀死"或"已终止",说明该进程已经结束了。

(6) 在 top 中输入"q",退出 top。

第 11 章 Bash 使用详解

本章内容

☞ Shell 概念

☞ Linux 下用户 Shell 的指定

☞ Bash 的使用

☞ Bash 的常见技巧与快捷键

☞ Bash 的变量使用

☞ 常见的 Bash 变量使用

☞ Bash 运算符

☞ 定制 Bash

11.1　Shell 概念

学习目标

- Shell 的概念
- Shell 的功能

　　Shell 是系统的用户界面,提供了用户与系统内核进行交互的一种接口(命令解释器)。Shell 接收用户输入的命令并把它送入内核去执行。Shell 起着协调用户和系统的一致性与在用户和系统之间进行交互的作用。通过 Shell,可以启动、挂起、停止和编写程序。

　　各种操作系统都有自己的 Shell,Windows 2000/XP/2003/Vista 中的 Shell 是 cmd.exe,UNIX/Linux 中主要有两大类 Shell,Bourne Shell(包括 sh、ksh、Bash 等)和 C Shell(包括 csh、tcsh 等),大多数的 Linux 都以 Bash 作为默认的 Shell,当运行 Shell 时,其实调用的是Bash。Shell 具有下面的功能。

- 命令行解释
- 使用保留字
- 使用 Shell 元字符(通配符)
- 可处理程序命令
- 使用输入输出重定向和管道

- 维护一些变量
- 运行环境控制
- 支持 Shell 编程

11.2　Bash 的使用

- 什么是 Bash
- Bash 命令概要
- Bash 特性

11.2.1　什么是 Bash

Bash 是英文 GNU Bourne-Again Shell 的缩写，Bash 是 GNU 组织开发和推广的一个项目，不过也有一种风趣的说法认为 Bash＝Born-Again Shell。

Bourne Shell 的作者是 Steven Bourne，它是 UNIX 最初使用的 Shell，并且在每种 UNIX 上都可以使用，而 Bash 与 Bourne Shell 完全向后兼容，是 Bourne Shell 的扩展。Bash 是 Linux 操作系统上的一个 Shell，是由/bin/Bash 解释执行的。Bash 支持 IEEE POSIX P1003.2/ISO 9945.2 脚本语言工具标准。

11.2.2　为什么要学习 Bash

为什么要学习 Bash？首先，Bash 是每个 Linux 发行版都带有的一个标准基础软件，所以学会在 Bash 下编制一些小程序，可以对 Linux 系统的管理应付自如；其次，Bash 非常简单，如果不深究 Bash 语法中的细节的话，可以用 1 个小时就学会它，应该说 Bash 比 HTML 要更容易学；最后，即使不打算用 Bash 编程，但是 Linux 系统中的许多配置文件和脚本都是 Bash 的语法，不懂一点 Bash 的知识就不能很好地理解和使用 Linux。其实最简单的 Bash 就和 DOS 下的批处理文件类似，只要把要执行的命令一行一行写出来即可。

11.2.3　Bash 命令概要

Bash 命令解释程序包含了一些内部命令。内部命令在目录列表时是看不见的，它们由 Shell 本身提供。常用的内部命令如表 11-1 所示。

表 11-1　常用的 Bash 内部命令表

命令	说明	命令	说明
alias	设置 Bash 别名	help	显示 Bash 内部命令的帮助信息
bg	使一个被挂起的进程在后台继续执行	kill	终止某个进程
cd	改变当前工作目录	pwd	显示当前工作目录

命令	说明	命令	说明
exit	终止 Shell	unalias	删除已定义的别名
export	使变量的值对当前 Shell 的所有子进程都可见	trap	脚本中捕获信号：trap "func" signal(s)
fc	用来编辑历史命令列表里的命令	eval	扫描文本并执行
fg	使一个被挂起的进程在前台继续执行		

11.2.4　Bash 特性

Bash 的主要特性有下面几个。

1. 命令补齐

通常在 Bash(或任何其他的 Shell)下输入命令时，不必把命令输全 Shell 就能判断出所要输入的命令。当输入命令时不论何时按下 Tab 键，Bash 都将尽其所能地试图补齐命令，不行的话会发出蜂鸣来提醒用户需要更多的信息。此时需要键入更多的字符，并再次按下 Tab 键，重复这个过程直至所期望的命令出现。

2. 通配符

Linux 支持在查找文件和字符时使用通配符。Bash 支持三种通配符：

- 通配符"*"表示任意和所有的字符，可表示任何的字符序列。例如：

```
[root@localhost ~]# cp * /tmp    //复制当前目录下的所有不是以"."开头的文件到/tmp 目录
```

- 通配符"?"代表一个字符。例如当前目录下有文件 file1. doc、file2. doc、file1c. doc、file2s. doc 和 file2q. doc，执行如下命令将复制 file1. doc file2. doc 文件到/tmp 目录。

```
[root@localhost ~]# cp file?.doc  /tmp
```

- 通配符[…]，例如用户想选择文件 file1. doc、file2. doc 和 file3. doc，但不选 file4. doc，可用 file[123]作为文件的通配符。还可以在[ ]中输入一个字符范围来代表一个字符。假设有名为 redflag. 1、redflag. 2、redflag. 3 和 redflag. 4 的四个文件，把前三个文件移动到/tmp 下，可用：

```
[root@localhost ~]# mv redflag.[1-3] /tmp
```

 注 意

> 与"?"一样，在[ ]中的一项代表一个字符，例如[123]，只允许代表字符 1、2、3，如[1-5]表示在数字 1 到 5 的任意字符；[A-Z,a-z]代表在 ASCII 字符集中，26 个大小写字符。

3. 命令历史记录

Bash 支持历史命令(history)，它可以保留一定数量的、曾使用过的 Shell 命令，便于重复执行同一组命令。例如,在开发程序和查错时,将重复进行相同的循环。编辑源程序、编译源程序、运行可执行文件来测试它的性能,然后再从头开始。为了避免重复输入同样的命令,Bash 在执行命令时将它们保存起来,需要时可重复使用这些命令。Bash 用命令历史表(history list)保存这些命令。历史表一般可保留 1 000 行命令。每次当用户退出系统时,Bash 自动将当前历史表保存到一个文件中。默认的文件是用户主目录下的.Bash_history,下一次登录时,Bash 自动将历史文件的内容加载到的命令历史表中。

4. 提示符

Bash 有两级用户提示符。第一级是用户经常看到的 Bash 在等待命令输入时的提示符。默认的一级提示符是字符 $(如果是超级用户,则是 ♯ 号)。在 Bash 下,可以通过更改 PS1 环境变量的值来设置提示行。

 实例 11-1 修改提示符

```
[root@localhost ~]♯ export PS1 =">"
>
[root@localhost ~]♯ export PS1 = "This is my super prompt >"
This is my super prompt >
```

更改会立即生效,通过将"export PS1=">""定义放在用户的~/.Bashrc 文件中可将这种更改固定下来。只要用户愿意,PS1 可以包含任意数量的纯文本。如实例 11-1 所示。

尽管这很有趣,但在提示行中包含大量静态文本并不是特别有用。大多数定制的提示行包含诸如用户名、工作目录或主机名之类的信息。这些信息可以帮助用户在 Shell 世界中遨游。例如,下面的提示行将显示用户的用户名和主机名。

 实例 11-2 修改提示符,显示用户的名字和主机名

```
[root@localhost ~]♯ export PS1 = "\u@\H >"      //\u 表示用户名字,\H 表示主
机名字
drobbins@freebox >
```

这个提示行对于那些以多个不同名称的账户登录多台机器的用户尤为有用,因为它可以提醒用户目前在哪台机器上操作,拥有什么权限。

在上面的示例中,使用了反斜杠转义的字符序列,以此通知 Bash 将用户名和主机名插入提示行中,当这些转义字符序列出现在 PS1 变量中时,Bash 就会用特定的值替换它们。我们使用了序列"\u"(表示用户名)和"\H"(表示主机名的第一部分)。提示符特殊字符代码如表 11-2 所示。

表 11-2 提示符特殊字符代码

字符	含义	字符	含义
\!	显示该命令的历史记录编号	\nnn	显示 nnn 的八进制值
\♯	显示当前命令的命令编号	\s	显示当前运行的 Shell 的名字

字符	含义	字符	含义
\\$	显示 \$ 符作为提示符,如果用户是 root 的话,则显示 ♯ 号	\t	显示当前时间
\\\\	显示反斜杠	\u	显示当前用户的用户名
\d	显示当前日期	\W	显示当前工作目录的名字
\h	显示主机名	\w	显示当前工作目录的路径
\n	打印新行		

11.3　Bash 的常见技巧与快捷键

学习目标

- Bash 的命令历史
- Bash 快捷键

11.3.1　查询命令的历史

大部分 Shell 中都包括一个强大的 history 命令历史记录机制。它容许用户重新调用和重复过去的命令,也可以在执行之前编辑它们。history 命令会列出已经保存的命令,每个命令都有一个标识号。

Bash 也支持命令历史记录。这意味着 Bash 保留了一定数目的用户先前已经在 Shell 里输入过的命令。这个数目取决于一个叫做 HISTSIZE 的变量。有关 HISTSIZE 的更多信息,请看本章后面的"Bash 变量"一节。

Bash 把用户先前输入的命令文本保存在一个历史列表中。当用户以自己的账号登录系统后,历史列表将根据一个历史文件被初始化。历史文件的文件名被一个叫 HISTFILE 的 Bash 变量指定。历史文件的默认名字是 .Bash_history。这个文件通常在用户目录($ HOME)中。

! 注　意

该文件的文件名以一个句号开头,这意味着它是隐含的,仅当使用带-a 或-A 参数的 ls 命令列目录时才可见。

仅将先前的命令存在历史文件里是没有用的,所以 Bash 提供了几种方法来调用它们。使用历史记录列表最简单的方法是用上方向键。按下上方向键后最后键入的命令将出现在命令行上。再按一下则倒数第二条命令会出现,以此类推。如果上翻多了的话也可以用向下的方向键来下翻(和 DOS 实用程序 doskey 一样)。如果需要的话,显示在命令行上的历史命令可以被编辑。

最简单的调用历史命令的方法是使用上下箭头键,逐个列出使用过的命令。用向上箭头键会使最新输入的命令显示在命令行上;再次使用就可以得到次新的命令,以此类推。向下箭头键反之。

使用历史文件的方法是用 history 命令,history 命令有两种使用方法。第一种是使用命令:

```
[root@localhost ~]#history [n]
```

如果 history 命令后不带任何参数,那么整个历史表的内容都会显示在屏幕上。在 history 命令后跟上参数 n,使历史表中最后 n 条命令被显示出来。

history 的第二种使用方法是使用下面的格式改变历史文件或历史表的内容:

```
[root@localhost ~]# history [-r|w|a|n] [filename]
```

命令中的选项含义为:
- -r 是告诉 history 命令读取历史文件的内容,并把它们作为当前的历史表。
- -w 是告诉 history 命令把当前历史表写入历史文件(覆盖当前历史文件)。
- -a 参数则把当前历史表添加到历史文件的尾部。
- -n 参数把历史文件中的最后 n 行读取到当前历史表中。

history 命令的这些参数的执行结果都会被送入其后的[filename]文件中,并把该文件作为历史文件。Shell 变量 HISTFILE 表示要把历史命令记录在哪个文件当中,Shell 变量 HISTSIZE 当前历史命令允许的个数。另外,可以使用 fc 命令编辑已有的历史命令,该命令会自动打开 vi 编辑器,用户修改号命令后,保存退出时即可执行新修改的命令。

11.3.2　Bash 的快捷键

Bash 常用的快捷键如表 11-3 所示。通过这些快捷键,用户可以熟练地使用 Bash。

表 11-3　Bash 常用的快捷键

快捷键	说明	快捷键	说明
Tab	自动补完命令行与文件名	Ctrl+S	停止屏幕输出
Tab 键双击	可以列出所有匹配的选择	Ctrl+Q	恢复屏幕输出
Ctrl+C	结束当前的任务	Ctrl+I	清屏
Ctrl+Z	当前任务暂停,并放在后台	Ctrl+D	标准输入结束

11.4　Bash 的变量使用

学习目标

- Bash 的变量类型分类
- Bash 的预定义环境变量

11.4.1 Bash 的变量类型分类

Bash 的变量分为环境变量和普通变量,环境变量是可以被子 Shell 引用的变量,普通变量只在当前 Shell 中有效。

对于变量,用户可按如下方式赋值:

```
name = value
```

在引用变量时,需在前面加 $ 符号,用户也可以在变量间进行相互赋值。

 实例 11-3 Bash 变量的使用

```
[root@localhost ~]#JOHN = john
[root@localhost ~]#NAME = $ JOHN
[root@localhost ~]#echo Hello $ NAME
Hello john
```

也可以用变量和其他字符组成新的字,这时可能需要把变量用{}括起,例如:

```
[root@localhost ~]#SAT = Satur
[root@localhost ~]#echo Today is $ {SAT}day
Today is Saturday
```

对于未赋值的变量,Bash 以空值对待,用户也可以用 unset 命令清除给变量赋的值。

11.4.2 Bash 的预定义环境变量

1. 什么是环境变量

在 Bash 中,用户可以定义环境变量,这些环境变量以 ASCII 字符串存储。环境变量的最便利之处在于:它们是 UNIX 进程模型的标准部分。这意味着环境变量不仅由 Shell 脚本独用,而且还可以由编译过的标准程序(比如用户编写的应用程序中)使用。当在 Bash 中“export”(导出)环境变量时,以后运行的任何程序,不管是不是 Shell 脚本,都可以读取设置。

2. Bash 中定义环境变量

要在 Bash 中定义一个环境变量需要在 Bash 中输入如下命令:

```
[root@localhost ~]#myvar = ´This is my environment variable!´
```

这里定义了一个名为 myvar 的环境变量,它的值为字符串“This is my environment variable!”。这里有几个需要注意的地方:

- 在等号“=”的两边没有空格,任何空格将导致错误。
- 虽然在定义一个字符时可以省略引号,但是当定义的环境变量值多于一个字符时(包含空格或制表键),引号是必须的。

- 虽然通常可以用双引号来替代单引号,但在本例中,这样做会导致错误。为什么呢?因为使用单引号禁用了称为扩展的 Bash 特性,其中,特殊字符和字符系列由值替换。例如,"!"字符是历史扩展字符,Bash 通常将其替换为前面输入的命令。尽管这个类似于宏的功能很便利,但我们现在只想在环境变量后面加上一个简单的感叹号,而不是宏。

3. 如何使用 Bash 中定义好的环境变量

对于刚才定义好的一个环境变量,可以通过下面的方法使用:

```
[root@localhost ~]# echo $ myvar
This is my environment variable
```

这里调用命令 echo 来显示定义好的环境变量 myvar 的值。可以看到,通过在环境变量的前面加上一个 $,可以使 Bash 用 myvar 的值替换它。这在 Bash 术语中叫做"变量扩展"。可是如果上例这么写,有时会出一些小问题。就像下面这个例子那样:

```
[root@localhost ~]# echo This $ myvarbar
This
```

可以看到,我们希望能像上一个例子中做的一样,Bash 将 $ myvar 用它的值来替换,回显"This is my environment variable! bar",可实际并没有发生。错在哪里?简单地说,Bash 变量扩展陷入了困惑。它无法识别要扩展哪一个变量:$ m、$ my、$ myvar 、$ myvarbar 等。如何更能明确清楚地告述 Bash 引用哪一个变量?试一试下面这个例子:

```
[root@localhost ~]# echo This $ {myvar}bar
This is my enviroment variable! bar
```

从上面的例子可以看出,当环境变量没有与周围文本明显分开时,可以用花括号将它括起。虽然 $ myvar 可以更快输入,并且在大多数情况下正确工作,但 $ {myvar} 却能在几乎所有情况下正确通过语法分析。除此之外,二者相同。请记住:当环境变量没有用空白(空格或制表键)与周围文本分开时,请使用更明确的花括号形式。

4. 关于 export

回想一下,在刚开始的地方还提到过可以"export"导出变量。当导出环境变量时,它可以自动地由以后运行的任何脚本或可执行程序环境使用。Shell 脚本可以使用 Shell 的内置环境变量支持"到达"环境变量,而 C 程序可以使用 getenv() 函数调用。这里有一些 C 代码示例,输入并编译它们——它将帮助我们从 C 的角度理解环境变量:

```c
#include <stdio.h>
#include <stdlib.h>
int main(void) {
  char *myenvvar = getenv("EDITOR");
  printf("The editor environment variable is set to % s\n",myenvvar);
}
```

将上面的代码保存到文件 myenv.c 中,然后发出以下命令进行编译:

```
[root@localhost ~]# gcc myenv.c-o myenv
```

现在,目录中将有一个可执行程序,它在运行时将打印 EDITOR 环境变量的值(如果有值的话)。这是在作者的计算机上运行时的情况:

```
$ ./myenv
The editor environment variable is set to (null)
```

因为没有将 EDITOR 环境变量设置成任何值,所以 C 程序得到一个空字符串。试着将它设置成特定值。

```
[root@localhost ~]# EDITOR = xemacs
[root@localhost ~]#./myenv
The editor environment variable is set to (null)
```

虽然希望 myenv 打印值"xemacs",但是因为当前的环境变量设置仅存在于当前的 Bash 进程中,还没有导出环境变量,所以它还是没有很好地工作。这次让它正确工作。

```
[root@localhost ~]# export EDITOR
[root@localhost ~]#./myenv
The editor environment variable is set to xemacs
```

从上面的例子可以看出,不导出环境变量,另一个进程(在本例中是示例 C 程序)就看不到环境变量。另外如果愿意的话,也可以在一行定义并导出环境变量,如下例所示:

```
[root@localhost ~]# export EDITOR = xemacs
```

5. 如何去除已有的环境变量

可以使用 unset 命令来去除环境变量。如下例所示:

```
[root@localhost ~]# unset EDITOR
[root@localhost ~]# ./myenv
The editor environment variable is set to (null)
```

11.5　常见的 Bash 变量使用

学习目标

- Bash 的变量类型分类
- Bash 的预定义环境变量

常见的 Bash 变量如表 11-4 所示。

表 11-4　常见的 Bash 变量表

变量名	说明	变量名	说明
HISTFILE	用于储存历史命令的文件	PS1	命令行的一级提示符
HISTSIZE	历史命令列表的大小	PS2	命令行的二级提示符
HOME	当前用户的用户目录	PWD	当前工作目录
OLDPWD	前一个工作目录	SECONDS	当前 Shell 开始后所流逝的秒数
PASH	Bash 寻找可执行文件的搜索路径		

影响 Shell 行为的一些常用环境变量如表 11-5 所示。

表 11-5　影响 Shell 行为的环境变量

环境变量	说　明
PATH	命令搜索路径,以冒号为分隔符。注意与 DOS 不同的是,当前目录不在系统路径中
HOME	用户 home 目录的路径名,是 cd 命令的默认参数
COLUMNS	定义了命令编辑模式下可使用命令行的长度
EDITOR	默认的行编辑器
VISUAL	默认的可视编辑器
HISTFILE	命令历史文件
HISTSIZE	命令历史文件中最多可包含的命令条数
HISTFILESIZE	命令历史文件中包含的最大行数
IFS	定义 SHELL 使用的分隔符
LOGNAME	用户登录名
MAIL	指向一个需要 SHELL 监视其修改时间的文件,当该文件修改后,SHELL 将发消息 You hava mail 给用户
MAILCHECK	SHELL 检查 MAIL 文件的周期,单位是秒
MAILPATH	功能与 MAIL 类似,但可以用一组文件,以冒号分隔,每个文件后可跟一个问号和一条发向用户的消息
SHELL	SHELL 的路径名
TERM	终端类型
TMOUT	SHELL 自动退出的时间,单位为秒,若设为 0 则禁止 SHELL 自动退出
PROMPT_COMMAND	指定在主命令提示符前应执行的命令
PS1	主命令提示符
PS2	二级命令提示符,命令执行过程中要求输入数据时用
PS3	select 的命令提示符
PS4	调试命令提示符

11.6 Bash 运算符

* Bash 的运算符

Bash 中的运算符如下所示。

（1）双引号""，屏蔽空格的特殊作用，引号内的运算符仍然有效。

```
[root@localhost ~]# echo "I am $USER"    //其中$的取变量值的意义仍然在
I am root
```

（2）单引号''，与双引号类似，但是引号内任何运算符都被当成普通的字符。

```
[root@localhost ~]# echo 'I am $USER'    //其中$被当做普通字符来对待
I am $USER
```

（3）算术运算符$[]，在 Bash 中可以进行数学计算。

```
[root@localhost ~]# echo $[2+3]
5
```

它的运算过程是先进行数学运算，然后把结果赋给一个临时变量，最后显示这个临时变量。

（4）逻辑运算符 && 与 ||。

同一行中的两个命令用 && 或 || 连接时，有如下的含义。

* &&：当前一条指令执行成功时再执行后一条指令。
* ||：当前一条指令执行失败时再执行后一条指令。

（5）文件比较运算符，见表 11-6。

表 11-6 文件比较运算符

运算符	说明	运算符	说明
-e	filename 如果 filename 存在，则为真	-w	filename 如果 filename 可写，则为真
-d	filename 如果 filename 为目录，则为真	-x	filename 如果 filename 可执行，则为真
-f	filename 如果 filename 为常规文件，则为真	filename1-nt filename2	如果 filename1 比 filename2 新，则为真
-L	filename 如果 filename 为符号链接，则为真	filename1-ot filename2	如果 filename1 比 filename2 旧，则为真
-r	filename 如果 filename 可读，则为真		

（6）字符串比较运算符（请注意引号的使用，这是防止空格扰乱代码的好方法），见表 11-7。

表 11-7　字符串比较运算符

运算符	说明	运算符	说明
-z	string 如果 string 长度为零，则为真	string1＝string2	如果 string1 与 string2 相同，则为真
-n	string 如果 string 长度非零，则为真	string1！＝string2	如果 string1 与 string2 不同，则为真

（7）算术比较运算符，见表 11-8。

表 11-8　算术比较运算符

运算符	说明	运算符	说明
num1-eq num2	num1 相等 num2	num1-le num2	num1 小于或等于 num2
num1-ne num2	num1 不等于 num2	num1-gt num2	num1 大于 num2
num1-lt num2	num1 小于 num2	num1-ge num2	num1 大于或等于 num2

11.7　定制 Bash

学习目标

- 全局设置文件和用户设置文件
- 其他脚本启动定制 Bash

11.7.1　全局设置文件和用户设置文件

默认 Bash 每次启动将会运行启动脚本，启动脚本中将会设置 Bash 的变量等众多内容。所以如果希望定义自己的 Bash，必须更改 Shell 的启动脚本。

Shell 又分为登录 Shell 和普通的 Shell。登录 Shell 是通过登录而得到的 Shell，这种 Shell 一般是用户的初始 Shell，它将会读取全部的 Shell 启动脚本。普通的 Shell 是直接运行的，被其他 Shell 打开的 Shell。例如直接运行 Bash，或运行"su shrek"，没有"-"将打开普通的 Shell，它将执行部分的脚本。

登录 Shell 一般会运行以下四个脚本，用来读取设置环境、执行命令、设置变量。这四个脚本分为全局设置文件和用户设置文件两类。

- 全局设置：/etc/profile 文件和/etc/Bashrc 文件。
- 用户设置文件：./Bash_profile 文件和 ./Bashrc 文件。

另外/etc/profile.d 下所有的 sh 结尾的文件都会被/etc/proflle 文件执行，实际上运行了很多脚本。例如设置语言的/etc/profile.dllang.sh 文件。用户在登录时，Bash 会首先读取全局设置文件/etc/profile 和/etc/profile.d/＊，而后读取用户主目录设置文件～/.Bashrc 和～/.Bash_profle，全局设置文件对所有用户都生效但只有 root 能改动。用户主目录下面的

Bashrc 文件会执行/etc/Bashrc 文件来完成环境变量的设置。

用户设置文件可以被用户自己所改动,但只对个人生效。后读入的设置会覆盖先读入的设置,用户设置会覆盖全局设置。用户主目录下的.Bash_ofile 设置为每次登录时执行,而.Bashrc 则被设置为在每次打开新的终端时执行终端而不需要重新登录,接受初始登录时设置的环境变量。

用户登录后,可以使用 set 命令查看 Shell 已经设置的环境变量。用户需要长期性地改变 Shell 环境,可以通过在这些文件中添加来完成。

11.7.2　其他脚本启动定制 Bash

在命令行下运行如下的命令,将显示其他的定制 Shell 脚本。

```
[root@localhost ~]#ls ~/.Bash*
.Bash_history        //记录以前输入的脚本
.Bash_logout         //当退出 Shell 时,要执行的脚本
.Bash_profile        //当登入 Shell 时,要执行的脚本
.Bashrc              //每次打开新的 Shell 时,要执行的脚本
```

请注意后两个的区别:".Bash_profile"只在会话开始时被读取一次。而".Bashrc"则在每次打开新的终端(如新的 xterm 窗口)时,都要被读取。

按照传统,要将定义的变量,例如 PATH,放到.Bash-profile 文件中。而像 aliases(别名)和函数之类,则放在.Bashrc 文件中。但由于.bast_profile 经常被设置成先读取.Bashrc 的内容。如果图省事的话,就把所有配置都放进.Bashrc。

这些文件是每一位用户的设置。系统级的设置存储在/etc/profile、/etc/Bashrc 及目录/etc/profile.d 下的文件中。当系统级与用户级的设置发生冲突时,将采用用户的设置。读取.Bashrc 的内容。如果要省点事的话,就把所有的配置都放进.Bashrc。/etc/profile.d 目录下的文件也会在用户登录时执行,但必须是有可执行权限的文件,且其他用户也要有可执行权限。

11.8　本章小结

首先,本章讲解了 Linux 下 Shell 的定义和 Shell 的指定,这些命令是 Linux 的基础。其次,本章讲解了 Bash 的使用,包括 Bash 的基本命令和常见技巧,以及 Bash 下操作的快捷键。这部分比较难,但对深入 Linux 系统很有帮助,希望读者反复阅读。再次,本章还讲解了 Bash 下变量的使用和 Bash 的运算符,进一步地学习到 Bash。最后,要求学会定制用户自己的 Bash,会定制自己的 Bash 是读者学习本章的直接成果。

课 后 习 题

1. 选择题

(1) 下面哪个命令是用来定义 Shell 的全局变量?(　　)

A. exportfs　　　　　B. alias　　　　　C. exports　　　　　D. export

（2）Linux 启动的第一个进程 init 启动的第一个脚本程序是（　　）。

A. /etc/rc. d/init. d   B. /etc/rc. d/rc. sysinit

C. /etc/rc. d/rc5. d   D. /etc/rc. d/rc3. d

（3）在 Fedora 12 系统中，下列提高工作效率的功能中，（　　）不是 Bash 的功能。

A. 命令行补齐   B. 别名

C. 使用鼠标复制和粘贴   D. 命令历史

（4）Shell 环境变量用于表示当前用户在 Linux 系统中的环境设置状态，例如，（　　）环境变量保存了用户所在的当前目录。

A. HOME   B. PATH   C. PWD   D. PS1

（5）What file contains the default environment variables when using the Bash Shell? （　　）

A. ~/. profile   B. /Bash   C. /etc/profile   D. ~/Bash

（6）在 Shell 中变量的赋值有四种方法，其中，采用 name＝12 的方法称为（　　）。

A. 直接赋值   B. 使用 read 命令

C. 使用命令行参数   D. 使用命令的输出

（7）Shell 是 Linux 使用者与 Linux 内核之间的交互界面，Shell 程序接收用户输入的命令并传递给 Linux 内核进行执行，在 Fedora 12 和大多数 Linux 发行版本中，使用（　　）作为默认的 Shell 程序。

A. Bsh   B. Ksh   C. Csh   D. Bash

（8）在用户登录 Linux 系统后，可以方便地改变当前使用的 Shell 程序；例如，用户的当前 Shell 是 Bash，需要临时改变 Shell 为 Csh 时，应进行（　　）操作。

A. 在当前 Shell 程序中执行 csh 程序

B. 使用 vi 编辑器修改 passwd 文件中的用户 Shell 设置

C. 使用 chsh 命令更改用户的默认 Shell

D. 使用 chsh 命令更改用户的默认 Shell，并重新进行用户登录

（9）退出交互模式的 Shell，应输入（　　）。

A. ;   B. ^q   C. exit   D. quit

（10）具有很多 C 语言的功能，又称过滤器的是（　　）。

A. csh   B. tcsh   C. awk   D. sed

（11）不是 Shell 具有的功能和特点的是（　　）。

A. 管道   B. 输入输出重定向

C. 执行后台进程   D. 处理程序命令

（12）在 Linux 系统 Shell 环境中，用户定义了一个变量 PI＝3.1415926，若希望在其新建的 Shell 程序中也能够使用该变量，可以使用（　　）命令将该变量设置为全局变量。

A. export PI   B. exports PI   C. set-global PI   D. cat PI

（13）下列变量名中有效的 Shell 变量名是（　　）。

A. -2-time   B. _2＄3   C. trust_no_1   D. 2004file

（14）In what file do you change default Shell variables for all users? （　　）

A. /etc/Bashrc   B. /etc/profile

C. ~/. Bash_profile   D. /etc/skel/. Bashrc

E. /etc/skel/. Bash_profile

2. 填空题

(1)_____不仅是用户命令的解释器，它同时也是一种功能强大的编程语言。_____是 Linux 的默认 Shell。

(2) Bash 变量分为_____和_____，_____是可以被子 Shell 引用的变量，_____只在当前的 Shell 中有效。

3. 简答题

什么是 Bash? 它有哪些特性?

课 程 实 训

实训内容:定制 Bash 提示以能够显示完全的路径和命令的序列号,使用 set 和 shopt 定制几个 Bash Shell。

实验步骤:

(1) 在终端窗口,显示当前主要提示符的值。

   a) $ echo $ PS7

(2) 改变用户的提示符为一个字符串。

   a) $ PS1 = ´good student->´

(3) 这个不常使用,因此恢复到有 $ 提示符的情况下,同时加上主机名。

   a) $ PS1 = ´\h $ ´

(4) 主机名和 $ 符号之间插入 Bash 表示历史记录提示符的特殊字符\!。

(5) 查找 Bash 的 man 手册,把当前的工作目录放入提示符中。

(6) 用户定制的提示符显示实例,如不同请继续修改。

   a) stu1:~21 $ cd/tmp

   b) stu:/tmp 22 $

(7) 编辑用户重新定义的 PS1 到用户的.Bashrc,然后打开新的终端窗口看看结果如何。

(8) 以 student 身份登录 tty1 界面上,查看许多普遍的配置 Shell 选项:

   -o

   allexport   off

   braceexpand   on

   emacs   on

   errexit   off

   hashall   on

   …output truncated…

(9) 查看目前 ignoreeof 的属性,用 Ctrl+D 键看是否能 logout。

(10) 用 student 身份在 tty 1 上登录,执行下面的改变,然后测试 ignoreeof 选项:

   $ set-o ignoreeof

   $ <ctrl-d>

   $ 用"logaut"退出 Shell

   $ set + o ignoreeof

   $ <ctrl-d>

（11）当试图执行命令的时候可以看到提示信息，使用 type 的命令：

```
$ type cat
cat is hashed (/bin/cat)
$ type cls
cls is aliased to ´clear´
$ type set
shopt is a Shell builtin
$ type while
white is a Shell keyword
```

（12）确定完全路径名：

```
$ which metacity
$ which <esc>.-message
$ ^message^window-demo
```

（13）重复执行上一个包含字符串 ig 的命令

```
$ <ctrl-r>ig<return>
```

（14）当一个命令在另一个命令的后面用反引号""括起来的时候，Bash 会先执行后面的命令并把执行的结果作为第一个命令的输入。使用这个技术，看看下面命令的执行结果。

```
$ Is-I ´whicnautilus´
```

试验完成后，已配置好一个更好的 Shell options。

项 目 实 践

公司接了个大项目，希望王工程师和陈飞能完成，具体要求如下。

1. 项目要求

假设用户要编写一个菜单驱动应用程序 LinuxBooks，用来管理 Linux 图书。用户希望能够更新图书列表，了解指定的图书是否在库中，如果已被借出，那么是谁在什么时候借出。

2. 程序结构

- LinuxBooks 是主程序。要求显示欢迎信息，然后显示主菜单。主菜单包括进入下一级菜单（EDIT 和 REPORTS）的途径和退出程序。

- EDIT 程序与主菜单相似，显示编辑菜单，然后根据用户选择激活合适的程序。编辑菜单包括增加一条记录（Add）、显示一条记录（Display）、更新一条记录的状态（Update）和删除一条记录（Delete），还应该有返回主菜单的选项。

- Add 程序提示用户输入信息，把新记录增加到库文件 LBLIB_FILE 的文件尾，然后询问是否继续增加更多记录，回答 yes 继续执行程序并向文件增加记录；回答 no 终止程序，返回 EDIT 程序。

- Display 程序把 LBLIB_FILE 文件中的指定记录显示在屏幕上。程序先提示用户输入书名或作者名，然后从 LBLIB_FILE 中查找指定的图书。找到时用适当的格式显示出来。找不到则显示错误信息并提示用户重新输入。这一过程重复执行，直到用户表明要退出程序。Display 程序结束时也应返回 EDIT 程序。

- Update 程序更改 LBLIB_FILE 文件中指定记录的状态。当借出或者归还图书时,选择这一功能。程序先提示用户输入书名或作者名,然后从 LBLIB_FILE 中查找指定的图书。找到时用适当的格式显示出来,并更新状态字段的值。找不到则显示错误信息并提示用户重新输入。这一过程重复执行,直到用户表明要退出程序。Update 程序结束时也应返回 EDIT 程序。

- Delete 程序从 LBLIB_FILE 文件中删除指定记录。程序先提示用户输入书名或作者名,然后从 LBLIB_FILE 中查找指定的图书。找到时用适当的格式显示出来,并显示确认提示信息,请用户确认该记录是否为用户想要删除的记录。找不到则显示错误信息并提示用户重新输入。这一过程重复执行,直到用户表明要退出程序。Delete 程序结束时也应返回 EDIT 程序。

- REPORTS 程序利用 LBLIB_FILE 文件中的信息生成报表。与 EDIT 类似,首先产生 REPORTS 菜单,用户选择菜单生成需要的报表。报表有三种,分别按书名、作者或种类排序输出。

3. 库文件

程序假设记录所有 Linux 图书信息的库文件名为 LBLIB_FILE,其中每本图书要保存的信息有如下记录格式(斜体部分为实例数据):

- Title(书名):Linux 程序设计
- Author(作者):Neil Mathew,Richard Stones?
- Category(种类):System books
- Status(状态):in
- Borrower(借阅者):
- B_Date(借阅日期):
- Price(价格):89.00
- P_Date(出版日期):2007-07

4. 说明

(1) 图书种类假设只有三种,System books(系统类,简写为 sys)、Reference books(参考类,简写为 ref)和 Textbooks(教科书,简写为 tb)。

(2) 图书状态表明图书是在库中还是被借出,由程序自动填写。当增加一本书时,状态字段自动置为 in;当有人借出时置为 out。

(3) 当图书状态为 in 即书在库中时,借阅者与借阅日期皆为空。

5. 动手完成

(1) LinuxBooks 应用程序还有许多可改进之处。例如,目前不能解决同一个作者有多本书,或者不同作者的书具有相同的书名等问题。请考虑如何解决这些问题?

(2) LinuxBooks 应用程序还可以作为其他类似程序的原型。例如,可以改成保存朋友的姓名、地址和电话号码的通信簿,或者建立一个数据库来管理音乐 CD 和磁带。请发挥想象力,编写代码实现一个与 LinuxBooks 图书库相似的应用工具。

第 12 章　Shell 脚本编程

☞ Shell 命令行的运行

☞ 编写、修改权限和执行 Shell 程序的步骤

☞ 在 Shell 程序中使用参数和变量

☞ 表达式比较、循环结构语句和条件结构语句

☞ 在 Shell 程序中使用函数和调用其他 Shell 程序

12.1　Shell 命令行书写规则

- Shell 命令行的书写规则

对 Shell 命令行基本功能的理解有助于编写更好的 Shell 程序,在执行 Shell 命令时多个命令可以在一个命令行上运行,但此时要使用分号(;)分隔命令,例如:

[root@localhost root]# ls a * -l;free;df

长 Shell 命令行可以使用反斜线字符(\)在命令行上扩充,例如:

[root@localhost root]# echo ˝this is \
>long command˝
This is long command

 注 意

"＞"符号是自动产生的,而不是输入的。

12.2 编写/修改权限及执行 Shell 程序的步骤

学习目标

- 编写 Shell 程序
- 执行 Shell 程序

Shell 程序有很多类似 C 语言和其他程序设计语言的特征,但是又没有程序语言那样复杂。Shell 程序是指放在一个文件中的一系列 Linux 命令和实用程序。在执行的时候,通过 Linux 操作系统一个接一个地解释和执行每条命令。首先,来编写第一个 Shell 程序,从中学习 Shell 程序的编写、修改权限、执行过程。

12.2.1 编辑 Shell 程序

编辑一个内容如下的源程序,保存文件名为 date,可将其存放在目录/bin 下。

```
［root@localhost bin］#vi date
#! /bin/sh
echo "Mr. $ USER,Today is:"
echo &date" + %B%d%A"
echo "Wish you a lucky day !"
```

注 意

#! /bin/sh 通知采用 Bash 解释。如果在 echo 语句中执行 Shell 命令 date,则需要在 date 命令前加符号"&",其中%B%d%A 为输入格式控制符。

12.2.2 建立可执行程序

编辑完该文件之后不能立即执行该文件,需给文件设置可执行程序权限。使用如下命令:

```
［root@localhost bin］#chomd + x date
```

12.2.3 执行 Shell 程序

执行 Shell 程序有下面三种方法:
方法一:

```
［root@localhost bin］#./ date
Mr.root,Today is:
二月 06 星期二
Wish you a lucky day !
```

方法二:
另一种执行 date 的方法就是把它作为一个参数传递给 Shell 命令。

```
[root@localhost bin]# Bash date
Mr.root,Today is:
二月 06 星期二
Wish you a lucky day !
```

方法三：

为了在任何目录都可以编译和执行 Shell 所编写的程序，即把/bin 的这个目录添加到整个环境变量中。

```
[root@localhost root]# export PATH = /bin: $ PATH
[root@localhost bin]# date
Mr.root,Today is:
二月 06 星期二
Wish you a lucky day !
```

 实例 12-1　编写一个 Shell 程序 mkf,此程序的功能是：显示 root 下的文件信息，然后建立一个 kk 的文件夹，在此文件夹下建立一个文件 aa,修改此文件的权限为可执行。

分析：此 Shell 程序中需要依次执行下列命令。

```
进入 root 目录:cd/root
显示 root 目录下的文件信息:ls-l
新建文件夹 kk：mkdir kk
进入 root/kk 目录:cd kk
新建一个文件夹 aa：vi aa ♯编辑完成后需手工保存
修改 aa 文件的权限为可执行:chmod + x aa
回到 root 目录:cd/root
因此该 Shell 程序只是以上命令的顺序集合,假定程序名为 mkf
[root@localhost root]# vi mkf
cd /root
ls-l
cd kk
vi aa
chmod + x aa
cd /root
```

12.3　在 Shell 程序中使用的参数

- 位置参数
- 内部参数

如同 ls 命令可以接受目录等作为它的参数一样,在 Shell 编程时同样可以使用参数。

Shell 程序中的参数分为位置参数和内部参数等。

12.3.1 位置参数

由系统提供的参数称为位置参数。位置参数的值可以用 $N 得到,N 是一个数字,如果为 1,即 $1。类似 C 语言中的数组,Linux 会把输入的命令字符串分段并给每段进行标号,标号从 0 开始。第 0 号为程序名字,从 1 开始就表示传递给程序的参数。例如 $0 表示程序的名字,$1 表示传递给程序的第一个参数,以此类推。

12.3.2 内部参数

上述过程中的 $0 是一个内部变量,它是必须的,而 $1 则可有可无,最常用的内部变量有 $0、$#、$?、$*,它们的含义如下:

- $0:命令含命令所在的路径。
- $#:传递给程序的总的参数数目。
- $?:Shell 程序在 Shell 中退出的情况,正常退出返回 0,反之为非 0 值。
- $*:传递给程序的所有参数组成的字符串。

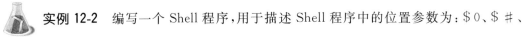 **实例 12-2** 编写一个 Shell 程序,用于描述 Shell 程序中的位置参数为:$0、$#、$?、$*,程序名为 test1,代码如下:

```
[root@localhost bin]#vi test1
#! /bin/sh
echo "Program name is $0";
echo "There are totally $# parameters passed to this program";
echo "The last is $?";
echo "The parameter are $*";
执行后的结果如下:
[root@localhost bin]# test1 this is a test program   //传递 5 个参数
Program name is /bin/sh                              //给出程序的完整路径和名字
There are totally 5 parameters passed to this program //参数的总数
The last is 0                                        //程序执行效果
The parameters are this is a test program            //返回由参数组成的字符串
```

 注意

命令不计算在参数内。

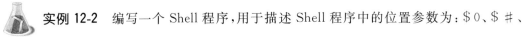 **实例 12-3** 利用内部变量和位置参数编写一个名为 test2 的简单删除程序,如删除的文件名为 a,则在终端中输入的命令为:test a

分析:除命令外至少还有一个位置参数,即 $# 不能为 0,删除不能为 $1,程序设计过程如下。

（1）用 vi 编辑程序

```
[root@localhost bin]#vi test2
#! /bin/sh
if test $ #-eq 0
then
echo "Please specify a file!"
else
gzip $ 1                    //现对文件进行压缩
mv $ 1.gz $ HOME/dustbin    //移动到回收站
echo "File $ 1 is deleted !"
fi
```

（2）设置权限

```
[root@localhost bin]#chmod + x test2
```

（3）运行

```
[root@localhost bin]# test2 a（如果 a 文件在 bin 目录下存在）
File a is deleted!
```

12.4 在 Shell 程序中的使用变量

学习目标

- 变量的赋值
- 变量的访问
- 变量的输入

12.4.1 变量的赋值

在 Shell 编程中，所有的变量名都由字符串组成，并且不需要对变量进行声明。要赋值给一个变量，其格式如下：

变量名 = 值

注 意

等号（＝）前后没有空格
例如：
　　x＝6
　　a＝"How are you"
表示把 6 赋值给变量 x，字符串"How are you"赋值给变量 a。

12.4.2　访问变量值

如果要访问变量值，可以在变量前面加一个美元符号"＄"，例如：

```
[root@localhost bin]#a="How are you"
[root@localhost bin]#echo "He juest said：＄a"
A is：hello world
```

一个变量给另一个变量赋值可以写成：
变量2＝＄变量1
例如：
x＝＄i
i＋＋可以写成：
i＝＄i＋1

12.4.3　键盘读入变量值

在 Shell 程序设计中，变量的值可以作为字符串从键盘读入，其格式为：

```
read 变量
```

例如：

```
[root@localhost bin]#read str
```

read 为读入命令，它表示从键盘读入字符串到 str。

　实例12-4　编写一个 Shell 程序 test3，程序执行时从键盘读入一个目录名，然后显示这个目录下所有文件的信息

分析：存放目录的变量为 DIRECTORY，其读入语句为：

```
read DIRECTORY
```

（1）显示文件的信息命令为：ls-a

```
[root@localhost bin]#vi test3
#！/bin/sh
echo "please input name of directory"
read DIRECTORY
cd ＄DIRECTORY
ls-l
```

（2）设置权限

```
[root@localhost bin]#chmod＋x test3
```

（3）执行

```
[root@localhost bin]#./test3
```

注 意

输入路径时需"/"。

 **实例 12-5** 运行程序 test4,从键盘读入 x、y 的值,然后做加法运算,最后输出结果

(1)用 vi 编辑程序

```
[root@localhost bin]#vi test4
#! /bin/sh
read x,y
z = ´expr $ x + $ y´
echo ˝The sum is $ z˝
```

(2)设置权限

```
[root@localhost bin]#chmod + x test4
```

(3)执行

```
[root@localhost bin]#. / test4
45 78
The sum is 123
```

 注 意

表达式 total=´expr $ total+ $ num´及 num=´expr $ num+1´中的符号"´"为键盘左上角的"´"键。

12.5　表达式的比较

学习目标

- 字符串操作符
- 逻辑运算符
- 用 test 比较的运算符
- 数字比较符
- 文件操作符

在 Shell 程序中,通常使用表达式比较来完成逻辑任务。表达式所代表的操作符有字符操作符、数字操作符、逻辑操作符,以及文件操作符。其中文件操作符是一种 Shell 所独特的操作符。因为 Shell 里的变量都是字符串,为了达到对文件进行操作的目的,于是才提供了文件操作符。

12.5.1　字符串比较

作用:测试字符串是否相等、长度是否为零,字符串是否为 NULL。

常用的字符串操作符如表 12-1 所示。

表 12-1　常用的字符串操作符

字符串操作符	含义及返回值
=	比较两个字符串是否相同,相同则为"真"
! =	比较两个字符串是否相同,不同则为"真"
-n	比较两个字符串长度是否大于零,若大于零则为"真"
-z	比较两个字符串长度是否等于零,若等于零则为"真"

 实例 12-6　从键盘输入两个字符串,判断这两个字符串是否相等,如相等则输出

(1) 用 vi 编辑程序

```
[root@localhost bin]#vi test5
#!/bin/Bash
read ar1
read ar2
["$ar1" = "$ar2"]
echo $? #? 保存前一个命令的返回码
```

(2) 设置权限

```
[root@localhost bin]#chmod + x test5
```

(3) 执行

```
[root@localhost root]#./ test5
aaa
bbb
1
```

 注 　意

"["后面和"]"前面及等号"="的前后都应有一个空格。注意这里是程序的退出情况,如果 ar1 和 ar2 的字符串是不相等的非正常退出,输出结果为 1。

 实例 12-7　比较字符串长度是否大于零

(1) 用 vi 编辑程序

```
[root@localhost bin]#vi test6
#!/bin/Bash
read ar
[ -n "$ar" ]
echo $?              //保存前一个命令的返回码
```

（2）设置权限

```
[root@localhost bin]#chmod＋x test6
```

（3）执行

```
[root@localhost bin]#./test6
0
```

 注 意

运行结果 1 表示 ar 的小于等于零，0 表示 ar 的长度大于零。

12.5.2 数字比较

在 Bash Shell 编程中的关系运算有别于其他编程语言，用表 12-2 中的运算符用 test 语句表示大小的比较。

表 12-2 用 test 比较的运算符

运算符号	含　义	运算符号	含　义
-eq	相等	-ne	不等于
-ge	大于等于	-gt	大于
-le	小于等于	-lt	小于

 实例 12-8 比较两个数字是否相等

（1）用 vi 编辑程序

```
[root@localhost bin]#vi test7
  #! /bin/Bash
read x,y
if test $ x-eq $ y
  then
    echo ˝$ x = $ y˝
else
    echo ˝$ x! = $ y˝
fi
```

（2）设置权限

```
[root@localhost bin]#chmod＋x test7
```

（3）执行

```
[root@localhost bin]#./test7
50 100
50! = 100
[root@localhost bin]#./test7
  150 150
  150 == 150
```

12.5.3 逻辑操作

在 Shell 程序设计中的逻辑运算符如表 12-3 所示。

12-3 Shell 中的逻辑运算符

运算符号	含　义
!	反：与一个逻辑值相反的逻辑值
-a	与(and)：两个逻辑值为"是"，返回值为"是"，反之为"否"
-o	或(or)：两个逻辑值有一个为"是"，返回值就为"是"

 实例 12-9　分别给两个字符变量赋值，一个变量赋予一定的值，另一个变量为空，求两者的与、或操作。

（1）用 vi 编辑程序

```
[root@localhost bin]#vi test8
#!/bin/Bash
part1="1111"
part2=""#part2 为空
["$ part1"-a "$ part2"]
echo $? #保存前一个命令的返回码
["$ part1"-o "$ part2"]
echo $?
```

（2）设置权限

```
[root@localhost bin]#chmod + x test8
```

（3）执行

```
[root@localhost bin]#./ test8
1
0
```

12.5.4 文件操作

文件测试操作表达式通常是为了测试文件的信息，一般由脚本来决定文件是否应该备份、复制或删除。由于 test 关于文件的操作符有很多，在表 12-4 中只列举一些常用的操作符。

表 12-4 文件测试操作符

运算符号	含义	运算符号	含义
-d	对象存在且为目录，返回值为"是"	-s	对象存在且长度非零，返回值为"是"
-f	对象存在且为文件，返回值为"是"	-w	对象存在且可写，返回值为"是"
-L	对象存在且为符号连接，返回值为"是"	-x	对象存在且可执行，返回值为"是"
-r	对象存在且可读，返回值为"是"		

实例 12-10 判断 zb 目录是否存在于/root 下

（1）用 vi 编辑程序

```
[root@localhost bin]#vi test9
#！/bin/Bash
[-d /root/zb ]
echo ＄？ #保存前一个命令的返回码
```

（2）设置权限

```
[root@localhost bin]#chmod＋x test9
```

（3）执行

```
[root@localhost bint]#./ test9
```

（4）在/root 添加 zb 目录

```
[root@localhost bin]#mkdir zb
```

（5）执行

```
[root@localhost bin]#./test9
0
```

 注 意

运行结果是返回参数"＄？"，结果 1 表示判断的目录不存在，0 表示判断的目录不存在。

 实例 12-11 编写一个 Shell 程序 test10，输入一个字符串，如果是目录，则显示目录下的信息，如为文件显示文件的内容

（1）用 vi 编辑程序

```
[root@localhost bin]#vi test10
#！/bin/Bash
  echo ˝Please enter the directory name or file name˝
  read DORF
  if [-d ＄DORF]
  then
ls ＄DORF
  elif [-f ＄DORF]
then
cat ＄DORF
else
  echo ˝input error！˝
fi
```

（2）设置权限

```
[root@localhost bin]#chmod+x test10
```

（3）执行

```
[root@localhost bin]#./test10
```

12.6 循环结构语句

• Shell 的循环语句

Shell 常见的循环语句有 for 循环、while 循环语句和 until 循环。

12.6.1 for 循环

语法：

```
for 变量 in 列表
  do
      操作
  done
```

变量要在循环内部用来指列表当中的对象。

列表是在 for 循环的内部要操作的对象，既可以是字符串也可以是文件，如果是文件则为文件名。

 实例 12-12　在列表中的值：a,b,c,e,I,2,4,6,8 用循环的方式把字符与数字分成两行输出

（1）用 gedit 编辑脚本程序 test11

```
[root@localhost bin]#gedit test11
#!/bin/Bash
for i in a,b,c,e,I 2,4,6,8
do
echo $ i
done
```

（2）设置权限

```
[root@localhost bin]#chmod+x test11
```

（3）执行

```
[root@localhost bin]#./ test11
a,b,c,e,i
2,4,6,8
```

 注 意

在循环列表中的空格可表示换行。

 实例 12-13 删除垃圾箱中的所有文件

分析：在本机中，垃圾箱的位置是在 $HOME/. Trash 中，因而是删除 $HOME/. Trash 列表中的所有文件，程序脚本如下。

（1）用 gedit 编辑脚本程序 test12

```
[root@localhost bin]#gedit test12
#! /bin/Bash
for i in $ HOME/.Trash/ *
do
    rm $ i
echo ˝$ i has been deleted!˝
done
```

（2）设置权限

```
[root@localhost bin]#chmod + x test12
```

（3）执行

```
[root@localhost bin]#./ test12
/root/.Trash/abc~ has been deleted!
/root/.Trash/abc1 has been deleted!
```

 实例 12-14 求 $1 \sim 100$ 的和

（1）用 gedit 编辑脚本程序 test13

```
[root@localhost bin]#gedit test13
#! /bin/Bash
total = 0
for((j = 1;j< = 100;j + + ));
do
    total =˝expr $ total + $ j˝
done
echo ˝The result is $ total˝
```

（2）设置权限

```
[root@localhost bin]#chmod + x test13
```

（3）执行

```
[root@localhost bin]#./test13
The result is 5050
```

 注 意

for 语句中的双括号不能省略，最后的分号可有可无，表达式 total＝'expr $ total＋$ j' 的加号两边的空格不能省略，否则会成为字符串的连接。

12.6.2　while 循环

语法：

```
while 表达式
  do
    操作
  done
```

只要表达式为真，do 和 done 之间的操作就一直会进行。

 实例 12-15　用 while 循环求 1～100 的和

（1）用 gedit 编辑脚本程序 test14

```
[root@localhost bin]#gedit test13
total = 0
num = 0
  while((num< = 100));do
    total = 'expor $ total + $ num'
done
echo "The result is $ total"
```

（2）设置权限

```
[root@localhost bin]#chmod + x test14
```

（3）执行

```
[root@localhost bin]#./test14
The result is 5050
```

12.6.3　until 循环

语法：

```
until 表达式
do
操作
done
```

重复 do 和 done 之间的操作直到表达式成立为止。

 实例 12-16 用 until 循环求 1～100 的和

（1）用 gedit 编辑脚本程序 test15

```
[root@localhost bin]#gedit test15
total = 0
num = 0
  until [ $ sum-gt 100]
  do
    total = ´expor $ total + $ num´
    num = ´expr $ num + 1´
done
echo ˝The result is $ total˝
```

（2）设置权限

```
[root@localhost bin]#chmod + x test15
```

（3）执行

```
[root@localhost bin]#./ test15
The result is 5050
```

12.7 条件结构语句

- Shell 的条件结构语句

Shell 程序中的条件语句主要有 if 语句与 case 语句。

12.7.1 if 语句

语法：

```
if 表达式 1 then
操作
elif 表达式 2 then
操作
elif 表达式 3 then
操作
...
else
操作
fi
```

Linux 中的 if 的结束标志是将 if 反过来写成 fi；而 elif 其实是 else if 的缩写。其中，elif 理论上可以有无限多个。

 实例 12-17 用 for 循环求 1～100 的和

（1）用 gedit 编辑脚本程序 test16

```
[root@localhost bin]♯gedit test16
for((j=0;j<=10;j++))
  do
    if(($j%2==1))
    then
      echo ˝$j˝
fi
done
```

（2）设置权限

```
[root@localhost bin]♯chmod+x test16
```

（3）执行

```
[root@localhost bin]♯./test16
13579
```

12.7.2　case 语句

语法：

```
case 表达式 in
值1|值2)
操作;;
值3|值4)
操作;;
值5|值6)
操作;;
*)
操作;;
esac
```

case 的作用就是当字符串与某个值相同时，就执行那个值后面的操作。如果同一个操作对于多个值，则使用"|"将各个值分开。在 case 的每一个操作的最后都有两个";;"分号，这是必需的。

 实例 12-18 Linux 是一个多用户操作系统，编写程序根据不同的用户登录输出不同的反馈结果

（1）用 vi 编辑脚本程序 test17

```
[root@localhost bin]#gedit test17
  #! /bin/sh
  case $ USER in
beechen)
  echo "You are beichen!";;
liangnian)
    echo "You are liangnian";          //注意这里只有一个分号
  echo "Welcome !";;                    //这里才是两个分号
  root)
  echo "You are root!";echo "Welcome !";;
                                        //将两命令写在一行,用一个分号作为分隔符
 *)
  echo "Who are you?  $ USER?";;
easc
```

（2）设置权限

```
[root@localhost bin]#chmod + x test17
```

（3）执行

```
[root@localhost bin]#./ test17
You are root
Welcome!
```

12.8　在 Shell 脚本中使用函数

学习目标

• Shell 的函数

Shell 程序也支持函数。函数能完成一特定的功能,可以重复调用这个函数。

函数格式如下:

```
函数名(  )
  {
函数体
  }
函数调用方式为
函数名 参数列表
```

 实例 12-19　编写一函数 add 求两个数的和,这两个数用位置参数传入,最后输出结果

（1）编辑代码

```
[root@localhost bin]#gedit test18
#! /bin/sh
add()
{
a = $ 1
b = $ 2
z = ´expr $ a + $ b´
echo ˝The sum is $ z˝
}
add $ 1 $ 2
```

（2）设置权限

```
[root@localhost bin]#chmod + x test18
```

（3）执行

```
[root@localhost bin]#./ test18 10 20
The sum is 30
```

 注 意

函数定义完成后必须同时写出函数的调用，然后对此文件进行权限设定，再执行此文件。

12.9 在 Shell 脚本中调用其他脚本

 学习目标

- Shell 脚本的调用

在 Shell 脚本的执行过程中，Shell 脚本支持调用另一个 Shell 脚本，调用的格式为：

程序名

 实例 12-20 在 Shell 脚本 test19 中调用 test20

（1）调用 test20

```
#test19 脚本
#! /bin/sh
echo ˝The main name is $ 0˝
./test20
echo ˝The first string is $ 1˝
#test20 脚本
#! /bin/sh
echo ˝How are you $ USER?˝
```

（2）设置权限

```
[root@localhost bin]#chmod+x test19
[root@localhost bin]#chmod+x test20
```

（3）执行

```
[root@localhost bin]#./ test19 abc123
The main name is ./test19
How are you root?
the first string is abc123
```

！ 注 意

（1）在 Linux 编辑中命令区分大小写字符。

（2）在 Shell 语句中加入必要的注释，以便以后查询和维护，注释以#开头。

（3）对 Shell 变量进行数字运算时，使用乘法符号"＊"时，要用转义字符"\"进行转义。

（4）由于 Shell 对命令中多余的空格不进行任何处理，因此程序员可以利用这一特性调整程序缩进，达到增强程序可读性效果。

（5）在对函数命名时最好使用有含义且容易理解的名字，使函数名能够比较准确地表达函数所完成的任务。同时建议对于较大的程序要建立函数名和变量命名对照表。

12.10 本 章 小 结

本章首先讲解了 Linux 下 Shell 脚本的定义和相关 Shell 脚本编写的基础，这些基础知识是学习 Shell 脚本编程的关键。接着讲解了 Shell 脚本的执行方式和 Shell 脚本的常见流程控制，为 Shell 脚本的编程做好准备。

课 后 习 题

1. 选择题

（1）下列说法中正确的是（   ）。

A. 安装软件包 fctix-3.4.tar.bz2，要按顺序使用./configure；make；make install；tar 命令

B. 挂载 U 盘，mount /dev/sda /mnt/u -o iocharset＝gb2312

C. 显示变量 PS1 的值用命令 echo PS1

D. 用命令./abc 与 sh abc 执行 Shell 脚本 abc，所得的结果并不相同

（2）一个 Bash Shell 脚本的第一行是（   ）。

A. #！/bin/Bash   B. #/bin/Bash   C. #/bin/csh   D. /bin/Bash

（3）在 Shell 脚本中，用来读取文件内各个域的内容并将其赋值给 Shell 变量的命令是（   ）。

A. fold   B. join   C. tr   D. read

（4）下列变量名中有效的 Shell 变量名是（   ）。

A. -2-time   B. _2＄3   C. trust_no_1   D. 2004file

（5）下列对 Shell 变量 FRUIT 操作，正确的是（　　　）。

A. 为变量赋值：＄FRUIT＝apple　　　　B. 显示变量的值：fruit＝apple

C. 显示变量的值：echo ＄FRUIT　　　　D. 判断变量是否有值：［-f ″＄FRUIT″］

（6）在 Fedora 12 系统中，下列关于 Shell 脚本程序说法不正确的是（　　　）。

A. Shell 脚本程序以文本的形式存储

B. Shell 脚本程序在运行前需要进行编译

C. Shell 脚本程序由解释程序解释执行

D. Shell 脚本程序主要用于系统管理和文件操作，它能够方便自如地处理大量重复性的
系统工作

（7）在 Shell 编程中关于＄2 的描述正确的是（　　　）。

A. 程序后携带了两个位置参数

B. 宏替换

C. 程序后面携带的第二个位置参数

D. 携带位置参数的个数

E. 用＄2 引用第二个位置参数

（8）在 Fedora 12 系统中，"run. sh"是 Shell 执行脚本，在执行. /run. sh file1 file2 file3 的
命令的过程中，变量＄1 的值为（　　　）。

A. run. sh　　　　　B. file1　　　　　C. file2　　　　　D. file3

2. 填空题

（1）在 Shell 编程时，使用方括号表示测试条件的规则是_____。

（2）编写的 Shell 程序运行前必须赋予该脚本文件_____权限。

3. 简答题

（1）用 Shell 编程，判断一文件是不是字符设备文件，如果是将其复制到/dev 目录下。

（2）在根目录下有四个文件 m1. txt、m2. txt、m3. txt、m4. txt，用 Shell 编程，实现自动创
建 m1、m2、m3、m4 四个目录，并将 m1. txt、m2. txt、m3. txt、m4. txt 四个文件分别复制到各自
相应的目录下。

（3）某系统管理员需每天做一定的重复工作，请按照下列要求，编制一个解决方案：

• 在下午 4 :50 删除/abc 目录下的全部子目录和全部文件；

• 从上午 8:00～下午 6:00 每小时读取/xyz 目录下 x1 文件中每行第一个域的全部数据
加入到/backup 目录下的 bak01. txt 文件内；

• 每逢星期一下午 5:50 将/data 目录下的所有目录和文件归档并压缩为文件：backup.
tar. gz；

• 在下午 5:55 将 IDE 接口的 CD-ROM 卸载（假设：CD-ROM 的设备名为 hdc）；

• 在上午 8:00 前开机后启动。

（4）请用 Shell 编程来实现：当输入不同的选择时，执行不同的操作，例如，输入 start 开始
启动应用程序 myfiles，输入 stop 时，关闭 myfiles，输入 status 时，查看 myfiles 进程，否则执行
＊）显示"EXIT!"并退出程序。

（5）编写一个 Shell 程序，此程序的功能是：显示 root 下的文件信息，然后建立一个 abc 的
文件夹，在此文件夹下建立一个文件 k. c，修改此文件的权限为可执行。

（6）编写一个 Shell 程序，挂载 U 盘，在 U 盘中根目录下所有. c 文件复制到当前目录，然

后卸载 U 盘。

（7）编写一个 Shell 程序，程序执行时从键盘读入一个文件名，然后创建这个文件。

（8）编写一个 Shell 程序，键盘输入两个字符串，比较两个字符串是否相等。

（9）编写三个 Shell 程序，分别用 for、while、until 求 2+4+…+100 的和。

（10）编写一个 Shell 程序，键盘输入两个数及 +、-、* 、与/中的任意运算符，计算这两个数的运算结果。

（11）编写两个 Shell 程序 kk 及 aa，在 kk 中输入两个数，调用 aa 计算这两个数之间奇数的和。

（12）编写 Shell 程序，可以挂载 U 盘，也可挂载 Windows 硬盘的分区，并可对文件进行操作。

（13）编写 4 个函数分别进行算术运算 +、-、* 、/，并编写一个菜单，实现运算命令。

课 程 实 训

实训内容：编写一个 Shell 程序，呈现一个菜单，有 0~5 共 6 个命令选项，1 表示挂载 U 盘，2 表示卸载 U 盘，3 表示显示 U 盘的信息，4 表示把硬盘中的文件复制到 U 盘，5 表示把 U 盘中的文件复制到硬盘中，0 表示退出。

程序分析：把此程序分成题目中要求的六大功能模块，另外加一个菜单显示及选择的主模板。

（1）编辑代码

```
[root@localhost bin]#vi test19
#! /bin/sh
  #mountusb.sh
  #退出程序函数
  quit()
{
  clear
  echo "*************************************************************************"
  echo "*** thank you to use,Good bye! ****"
  exit 0
  }
  #加载 U 盘函数
  mountusb()
  {
  clear
  #在/mnt 下创建 usb 目录
  mkdir /mnt/usb
  #查看 U 盘设备名称
  /sbin/fdisk-l |grep /dev/sd
  echo-e "Please Enter the device name of usb as shown above:\c"
read PARAMETER
mount /dev/ $ PARAMETER /mnt/usb
  }
```

```
＃卸载 U 盘函数
umountusb()
{
  clear
  ls-la /mnt/usb
}
＃显示 U 盘信息函数
display()
{
  clear
  umount /mnt/usb
}
＃复制硬盘文件到 U 盘函数
cpdisktousb()
{
  clear
  echo-e "Please Enter the filename to be Copide (under Current directory):\c"
  read FILE
  echo "Copying,please wait!..."
  cp $ FILE /mnt/usb
}
＃复制 U 盘函数到硬盘文件
cpusbtodisk()
{
  clear
  echo-e "Please Enter the filename to be Copide in USB:\c"
  read FILE
  echo "Copying ,Please wait!..."
  cp /mnt/usb/ $ FILE .  ＃点(.)表示当前路径
}
  clear
  while true
  do
echo "======================================================================"
echo "***            LINUX USB MANAGE PROGRAM                  ***"
echo "            1-MOUNT USB                                   "
echo "            2-UNMOUNT USB                                 "
echo "            3-DISPLAY USB INFORMATION                     "
echo "            4-COPY FILE IN DISK TO USB                    "
echo "            5-COPY FILE IN USB TO DISK                    "
```

```
echo "0-EXIT        "
echo "========================================================================= "
echo-e "Please Enter a Choice(0-5):\c"
read CHOICE
case $ CHOICE in
        1) mountusb
        2) unmountusb
        3) display
        4) cpdisktousb
        5) cpusbtodisk
        0) quit
    * ) echo "Invalid Choice! Corrent Choice is (0-5)"
    sleep 4
    clear;;
  esac
done
```

（2）修改权限

```
[root@localhost bin]#chmod + x test19
```

（3）程序执行结果

```
[root@localhost bin]#./ test19
```

项 目 实 践

　　这段时间陈飞在学习 Linux 下的 Shell 编程，感觉 Shell 编程和 C 语言很相似。王工程师今天来看陈飞，顺便问一下陈飞的学习情况。陈飞就和他说了自己对 Shell 编程的看法。王工程师听了后，笑着说："一样不一样，你编个程序不就明白了吗？""那编什么程序呢？"陈飞问道。"就俄罗斯方块吧"，王工程师说："俄罗斯方块大家都会玩，而且你可以在网上找到用 C 语言编写的程序，你用 Shell 编程实现，和 C 语言版的对比一下，不就明白它们之间的不同了吗？"王工程师走了，留下了陷入沉思的陈飞。他能完成吗？

第13章　Linux 下软件安装

本章内容

☞ Linux 下安装软件的常见方法

☞ RPM 安装与卸载软件

☞ RPM 查询已安装的软件

☞ Tarball 安装软件

☞ yum 安装与卸载软件

☞ wine

☞ virtualbox

13.1　Linux 下安装软件的常见方法

学习目标

• 了解软件包的形式

• 了解常用的安装方法

对于 Windows 用户来说,安装软件是一件轻而易举的事情。但对于 Linux 初学者来说,就不那么容易了。就算是安装一个很小的软件,恐怕都是一件很棘手的事情,在 Linux 下安装不像在 Windows 中那样简单。

Linux 软件包主要分成两种不同的形式。一种是以源码包形式发行的,另一种是二进制包的形式发行的。源码包文件名通常是以 xxx.tar.gz 或 xxx.tar.bz2 发行的,二进制包通常以 xxx.i386.rpm 发行的。

在 Linux 中大多数软件提供的是源代码,而不是现成的二进制文件,这就要求用户根据自己系统的实际情况和自身的需要来配置、编译源程序,软件才能使用。初学者往往不知道该如何进行配置和编译,而盲目地运行一些执行属性的文件,导致安装不成功。

在 Linux 下安装软件的方法:Tarball、rpm 和 yum。下面的章节会对这些方法进行介绍,对于初学者往往会选择 yum 方法进行安装,因为这样安装会很简单。

 小知识

安装软件时做的准备工作如下:

（1）检查软件包的依赖(Dependency)
（2）检查软件包的冲突(Conflicts)
（3）执行安装前的脚本程序(Preinstall)
（4）处理配置文件(Configfile)
（5）解压软件包并存放到相应位置
（6）执行安装后脚本程序(Postinstall)
（7）更新 RPM 数据库
（8）执行安装时触发脚本程序(Triiggerin)

13.2 RPM 包软件安装

 学习目标

- RPM 的定义
- RPM 安装与卸载
- RPM 查询已安装的软件包

13.2.1 RPM 的定义

RPM 是 RedHat Package Manger 的缩写,即 RedHat(红帽子)的软件包管理器。

对于一个操作系统来说,没有一个比较理想的软件包管理器,会让用户对软件进行安装、升级和卸载带来许多不方便。相反的,有了一个专门的软件包管理器,对于普通用户来说,软件包的安装维护就变得非常方便了。

13.2.2 RPM 的安装与卸载

（1）功能:管理 RPM 套件。

（2）基本格式:rpm［选项］安装文件名

（3）常用选项:rpm 命令的常用选项见表 13-1。

表 13-1 rpm 命令的常用选项

选项	说明	选项	说明
-i	安装指定软件包	-q	查询已安装的软件包
-e	删除指定软件包	-f	查询属于哪个软件包
-U	升级指定软件包	-a	查询所有安装的软件包
-F	升级更新某 RPM 的旧版本	--whatprovides	查询提供了功能的软件包
-v	显示附加信息	--whatrequires	查询所有需要功能的软件包

选项	说明	选项	说明
-h(or--hash)	安装时软件 hash 记号（"#"）	-l	显示软件包中的文件列表
--percent	以百分比的形式输出安装的进度	-c	显示配置中文件列表
--replacepkgs	替换属于其他软件包的文件	--scripts	显示安装、卸载、校验脚本
--replacefiles	替换属于其他软件包的文件	--queryformat(or--qf)	以用户指定的方式显示查询信息
--force	忽略软件包及文件的冲突	--requires(or-R)	显示软件包所需要的功能
--noscripts	不运行预安装和后安装的脚本	-K	校验已安装的文件
--prefix	将软件包安装到指定的路径下	--help	显示帮助文件
--nodeps	不检查依赖性关系	--version	显示 RPM 的当前版本

 实例 13-1　安装 Linux 版本的腾讯聊天工具 QQ

将所要软件 Linuxqq-v1.0.2-beta1.i386.rpm 复制到/opt 目录下。

```
[root@localhost ~]# cd /opt
[root@localhost opt]# rpm-ivh Linuxqq-v1.0.2-beta1.i386.rpm
Preparing... ################################### [100%]
1:Linuxqq ################################### [100%]
[root@localhost opt]#qq
```

 实例 13-2　卸载 Linux 下的 qq

```
[root@localhost opt]# rpm-e Linuxqq
[root@localhost opt]# qq
Bash：/usr/bin/qq：没有那个文件或目录
root@localhost opt]#
```

这样就可以成功地卸载 QQ 了。

13.2.3　RPM 查询软件包的安装

操作系统安装软件时,用户可能记不清哪几个软件已经装过了。这时可以用 RPM 来查询一下哪几个软件是已经安装过了的。

 实例 13-3　用 RPM 命令查询软件是否安装

方法一：

```
[root@localhost ~]# rpm-q gcc
gcc-4.4.2-7.fc12.i686
```

方法二：

```
[root@localhost ~]# rpm-qa|grep gcc
gcc-4.4.2-7.fc12.i686
```

 **小问题　安装、升级、更新的区别**

rpm-i:在该 rpm 包与该包的旧版本未被安装过的情况下,安装该 rpm 包。

rpm-U:无论系统是否有安装过某 rpm 包或某旧版本,更新 rpm 包。否则不安装。

rpm-F:仅在系统已安装某 rpm 旧版本,更新 rpm 包,否则不安装。

在安装时添加 v 和 h 参数,可以使我们对安装与卸载的过程了解更加详细。前者会说明执行步骤,而后者会显示一个百分比的进度条。

13.3　yum 安装软件

学习目标

- yum 的定义
- yum 通过互联网安装软件
- yum 安装本地 rpm 包

13.3.1　yum 的定义

yum(Yellowdog Updater Modified)是一个在 Fedora 的 Shell 前端软件包管理器。基于 RPM 包管理,能够从指定的服务器自动下载 RPM 包并且安装,可以自动处理依赖性关系,并且一次安装所有依赖的软件包,无须烦琐地一次次下载、安装。

yum 的理念是使用一个中心仓库(repository)管理一部分甚至一个 distribution 的应用程序相互关系,根据计算出来的软件依赖关系进行相关的升级、安装、删除等操作,减少了 Linux 用户一直头痛的 dependencies 的问题。

13.3.2　yum 通过互联网安装软件

虽然说用 yum 来安装软件很简单,用户不用考虑依赖性的问题。不过在默认情况下,yum 是到 Internet 的 install tree 上找 RPM 软件包。就是说需要计算机连入互联网。

(1) 功能:管理 RPM 套件。

(2) 基本格式:yum［选项］关键字

(3) 常用选项:yum 命令常用选项见表 13-2。

表 13-2　yum 命令常用选项

选项	说　明
install	安装指定软件包
remove	删除指定软件包
update	安装所有更新软件或安装指定更新的软件
check-update	列出所有可更新软件的清单
list	列出所有可安装软件清单
list updates	列出所有可更新的软件包
list installed	列出所有已安装的软件包
seach	查找指定软件包
info	列出所有软件包的信息
info updates	列出所有可更新的软件包信息
info installed	列出所有已安装的软件包信息
clean packages	清除缓存目录(/var/cache/yum)下的软件包
clean headers	清除缓存目录(/var/cache/yum)下的 headers
clean	清除缓存(/var/cache/yum)下旧的 headers

 实例 13-4　用 yum 安装与卸载软件

（1）用 yum 安装 gcc 软件包

```
[root@localhost ~]# rpm-q gcc
gcc-4.4.2-7.fc12.i686
[root@localhost ~]# yum install gcc
已加载插件:presto,refresh-packagekit
设置安装进程
解决依赖关系
--> 执行事务检查
......................................        //中间省略
作为依赖被升级:
  cpp.i686 0:4.4.4-10.fc12          gcc-c++.i686 0:4.4.4-10.fc12
  gcc-gfortran.i686 0:4.4.4-10.fc12  libgcc.i686 0:4.4.4-10.fc12
  libgfortran.i686 0:4.4.4-10.fc12   libgomp.i686 0:4.4.4-10.fc12
  libstdc++.i686 0:4.4.4-10.fc12     libstdc++-devel.i686 0:4.4.4-10.fc12
  libtool.i686 0:2.2.6-18.fc12.1
完毕!
[root@localhost ~]# rpm-q gcc
gcc-4.4.4-10.fc12.i686
[root@localhost ~]#
```

这样就成功地更新了 gcc,因为原先已经安装了 gcc。

（2）用 yum 删除 gcc 软件包

```
[root@localhost ~]# yum remove gcc
已加载插件:presto,refresh-packagekit
设置移除进程
解决依赖关系
--> 执行事务检查
---> 软件包 gcc.i686 0:4.4.4-10.fc12 将被删除
--> 处理依赖关系 gcc = 4.4.4-10.fc12,它被软件包 gcc-c++-4.4.4-10.fc12.i686
    需要
························                    //中间省略
  gcc-gfortran.i686 0:4.4.4-10.fc12
  libtool.i686 0:2.2.6-18.fc12.1
  systemtap.i686 0:1.0-2.fc12
完毕!
[root@localhost ~]# gcc-v
Bash:/usr/lib/ccache/gcc:没有那个文件或目录包
[root@localhost ~]#
```

13.3.3 yum 安装本地 rpm 源

在默认情况下,yum 必须到 Internet 上的 install tree 去搜寻软件包。但是,可以在本机上创建一个 install tree。例如可以把 Fedora12 光盘中 RPM 包做一个 install tree。

 实例 13-5 创建一个本地 install tree

第一步:先把 Fedora12 光盘中的 RPM 包复制到/opt/Packages 下。

```
[root@localhost ~]# cp /media/Fedora\ 12\ i386\ DVD/Packages/ /opt/Packages/
[root@localhost ~]#
```

第二步:建 yum 仓库。

```
[root@localhost ~]# createrepo /opt/Packages/
2399/2399- elfutils-libelf-0.143-1.fc12.i686.rpm
Saving Primary metadata
Saving file lists metadata
Saving other metadata
[root@localhost ~]#
```

第三步:清空并重新定义。

```
[root@localhost ~]# cd /etc/yum.repos.d/
[root@localhost yum.repos.d]# ls
adobe-Linux-i386.repo fedora.repo fedora-updates-testing.repo
fedora-rawhide.repo fedora-updates.repo
```

```
[root@localhost yum.repos.d]♯ mv adobe-Linux-i386.repo adobe-Linux-i386.repo.
db
[root@localhost yum.repos.d]♯ mv fedora.repo fedora.repo.db
[root@localhost yum.repos.d]♯ mv fedora-updates-testing.repo fedora-updates-
testing.repo.db
[root@localhost yum.repos.d]♯ mv fedora-rawhide.repo fedora-rawhide.repo.db
[root@localhost yum.repos.d]♯ mv fedora-updates.repo fedora-updates.repo.db
[root@localhost yum.repos.d]♯ ls
adobe-Linux-i386.repo.db        fedora-updates.repo.db
fedora-rawhide.repo.db          fedora-updates-testing.repo.db
fedora.repo.db
[root@localhost yum.repos.d]♯ vi /etc/yum.repos.d/dvdiso.repo
[root@localhost yum.repos.d]♯
```

加入以下内容:

```
[DVDISO]
name = DVD ISO
baseurl = file:///opt/Packages/
enabled = 1
gpgcheck = 0
```

保存退出。
第四步:测试。

```
[root@localhost yum.repos.d]♯yum clean all
已加载插件:presto,refresh-packagekit
清理一切
[root@localhost yum.repos.d]♯yum list
```

yum list 输出结果制作仓库软件,如下所示就表示制作仓库软件成功。

```
xterm.i686248-2.fc12 DVDISO
```

 小知识

如果想用 yum 到 Internet 下找 install tree,只要修改/etc/yum.repos.d/下的文件名就可以了。adobe-Linux-i386.repo.db、fedora-updates.repo.db、fedora-rawhide.repo.db、fedora-updates-testing.repo.db、fedora.repo.db 的名字改成 adobe-Linux-i386.repo、fedora-updates.repo、fedora-rawhide.repo、fedora-updates-testing.repo、fedora.repo,再把 dvdiso.repo 名字改成 dvdiso.repo.db。

13.4　Tarball 安装软件

- 源码包的安装
- 二进制文件的安装

13.4.1　源码包的安装

Tarball 是 tar 档案文件的专业术语,是把一堆文件打包为一个文件。tar 命令是 Linux 的一个 Shell 命令,该命令可为多个文件创建一个档案文件,也可以从一个档案文件中解压出文件。在前面的章节已经详细介绍了 tar 命令,这里就不多做介绍。

接下来介绍一个源码包程序的安装。

 实例 13-6　用源代码包安装腾讯的聊天工具 QQ

第一步:先把准备文件 Linuxqq_v1.0.2-beta1_i386.tar.gz 复制到/opt 下。

```
[root@localhost ~]# cp Linuxqq_v1.0.2-beta1_i386.tar.gz /opt
[root@localhost ~]#
```

第二步:到/opt 并解压文件。

```
[root@localhost ~]# cd /opt/
[root@localhost opt]# tar-zxvf Linuxqq_v1.0.2-beta1_i386.tar.gz
Linuxqq_v1.0.2-beta1_i386/
Linuxqq_v1.0.2-beta1_i386/qq
Linuxqq_v1.0.2-beta1_i386/res.db
```

第三步:修改环境变量。

```
[root@localhost opt]# vi ~/.Bashrc
```

在文件最后一行加添加以下内容:

```
PATH = $ PATH:/opt/Linuxqq_v1.0.2-beta1_i386
export PATH
```

保存退出,打开一个新的终端,输入下面的命令就能弹出 QQ 登录界面,表明安装成功了。

```
[root@localhost opt]#qq
```

13.4.2　二进制包的安装

安装二进制文件不像安装源那么简单。接下来介绍二进制程序的安装。

 实例 13-7　安装 gcc 二进制软件包

需要准备的文件如下:

gmp-5. 0. 1. tar. bz2

mpc-0. 8. 1. tar. gz

mpfr-2. 4. 2. tar. bz2

gcc-4. 5. 0. tar. bz2

要成功安装 gcc,对 gmp、mpc、mpfr 的版本要求很高。

第一步:先把准备文件复制到/opt 下。

```
[root@localhost ~]# cp gmp-4.3.2.tar.bz2 /opt/
[root@localhost ~]# cp mpc-0.8.1.tar.gz /opt/
[root@localhost ~]# cp mpfr-2.4.2.tar.bz2 /opt/
[root@localhost ~]# cp gcc-4.5.0.tar.bz2 /opt/
[root@localhost ~]#
```

第二步:对 gmp 的安装。

```
[root@localhost ~]# cd /opt
[root@localhost opt]# tar-jxvf gmp-5.0.1.tar.bz2
[root@localhost opt]# cd gmp-5.0.1
[root@localhost gmp-5.0.1]# ./configure--prefix = /tools--enable-cxx --enabl
e-mpbsd
[root@localhost gmp-5.0.1]# make-j3
[root@localhost gmp-5.0.1]# make install
[root@localhost gmp-5.0.1]# cd ..
[root@localhost opt]# rm-fr gmp-5.0.1
[root@localhost opt]# rm-f gmp-5.0.1.tar.bz2
[root@localhost opt]#
```

第三步:对 mpfr 的安装。

```
[root@localhost ~]# cd /opt/
[root@localhost opt]# tar-jxvf mpfr-2.4.2.tar.bz2
[root@localhost opt]# cd mpfr-2.4.2
[root@localhost mpfr-2.4.2]# ./configure--prefix = /tools--enable-thread-
safe--with-gmp = /tools
[root@localhost mpfr-2.4.2]# make-j3
[root@localhost mpfr-2.4.2]# make install
[root@localhost gmp-4.3.2]# cd ..
[root@localhost opt]# rm-fr mpfr-2.4.2
[root@localhost opt]# rm-f mpfr-2.4.2.tar.bz2
[root@localhost opt]#
```

第四步:对 mpc 的安装。

```
[root@localhost ~]# cd /opt/
[root@localhost opt]# tar-zxvf mpc-0.8.1.tar.gz
[root@localhost opt]# cd mpc-0.8.1
[root@localhost mpc-0.8.1]# ./configure--with-mpfr = /tools--with-gmp = /
tools--prefix = /tools
[root@localhost mpc-0.8.1]# make-j3
[root@localhost mpc-0.8.1]# make install
[root@localhost mpc-0.8.1]# cd ..
[root@localhost mpc-0.8.1]# rm-fr mpc-0.8.1
[root@localhost mpc-0.8.1]# rm-f mpc-0.8.1.tar.gz
```

第五步:对 gcc 的安装。

```
[root@localhost opt]# cd /opt/
[root@localhost opt]# tar-jxvf gcc-4.5.0.tar.bz2
[root@localhost opt]# cd gcc-4.5.0
[root@localhost gcc-4.5.0]# ./configure--prefix = /tools--enable-sh
ared--enable-threads = posix--enable-__cxa_atexit--enable-clocale = gnu-enabl
e-languages = c, c + +--disable-multilib--disable-bootstrap--with-gmp = /tools--
with-mpfr = /tools--with-mpc = /tools
[root@localhost gcc-4.5.0]# make-j3
    可能会出现的错误信息:error while loading shared libraries:libmpc.so.2:
cannot open shared object file:No such file or directory
    解决方法是:在虚拟终端输入:export LD_LIBRARY_PATH = /tools/lib 后重新 make-
j3 就可以通过去
[root@localhost gcc-4.5.0]# make install
[root@localhost gcc-4.5.0]# cd ..
[root@localhost opt]# rm-fr gcc-4.5.0
[root@localhost opt]# rm-f gcc-4.5.0.tar.bz2
[root@localhost opt]#
```

第六步:修改 gcc 的路径。

```
[root@localhost opt]# rpm-q gcc
gcc-4.4.2-7.fc12.i686
[root@localhost opt]# yum remove gcc
[root@localhost opt]# vi ~/.Bashrc
[root@localhost opt]#
```

修改内容如下,在最后一行添加:

```
PATH = $ PATH:/tools/bin
```

保存退出。

```
[root@localhost opt]# cd /etc
[root@localhost etc]# gedil profile
[root@localhost etc]#
```

在最后一行添加以下内容：

```
LD_LIBRARY_PATH = /tools/lib:/usr/local/gcc
export LD_LIBRARY_PATH
```

保存退出。重启或在终端中输入 source profile，在终端提示符下输入下面的命令，出现如图 13-1 所示的信息，表明 gcc 软件包安装成功。

```
[root@localhost opt]#gcc-v
```

图 13-1　gcc 安装成功

13.5　wine

 学习目标

- wine 的定义
- wine 的安装
- wine 安装 QQ2010

13.5.1　wine 的定义

wine 是一款优秀的 Linux 平台下的模拟器软件，用来将 Windows 系统下的软件在 Linux 下稳定地运行。

13.5.2　wine 的安装

13.5.1 节已经对 wine 进行了简单的介绍，接下来开始安装 wine。

实例 13-8　在 Linux 系统上安装 wine

需要准备的文件：wine-1.3.3.tar.bz2

先把文件复制到/opt 下：

```
[root@localhost ~]# cp wine-1.3.3.tar.bz2 /opt
[root@localhost ~]# cd /opt/
[root@localhost opt]#
```

接下来对 wine 进行安装：

```
[root@localhost opt]# tar-jxvf wine-1.3.3.tar.bz2
[root@localhost opt]# cd wine-1.3.3
[root@localhost wine-1.3.3]# ./configure
[root@localhost wine-1.3.3]# make depend && make && make install
[root@localhost wine-1.3.3]#
```

再对 wine 进行配置：

```
[root@localhost wine-1.3.3]# winecfg
[root@localhost wine-1.3.3]#
```

如果出现一个窗口提示安装 Wine Gecko,就选择安装。不过,需要用户连网才可以。如图 13-2 所示。

图 13-2　Wine Gecko 安装

winecfg 运行起来以后,把 Windows 系统设置为 Windows XP 或 Windows 2000 就可以了。

把 Windows 系统下 C:/Windows/Fonts 中的 simsun.ttc 复制到～/.wine/drive_c/windows/Fonts 下。

接下来修改～/.wine/system.reg：

```
[root@localhost wine-1.3.3]# gedit ~/.wine/system.reg
[root@localhost wine-1.3.3]#
```

修改以下内容：

- 查找 LogPixels
  找到[System\\CurrentControlSet\\Hardware Profiles\\Current\\Software\\Fonts]
  把"LogPixels" = dword:00000060
  改成"LogPixels" = dword:00000070

- 查找 FontSubstitutes
  找到[Software\\Microsoft\\Windows NT\\CurrentVersion\\FontSubstitutes]
  把
  "MS Shell Dlg" = "SimSun"
  "MS Shell Dlg 2" = "Tahoma"
  改成
  "MS Shell Dlg" = "SimSun"
  "MS Shell Dlg 2" = "SimSun"

保存退出。
修改～/. wine/driver_c/windows/win. ini

```
[root@localhost wine-1.3.3]# gedit ~/.wine/drive_c/windows/win. ini
[root@localhost wine-1.3.3]#
```

修改以下内容：

```
在文件末尾加上：
[Desktop]
menufontsize = 13
messagefontsize = 13
statusfontsize = 13
IconTitleSize = 13
```

保存退出。
创建 zh. reg：

```
[root@localhost wine-1.3.3]# gedit ~/.wine/zh. reg
[root@localhost wine-1.3.3]#
```

添加如下内容：

```
REGEDIT4

[HKEY_LOCAL_MACHINE\Software\Microsoft\Windows
NT\CurrentVersion\FontSubstitutes]
    "Arial" = "simsun"
    "Arial CE,238" = "simsun"
    "Arial CYR,204" = "simsun"
    "Arial Greek,161" = "simsun"
    "Arial TUR,162" = "simsun"
    "Courier New" = "simsun"
    "Courier New CE,238" = "simsun"
    "Courier New CYR,204" = "simsun"
    "Courier New Greek,161" = "simsun"
```

```
"Courier New TUR,162" = "simsun"
"FixedSys" = "simsun"
"Helv" = "simsun"
"Helvetica" = "simsun"
"MS Sans Serif" = "simsun"
"MS Shell Dlg" = "simsun"
"MS Shell Dlg 2" = "simsun"
"System" = "simsun"
"Tahoma" = "simsun"
"Times" = "simsun"
"Times New Roman CE,238" = "simsun"
"Times New Roman CYR,204" = "simsun"
"Times New Roman Greek,161" = "simsun"
"Times New Roman TUR,162" = "simsun"
"Tms Rmn" = "simsun"
```

保存退出。

在终端输入:

```
[root@localhost wine-1.3.3]# regedit ~/.wine/zh.reg
fixme:msvcrt:_setmbcp trail bytes data not available for DBCS codepage 0- assum-
ing all bytes
[root@localhost wine-1.3.3]# winecfg
[root@localhost wine-1.3.3]#
```

当发现字体改变了就说明 wine 安装成功。

13.5.3　安装 QQ2010

13.5.2 节已经介绍了安装 wine,那么,现在介绍安装 QQ2010。

　实例 13-9　在 wine 上安装 QQ2010

需要准备的文件:QQ2010.exe
第一步:将所需要的软件复制到/opt 下。

```
[root@localhost ~]# cp QQ2010.exe /opt/
[root@localhost ~]# cp wenquanyi.tar.gz /opt/
[root@localhost ~]#
```

第二步:为了解决乱码问题,需要进行下面的工作。

```
[root@localhost ~]# cd /usr/local/share/wine
[root@localhost wine]# mv fonts fonts.bak
[root@localhost wine]#
```

第三步：安装 QQ2010。

```
[root@localhost wine]# cd /opt/
[root@localhost opt]# wine QQ2010.exe
[root@localhost opt]#
```

接下来的安装与 Windows 下安装 QQ 的步骤一样，这里就不多做介绍了。

出现安装界面如图 13-3 所示。

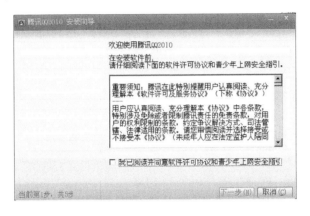

图 13-3　wine 上安装 QQ

13.6　virtualbox

- virrtualbox 的定义与安装
- virtualbox 上安装 XP 和使用

13.6.1　virtualbox 的定义与安装

Oracle VM VirtalBox 是由 Sun Microsystems 公司出品的软件（Sun 于 2010 年被 Oracle 收购），原由德国 Innotek 公司开发，2008 年 2 月 12 日，Sun Microsystems 宣布以购买股票的方法收购德国 Innotek 软件公司，新版不再叫做 Innotek VirtualBox，而改叫 Sum xVM VirtualBox。2010 年 1 月 21 日，欧盟同意 Oracle 收购 Sun，VirtualBox 再次该名变成 Oracle VM VirtualBox。VirtualBox 是开源的软件，可以在 virtualbox. org 或 openxvm. org 免费下载而无需为费用和许可问题而头疼。

VirtualBox 是一款功能强大的 X86 虚拟软件，它不仅具有丰富的特色，而且性能优异。VirtualBox 可以在 Linux 和 Windows 主机中运行。

 实例 13-10　VirtualBox 在 fedora12 上的安装

需要准备的文件：VirtualBox-3. 2-3. 2. 8_64453_fedora12-1. i686. rpm

双击 VirtualBox-3. 2-3. 2. 8_64453_fedora12-1. i686. rpm 来安装 VirtualBox。在连网的

情况下,系统会自动查询所需要的依赖文件。

双击后的第一个界面,这一步系统会查询该软件的依赖关系,如图 13-4 所示。时间会较长,这时不要认为系统死机了。

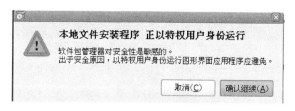

图 13-4　查询依赖关系

开始安装 VirtualBox,如图 13-5 所示。

图 13-5　询问是否安装软件

查询该软件软件的依赖关系,如图 13-6 所示。

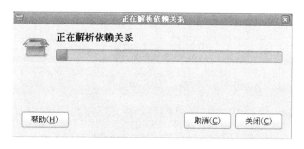

图 13-6　检查软件包之间的依赖关系

找出如图 13-7 所示的软件包安装或更新。

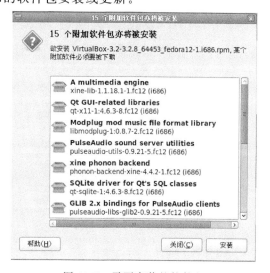

图 13-7　需要安装的软件包

单击"安装"按钮。直到安装完成。

单击"应用程序"→"系统工具"→"Oracle VM VirtualBox",启动 Oracle VM VirtualBox,勾选同意后,显示如图 13-8 所示的界面,表明安装成功。

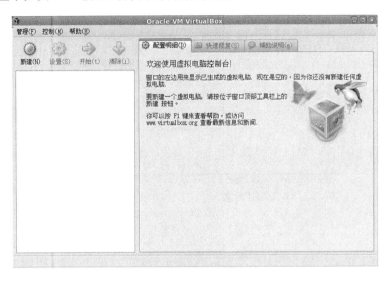

图 13-8 安装完成

13.6.2 virtualbox 上安装 XP 和使用

13.6.1 节已经介绍了 virtualbox 的安装。下面通过实例介绍 wine 下 Windows XP 的安装。

 实例 13-11 virtualbox 上安装 Windows XP

首先运行 VirtualBox,然后单击左上角的"新建"按钮,如图 13-9 所示。

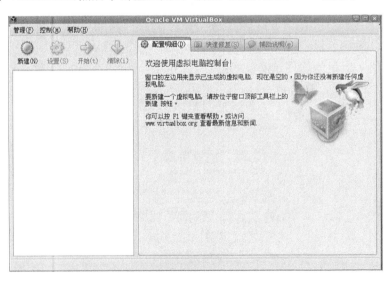

图 13-9 新建安装界面

出现"新建虚拟电脑向导"的界面,如图 13-10 所示。

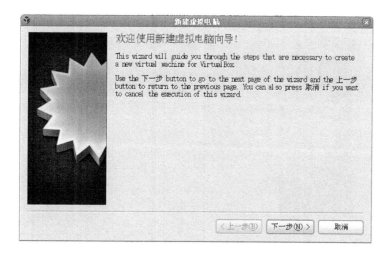

图 13-10　安装向导

设置虚拟机的名字和准备安装的操作系统类型,如图 13-11 所示。

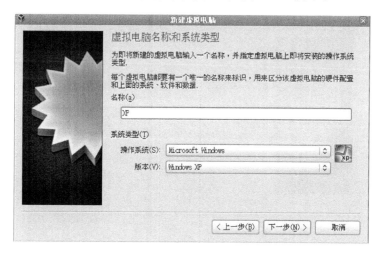

图 13-11　设置操作系统的类型

设置虚拟器的内存大小,如图 13-12 所示。

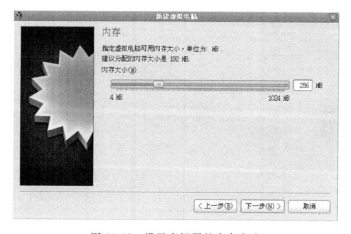

图 13-12　设置虚拟器的内存大小

开创虚拟器的硬盘,如图 13-13 所示。

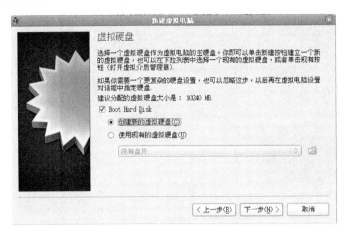

图 13-13　设置虚拟器的硬盘一

来到"创建新的虚拟硬盘"界面,直接单击"下一步"按钮,如图 13-14 所示。

图 13-14　设置虚拟器的硬盘二

创建硬盘类型,如图 13-15 所示。

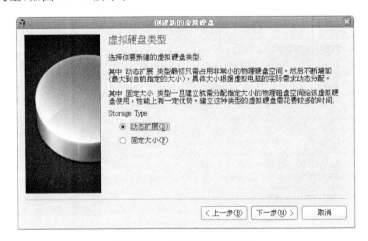

图 13-15　设置硬盘的类型

选择存放硬盘的地点和硬盘的大小,如图 13-16 所示。

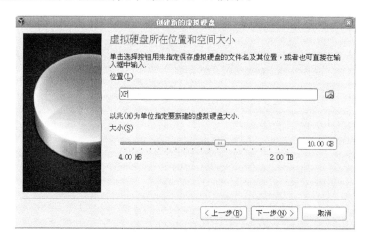

图 13-16　设置硬盘的容量

确定硬盘信息,单击"完成"按钮,如图 13-17 所示。

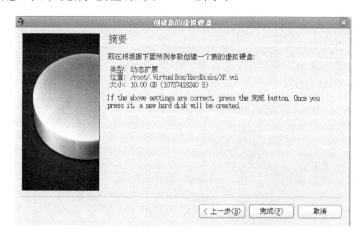

图 13-17　确定硬盘信息

确定虚拟计算机信息,单击"完成"按钮,如图 13-18 所示。

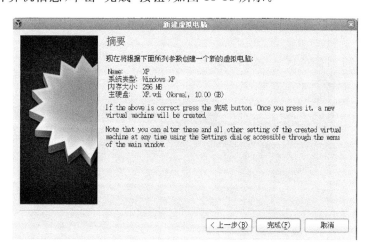

图 13-18　安装 Windws XP 系统完成

打开"管理"下的"虚拟介质管理器",选择"虚拟硬盘",如图 13-19 所示。

图 13-19　选择"虚拟硬盘"

单击"注册"按钮,找到要安装软件的目录。单击"完成"按钮,如图 13-20 所示。

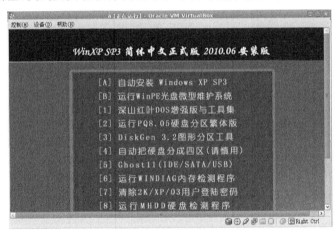

图 13-20　开始安装系统

如果显示"FATAL:No bootable medium found! System halted."的错误信息,就打开"设备"下的"分配光驱",看一下所选的系统镜像文件有没有被选中,如图 13-21 所示。

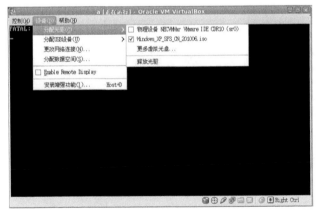

图 13-21　选择光驱

安装驱动/配置文件共享,如图 13-22 所示。

图 13-22　安装驱动/配置文件共享

这时在虚拟机内会弹出安装向导。如果没有弹出,请运行虚拟光驱的"VBoxWindowAd-ditions.exe"文件,如图 13-23 所示。

图 13-23　重启虚拟器

安装时选择下一步,最后会提示重启虚拟器,重启后驱动就安装完成。如图 13-24 所示。

图 13-24　提示是否重启

配置文件共享，方便物理机和虚拟机进行文件交换，如图 13-25 所示。

图 13-25　配置文件共享一

弹出"数据空间"对话框，选择右边的"<span></span>"，如图 13-26 所示。

图 13-26　配置文件共享二

这里会弹出"添加数据空间"对话框，如图 13-27 所示，确定数据空间的位置。最后单击"确定"按钮。

图 13-27　确定数据空间的位置

13.7　本章小结

本章介绍了在 Linux 下软件安装的常用方法，用 RPM 安装、卸载软件、用 RPM 查询已安装的软件,yum 的使用、Tarball 安装软件,介绍了 wine 的使用,也介绍了 virtualbox 的使用和安装。

课 后 习 题

1. 选择题

(1) 源代码编译安装是与 RPM 包安装不同的应用程序安装方式,以下对于源代码编译安装说法正确的是(　　)。

A. 源代码编译安装比 RPM 包安装具有更快的安装速度

B. 源代码编译安装普遍适用于大多数 Linux 发行版本

C. 源代码编译安装为应用程序的使用者提供了更多的可定制性

D. 源代码编译安装的应用程序代码执行效率一定比 RPM 包安装的程序高

(2) 在 Linux 系统中,典型的 RPM 软件包名称类似于 foo-1.0-1.i386.rpm,下面关于该文件名描述不正确的是(　　)。

A. foo 是软件名称　　　　　　　　　　B. foo 是可使用该软件的用户账号

C. 1.0-i 代表该软件的版本　　　　　　D. i386 是软件所运行的硬件平台的名称

(3) 某学员在 Linux 系统中安装了一个软件包,他在做完试验后想删除该软件包,可当他执行命令:rpm-e 软件包名称,却返回错误提示:"Failed dependencies",这可能是(　　)原因。

A. 该软件包已不存在

B. 该软件包仍然在使用,不能删除

C. 该软件包与其他软件包之间存在依赖关系

D. 该软件包已损坏

(4) 在 Linux 系统中,典型的 RPM 软件包名称类似于 foo-1.0-1.i386.rpm,下面关于该文件名描述不正确的是(　　)。

A. foo 是软件名称　　　　　　　　　　B. foo 是可使用该软件的用户账号

C. 1.0-i 代表该软件的版本　　　　　　D. i386 是软件所运行的硬件平台的名称

(5) 在 Fedora 12 系统中使用 rpm 命令进行软件包的管理时,若想在安装一个新的软件包"zebra-0.95.i386.rpm"之前先了解该软件包的详细信息,可以使用(　　)。

A. rpm-qi zebra-0.95.i386.rpm　　　　B. rpm-qpi zebra-0.95.i386.rpm

C. rpm-qi zebra　　　　　　　　　　　D. rpm-qpi zebra

(6) 在 Fedora 12 系统中,要实现磁盘配额,必须在系统中安装 quota 软件包,要查询该软件包是否已在当前系统中安装,可以使用的命令是(　　)。

A. rpm-q quota　　　　　　　　　　　B. rpm-ivh quota

C. rpm-e quota　　　　　　　　　　　D. rpm-U quota

(7) 在 Fedora 12 系统中可以使用 rpm 命令对 RPM 软件包进行管理,rpm 命令的管理功能包括查询、安装、卸载和升级等,命令"rpm-qa"实现了对 RPM 包的(　　)功能。

A. 查询　　　　　B. 安装　　　　　C. 卸载　　　　　D. 升级

2. 简答题

(1) 用 rpm 命令删除 RPM 软件包 nfs-utils-0.3.1-8.i386.rpm。

(2) 输入法 rpm 包为 fcitx-3.0.0-1.i386.rpm,使用 rpm 命令进行安装与卸载应如何操作?

(3) 解释软件包名称 telnet-server-0.17-25.i386.rpm 各部分是什么含义?

（4）使用 yum 命令升级/安装 mysql-delev。

课 程 实 训

实训内容:安装 tftp 服务
方法一:用 rpm 安装

```
准备文件：
    tftp-0.39-1.i386.rpm
    tftp-server-0.39-1.i386.rpm
    xinetd-2.3.14-10.el5.i386.rpm
将所需要的文件复制到/opt 下
[root@localhost ~]# cp tftp-0.39-1.i386.rpm /opt
[root@localhost ~]# cp tftp-server-0.39-1.i386.rpm /opt
[root@localhost ~]# cp xinetd-2.3.14-10.el5.i386.rpm /opt
[root@localhost ~]# rpm-ivh xinetd-2.3.14-10.el5.i386.rpm
[root@localhost ~]# rpm-ivh tftp-0.39-1.i386.rpm
[root@localhost ~]# rpm-ivh tftp-server-0.39-1.i386.rpm
[root@localhost ~]# service xinetd restart
停止 xinetd:                                    [失败]
正在启动 xinetd:                                [确定]
[root@localhost ~]#
已经成功安装了 tftp 服务。
```

方法二:用 yum 进行安装

```
[root@localhost ~]# yum install xinetd
[root@localhost ~]# yum install tftp
[root@localhost ~]# yum install tftp-server 或 yum install tftp *
```

项 目 实 践

公司准备架设一个网站,采用 LAMP 架构,后台数据库系统采用 MySQL 数据库。希望陈飞能独立完成这个任务,以此作为他实习转正的一个考试。陈飞能完成吗? 我们拭目以待。

第 14 章　Linux 的图形显示 X-Window

本章内容

☞ X-Window 的定义

☞ X 体系的使用

☞ X-Window 的启动

☞ X-Window 下的常见工具

☞ Linux 下 3D 效果的开启

学习目标

- X-Window 的定义
- X 体系的使用
- X 的启动

14.1　X-Window 的概述

14.1.1　X-Window 的定义

X-Window System(X 窗口系统)是 Linux 操作系统使用的默认图形化接口。X-Window 也被称为 X 或 X11,但不能叫做 X-Windows,因为 Windows 是微软注册商标。X 是最初由一些计算机公司与麻省理工学院 MIT 开发的,X11R1 版本在 1987 年推出,目前的版本是 X11R6。X 现在属于 The Open Group,但 X11 通用的服务器操作模式一直没有改变。X 设计时即支持网络图形。

在 X 窗口系统中的程序或应用程序称为 Client。X 客户并不是直接对显示器绘制或操作图,而是与 X 服务器通信,服务器再控制显示器。尽管在一台计算机上许多用户可以运行客户和一个 X 服务器,同样可以在单台计算机上运行多个服务器(和 X 会话)并从远程计算机启动一并通过本地服务器在本地显示。

同时 X-Window 是 Fedora Linux 上运行图形界面的基础,XFree86 是开放源代码的 XServer,XFree86 被认为是现存的开发性程序中最成功的,在高新技术领域仍独具特色。

14.1.2　X-Window 的体系

X-Window 体系实际包含三部分,即 X-server 程序、X-client 程序和 X-protocol。

X-server 程序是控制输出及输入设备并维护相关资源的程序,它接收输入设备的信息,并将其传给 X-client,而将 X-client 传来的信息输出到屏幕上。

X-client 程序是应用程序核心部分,它与硬件无关,每一个应用程序就是一个 X-client。X-client 可以是终端仿真器(Xterm)图形界面程序,它不直接对显示器绘制或者操作图形,而是与 X-server 进行通信,由 X-server 控制显示。

X-protocol 是 X-client 与 X-server 之间的通信协议。

在 Linux 下进行通信的方法有很多,在这里不过多介绍,只介绍用 telnet 进行远程操作。

 实例 14-1 用 telnet 从 XP 系统登录到 fedora 下

第一步:先检查一下,确认是否装上了 telnet。

```
[root@localhost ~]# rpm-qa|grep telnet
telnet-0.17-45.fc12.i686
[root@localhost ~]#
```

从上面看出少了 telnet 的服务器,那么就用 yum 进行安装 telnet 的服务器。

```
[root@localhost ~]# yum install telnet *
已加载插件:presto,refresh-packagekit
fedora/metalink                                    | 11 KB      00:00
fedora                                             | 4.2 KB     00:00
··················//中间省略
========================================================================
软件包          架构        版本              仓库          大小
========================================================================
正在安装:
telnet-server   i686       1:0.17-45.fc12    fedora        35 KB
为依赖而安装:
xinetd          i686       2:2.3.14-31.fc12  updates       121 KB

事务概要
========================================================================
安装          2 软件包
更新          0 软件包

结果省略
```

第二步:查看 telnet 服务。

```
[root@localhost ~]# chkconfig--list | grep telnet
    telnet:              关闭
[root@localhost ~]
```

第三步:开启 telnet 服务。

```
[root@localhost ~]# chkconfig telnet on
[root@localhost ~]#
```

第四步：设置自动启动。

```
[root@localhost ~]# chkconfig--level 35 telnet on
[root@localhost ~]# chkconfig--list | grep telnet
    telnet：        启用
[root@localhost ~]#
```

第五步：配置 telnet 文件。

```
[root@localhost ~]# vi /etc/xinetd.d/telnet
[root@localhost ~]#
```

文件内容如下：

```
# default：on
# description：The telnet server serves telnet sessions; it uses \
# unencrypted username/password pairs for authentication
service telnet
{
    disable = no
    flags = REUSE
    socket_type = stream
    wait = no
    user = root
    server = /usr/sbin/in.telnetd
    log_on_failure +  = USERID
}
```

第六步：telnet 开启 root。

```
[root@localhost ~]# vi /etc/pam.d/login
[root@localhost ~]#
```

内容修改如下：

```
把第二行的
auth [user_unknown = ignore success = ok ignore = ignore default = bad] pam_secure
tty.so
改成
#auth [user_unknown = ignore success = ok ignore = ignore default = bad] pam_secure
tty.so
```

第七步：开通 telnet 控制台，在/etc/securetty 文件中设定。

```
[root@localhost ~]# vi /etc/securetty
[root@localhost ~]#
```

内容修改如下：

```
    在文件末尾添加
pts/1
pts/2
pts/3
pts/4
pts/5
```

第八步：telnet 服务启动。

```
    因为 telnet 服务是由 xinetd 调用，所以只要重新启动 xinetd 即可
[root@localhost ~]# service xinetd restart
停止 xinetd：                                          ［确定］
正在启动 xinetd：                                      ［确定］
[root@localhost ~]#
```

第九步：在 Windows XP 系统上对 telnet 服务测试。

```
Microsoft Windows XP ［版本 5.1.2600］
(C) 版权所有 1985-2001 Microsoft Corp

C:\Documents and Settings\Administrator＞telnet 192.168.7.12
正在连接到 192.168.7.12…不能打开到主机的连接，在端口 23：连接失败
```

连接失败因为防火墙，简单的处理就是把防火墙关闭。

```
选择"系统"下的"管理"下的"防火墙"，单击"禁用"
```

现在连接：

```
C:\Documents and Settings\Administrator＞telnet 192.168.7.12
Fedora release 12 (Constantine)
Kernel 2.6.31.5-127.fc12.i686.PAE on an i686 (0)
login：root
Password：
[root@localhost ~]#
```

⚡ 注 意

```
如果 root 用户已经登录了，telnet 就不能进行登录了。
```

14.1.3　X-Window 的启动

启动 X-Window 主要有两种方法：一种是 Display Manager，例如 XDM、GDM、KDM，此种方法通过图形界面登录；另一种是通过 xinit，此种方法适用于字符界面登录。我们常用于登录 X 的 startx 命令也是通过传递参数给 xinit 来启动 X 的，也就是说，最终启动 X 的是 xinit。startx 只是一个 Bash 脚本。

上面所述的 Display Manage 启动 X-Window 本质就是启动 Linux 下桌面系统。另一个方法就是输入 startx 命令来启动 X-Window 界面。

在 Linux 上有很多种桌面系统,大多数的使用方法类似。在这里只介绍 GNOME 桌面系统。GNOME 是 GNU Network Object Model Environment(GNU 网络对象模型环境)的简称,它属于 GNU 计划的一部分,它是友好的用户环境,使用户可以方便地使用和配置计算机。

Gnome 操作界面由 Gnome 面板和桌面组成。

Gnome 控制面板(Panel)是 Gnome 操作界面的核心。用户可以通过它启动应用软件、运行程序和访问桌面区域。用户可以把 Gnome 的控制面板看成是一个可以在桌面上使用的工具。

Gnome 面板上的内容可以很丰富,Gnome 面板上的东西是根据用户的喜好进行添加上去。图 14-1 是 Gnome 面板,这是刚装完后系统后,系统默认添加的东西。

图 14-1　Gnome 面板

 **注　意**

- 可以根据自己的需要进行添加面板,方法是在"Gnome 面板"右击,在弹出的列表中选择"新建面板"。不过,新建出来的面板是空白面板。
- Gnome 默认就是一个边缘面板,在面板上右击,选择"属性",弹出属性设置的对话框。可以选择面板的位置(所指的是四个边缘)、面板的大小和背景的类型、颜色、图像等。

X-Window 的快捷键如表 14-1 所示。

表 14-1　X-Window 的快捷键

组合键	说明	组合键	说明
Ctrl+Alt+Backspace	关闭 X server	Ctrl+Space	打开/关闭输入法
Ctrl+Alt+Fn(n 为 2 到 6)	切换虚拟控制台 n	F1	帮助
Alt+F1	弹出菜单	Ctrl+A	选择当前目当下的文件和目录
Alt+F2	打开运行菜单	Ctrl+F	搜索文件
Alt+F4	关闭当前窗口	Ctrl+C	复制
Ctrl+Tab	切换当前窗口	Ctrl+Alt+D	显示桌面

14.2　X-Window 中常见的图形工具

学习目标

- X-Window 中的虚拟终端
- X-Window 中的图形文本编辑器
- X-Window 下的图片编辑器及浏览器

14.2.1 X-Window 中的虚拟终端

Linux 有不同的桌面虚拟终端,而不同的桌面虚拟终端的本质就是一个命令行的 Shell。就是一个使用 Shell 命令的入口。图 14-2 是一个 GNOME 桌面的一个虚拟终端。

图 14-2　GNOME 桌面的虚拟终端

14.2.2 图形文本编辑器

Fedora12 的图形文本编辑器有很多,最常用的就是 vi、kwrite、gedit 等。

前面的章节已经对 vi 进行介绍了,这里就不对 vi 的使用多做介绍了,而其他图形文本编辑器的使用方法都差不多,这里只介绍一下 gedit。

gedit 是一个 GNOME 桌面环境下兼容 UTF-8 的文本编辑器。它使用 GTK＋编写而成,因此它十分的简单易用,对中文支持很好,支持包括 gb2312、gbk 在内的多种字符编码。

gedit 的启动有两种方法。一种是从菜单启动,单击"应用程序"→"附件"→"gedit Text Editor";另一种是在终端输入 gedit 命令。

gedit 窗口说明:

- 菜单栏:包含在 gedit 中处理文件所需的所有命令。
- 工具样:包含可以从菜单栏访问的命令的子集。
- 显示区域:该区域包含正在编辑的文件的文本。
- 输出窗口:显示 Shell 命令插件和比较文件插件返回的输出。
- 状态栏:显示关于当前 gedit 活动的信息和关于菜单项的上下信息。

gedit 小技巧:

- 打开多个文件:要从命令行打开多个文件,在终端输入"gedit file1. txt file2. txt file3. txt",然后按下 Enter 键。
- 快捷键。gedit 的快捷键如表 14-2 所示。

组合键	说明	组合键	说明
Ctrl+Z	撤销	Ctrl+S	保存
Ctrl+C	复制	Ctrl+T	缩进
Ctrl+V	粘贴	Ctrl+R	替换
Ctrl+Q	退出		

图 14-3 是 Fedora12 下的 gedit 界面。

图 14-3　Fedora12 下的 gedit 界面

14.2.3　X-Window 下的图片编辑器及浏览器

本小节介绍图片编辑器和浏览器。大多数的图片编辑器的功能都差不多,在这里只介绍 GIMP。

GIMP 是 the GNU Image Manipulation Program 的简称,是一个用 GTK 编写的图像编辑处理程序。GIMP 功能跟 Photoshop 一样强大。GIMP 是完全免费的,而 Photoshop 是要收费的。GIMP 比 Photoshop 更小巧,且节省空间和资源。GIMP 成名于 Linux 平台,目前在 Windows 下广泛应用,也支持 Mac。

GIMP 的启动:在终端输入"gimp"就可以启动。界面如图 14-4 所示。

上边的截图显示最基本能有效使用的 GIMP 窗口布局。显示三个窗口:

① 主工具箱:这是 GIMP 的心脏。它包括最高层的菜单和一系列可以选取工具的图标按钮。

② 工具选项:停靠在主工具箱下的是一个工具选项对话框,它显示当前选取的工具的选项。

③ 一个图像窗口:每个在 GIMP 中打开的图像都显示在一个单独的窗口中。多个图像可以同时打开,其数量只受系统资源的限制。也可以启动 GIMP 而不打开任何图像,不过这样做不是很有用。

④ 图层对话框：该对话框显示当前活动图像的图层结构，并允许它被不同的方式处理。虽然可以做一些操作而不使用图层对话框，但即使是相当高级的用户也发现一直开启图层对话框是不可或缺的。

⑤ 画笔/图案/渐变：停靠在图层对话框下对话框被用做管理画笔、图案和渐变。

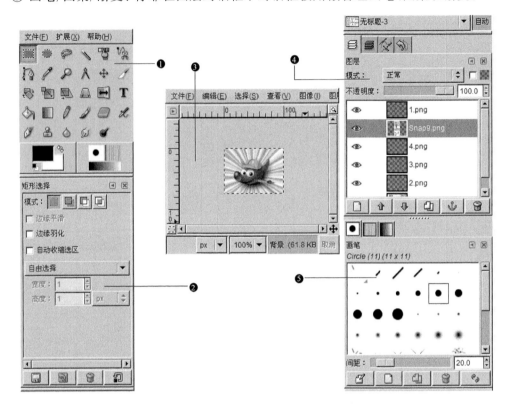

图 14-4　GIMP 界面

接下来介绍 Fedora12 下使用的浏览器，在 Fedora12 下默认使用 Mozilla Firefox 作为浏览器。大多浏览器的使用方法都差不多，以 Mozilla Firefox 为例介绍浏览器。

Mozilla Firefox 是 Mozilla 基金会开发的一个轻便、快速、简单与高扩充性的浏览器。Firefox 已经是 Mozilla 开发的焦点，将成为 Mozilla 基金的官方浏览器，并可能成为 Mozilla Suite 的一部分。

在虚拟终端输入"firefox"就可以启动，界面如图 14-5 所示。

Mozilla Firefox 使用小技巧：

· 任意缩放文字大小

在 Firefox 中，可以任意缩放文字的大小。操作的方法很简单，只要单击菜单"查看→缩放"，在子菜单中就可以看见放大、缩小和正常三个选项，单击相应的选项即可，而且还可以用快捷键来快速的设置。

· 搜索收藏夹里面的网页

Firefox 中可以对收藏夹进行搜索。单击菜单"书签→管理书签"，在弹出的"书签管理器"中输入要搜索的关键字，按 Enter 键后就可以搜索到收藏夹中相关的网站名称和地址。

· 查看部分源代码

在 Firefox 中除了可以用"查看→页面源代码"查看网页的源代码外，还可以查看网页局部的源代码,只要用鼠标选中要查看源代码的部分,然后右击选择"查看选中部分源代码",这时就会弹出一个显示源代码的窗口,里面选中的部分就是网页中选中部分的源代码。

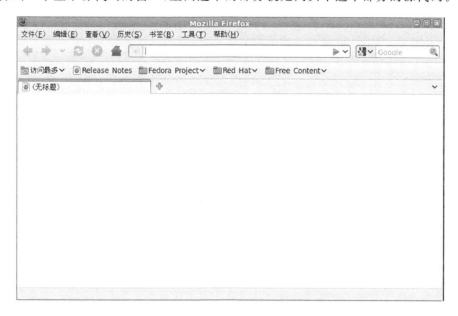

图 14-5　Mozilla Firefox 浏览器界面

• 轻松管理下载文件

Firefox 还可以对用浏览器直接下载的文件进行管理,单击菜单"工具→下载"会弹出"下载"窗口,当用浏览器下载文件的时候,在这里可以显示下载文件的状态,而且还可以单击后面的按钮来暂停或者取消文件的下载。单击窗口中的"选项"按钮可以对下载文件的保存目录进行设置。如果要清除窗口中显示的下载文件,只要单击该窗口中的"整理"按钮即可。

14.2.4　网络应用工具

GFTP 是 X-Window 下的一个 GTK 开发的多线程 FTP 客户端工具,它与 Microsoft Windows 下运行的 CuteFTP 等 FTP 工具极为类似,主要有并行下载、断点续传、传输任务队列、全目录下载、ftp/http 代理传输支持、远程目录缓存、被动/非被动文件传输和文件拖放、书签和传输中断等特性。

14.2.5　Linux 下的 Office

OpenOffice 是 Linux 下的 Office。OpenOffice 是一套平台的办公室软件,构建于 Sun 的 StartOffice 代码基础上,但是 Sun 允许用户免费使用这些开源的产品。

OpenOffice 主要是由四大模块即文字处理模块 Writer、电子表格模块 Calc、幻灯片模块 Impress 以及绘图模块 Draw 组成。

它和微软 Office 最大的区别是 OpenOffice 的设计理念更趋于集中整合,虽然 OpenOffice 文档看似保存为不同扩展名的文件,其实都是采用 XML 格式保存后再使用 ZIP 压缩算法得到的。所以只要一次启动 OpenOffice 后,创建/打开不同文档不必像微软 Office 那样分别启动不同的程序,而只是变化为相应的界面而已。文字处理模块 Writer 可以打开扩展名为 sxw

的文件,电子表格模块 Calc 可以打开扩展名为 sxc 的文件,幻灯片模块 Impress 可以打开扩展名为 sxi 的文件,绘图模块 Draw 可以打开扩展名 sxd 的文件。OpenOffice 可以打开 Microsoft Office 2003 和 Microsoft Office 2007 保存的文件。

14.2.6　中文输入法小企鹅

小企鹅中文输入法(Free Chinese Input Toy for x,fcitx)是个以 GPL 方式发布的、基于 XIM 的简体输入法(其前身为五笔),包括五笔、拼音、区位输入法,是在 Linux OS 中使用的输入法。

在安装 Fedora12 时,系统会自带拼音输入法。如果没有五笔输入法,而有些用户习惯用五笔输入法,那么就在线进行安装五笔输入法。

 实例 14-2　　Fedora 12 下安装五笔输入法

```
[root@localhost ~]# yum install ibus-table-wubi
已加载插件:presto,refresh-packagekit
updates/metalink                                            | 8.7 KB     00:00
设置安装进程
解决依赖关系
--> 执行事务检查
---> 软件包 ibus-table-wubi.noarch 0:1.2.0.20090715-5.fc12 将被升级
--> 处理依赖关系 ibus-table > = 1.2,它被软件包 ibus-table-wubi-1.2.0.
20090715-5.fc12.noarch 需要
--> 处理依赖关系 ibus-table > = 1.2,它被软件包 ibus-table-wubi-1.2.0.
20090715-5.fc12.noarch 需要
--> 执行事务检查
---> 软件包 ibus-table.noarch 0:1.2.0.20100111-1.fc12 将被升级
--> 完成依赖关系计算


依赖关系解决

================================================================================
 软件包              架构          版本                    仓库          大小
================================================================================
正在安装:
 ibus-table-wubi     noarch       1.2.0.20090715-5.fc12    updates      2.0 MB
为依赖而安装:
 ibus-table          noarch       1.2.0.20100111-1.fc12    updates      242 KB

事务概要
================================================================================
安装      2 软件包
更新      0 软件包
```

```
总下载量:2.2 M
确定吗? [y/N]:y
下载软件包:
Setting up and reading Presto delta metadata
Processing delta metadata
Package(s) data still to download: 2.2 MB
(1/2): ibus-table-1.2.0.20100111-1.fc12.noarch.rpm          | 242 KB  00:01
(2/2): ibus-table-wubi-1.2.0.20090715-5.fc12.noarch.rpm     | 2.0 MB  00:09
------------------------------------------------------------
总计                                               199 KB/s| 2.2 MB  00:11
中间结果省略

完毕!
```

14.3　Linux 下开启 3D 桌面

- Fedora12 开启 3D 效果

想要开启 Fedora12 下的 3D 效果,首先必须在系统上安装显卡驱动,否则无法开启 3D 效果。

 实例 14-3　Fedora12 开启 3D 效果

首先查询显卡驱动是否装上了。

```
[root@localhost ~]# glxinfo | grep direct
direct rendering: Yes
安装桌面特效
[root@localhost ~]# yum install compiz
[root@localhost ~]#
```

表明已经安装显卡驱动。在连网的情况下,单击"系统"→"首选项"→"桌面效果"开启 3D 效果,如图 14-6 所示。

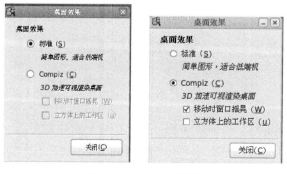

图 14-6　开启桌面效果

安装 compiz 控制器。

```
[root@localhost ~]# yum install compiz-fusion *
中间结果省略
```

安装 fushion * 。

```
[root@localhost ~]# yum install fusion *
中间结果省略
```

安装 emerald 主题（窗口装饰）。

```
[root@localhost ~]# yum install emerald emerald-themes
```

单击"系统"→"首选项"→"CompizConfig 设置管理器"，打开的界面如图 14-7 所示。

图 14-7　CompizConfig 设置管理器

通过 CompizConfig 设置管理器可以选择所想要的 3D 特效。

14.4　本章小结

本章介绍了 X-Window 的定义、X 体系的使用、X 的启动、X-Window 下常用的工具以及在 Fedora12 下如何开启 3D 效果。

课后习题

1. 选择题

下列说法中不正确的是（　　　　）。

A. Linux 软件包主要有二进制发布软件包和源代码发布软件包

B. rpm 命令可用于安装、卸载、查询、升级、校验 rpm 软件包

C. tar jxvf fctix-3.4.tar.bz2 命令能解压该软件包

D. Linux 操作系统中无法从 GNOME 桌面切换到 KDE 桌面

2. 填空题

（1）一个典型的 KDE 桌面环境主要包括两大部分，分别是_____和_____。

（2）在 OpenOffice 2.0 版本中，电子表格程序的名称是_____。

3. 简答题

如何改变桌面背景的设置？

项 目 实 践

陈飞出色地完成了安装 MySQL 数据库的任务，顺利地转正成为公司的正式员工了。在转正大会上，公司的总经理对陈飞等一批年轻的员工说，"你们转正了，但是真正的考验才刚开始，希望大家不要松懈，以更加积极、饱满的热情投入到公司的发展中来"。陈飞问王工程师："现在有新的任务吗？"王工程师说："现在 Linux 的图形工作环境 X-Window 你还没有接触过，你就学习 X-Window 设置吧，并且以在 Linux 下安装显卡的驱动作为对你学习成果的考核吧"。"那不是很简单的事吗？"陈飞不高兴地说道，感觉这是对他的不信任。"你安装完再和我说简单吧"，王工程师说完笑着走了。陈飞疑惑地去工作了，难道安装显卡驱动有那么难吗？

参 考 文 献

[1] 高俊峰. 循序渐进 Linux 基础知识、服务器搭建、系统管理、性能调优、集群应用. 北京:人民邮电出版社,2009.

[2] 鸟哥 ,许伟 ,林彩娥. 鸟哥的 Linux 私房菜. 基础学习篇:2 版. 北京:人民邮电出版社,2007.

[3] 余柏山. Linux 系统管理与网络管理. 北京:清华大学出版社,2010.

[4] Tom Adelstein ,Bill Lubanovic . Linux 系统管理(英文影印版). 南京:东南大学出版社,2008.

[5] Mark G. Sobell. red hat linux 指南:服务器设置与程序设计篇. 北京:人民邮电出版社,2008.